土木工程识图

主　编　徐　皎　张永华
副主编　刘　凤　沈　莉

北京理工大学出版社
BEIJING INSTITUTE OF TECHNOLOGY PRESS

内 容 提 要

本书根据最新制图标准《总图制图标准》（GB/T 50103—2010）、《建筑制图标准》（GB/T 50104—2010）、《房屋建筑制图统一标准》(GB/T 50001—2010)、《建筑结构制图标准》（GB/T 50105—2010）、《建筑给水排水制图标准》（GB/T 50106—2010）、《暖通空调制图标准》（GB/T 50114—2010）等制图标准编写。本书共9章，包括制图标准、制图工具和用品、几何制图、投影的基本知识、形体的投影、轴测投影、剖面图和断面图、建筑工程图概述、建筑施工图识读。本书为了适应不同培养方向的需要，对部分内容进行了适当的加深和拓宽，文字精炼，言简意赅，图文并茂。

本书可作为中职教育学校房屋建筑类相关专业的教学参考用书。

图书在版编目(CIP)数据

土木工程识图／徐皎，张永华主编．—北京：北京理工大学出版社，2016.10

ISBN 978-7-5682-3214-2

Ⅰ.①土… Ⅱ.①徐… ②张… Ⅲ.①土木工程－建筑制图－识图－高等职业教育－教材 Ⅳ.①TU204.2

中国版本图书馆CIP数据核字(2016)第242397号

出版发行／北京理工大学出版社有限责任公司

社　　址／北京市海淀区中关村南大街5号

邮　　编／100081

电　　话／(010)68914775(总编室)

(010)82562903(教材售后服务热线)

(010)68948351(其他图书服务热线)

网　　址／http://www.bitpress.com.cn

经　　销／全国各地新华书店

印　　刷／北京通县华龙印刷厂

开　　本／787毫米×1092毫米　1/16

印　　张／11.5

字　　数／266千字

版　　次／2016年10月第1版　2016年10月第1次印刷

定　　价／28.00元

责任编辑／张荣君

文案编辑／张荣君

责任校对／周瑞红

责任印制／边心超

图书出现印装质量问题，请拨打售后服务热线，本社负责调换

FOREWORD

前言

本书根据中等职业技术教育培养目标和教学要求，在结合多年教学经验的基础上，按照本课程教学指导委员会制定的中等院校工程图学课程教学基本要求，组织编写了《土木工程识图》。

本书共分为9个章节，第一章节主要讲了制图标准，第二章节主要介绍了制图工具和用品，第三章节主要阐述了几何制图，第四章节主要讲述了投影的基本知识，第五章节主要讲述了形体的投影，第六章节主要介绍了轴测投影，第七章节主要讲述了剖面图和断面图，第八章节主要阐述了建筑工程图概述，第九章节主要讲述了建筑工程图识读。本书在编写过程中，土木工程专业类型的特点，在内容和立题的选择上，尽量贴近实际，突出了时代性、科学性及工程实践性的特点，从而达到教材内容与实践操作相适应，以达到推进土木类工程图学的教学改革。

本书内容全面、题材新颖、条理清晰，由浅入深。通过本教材的学习，能使学生掌握新的“国家标准”的基本规定，进一步深化基本投影理论，提高识图和画图的能力，培养学生的工程意识。本书合理的拓宽了土建专业的知识面，同时也避免篇幅过大，切实保证教学基本要求所规定的必学内容。

由于编者学识水平有限，书中的缺点和错误恳请读者批评指正。

编　者

目录

CONTENTS

第一章　制图标准

本章导读

工程图样是工程界的技术语言，也是房屋建造施工的工具，它能准确地表达出房屋建筑及其构配件的形状、材料组成以及生产、安装等的内容与要求，是指导生产、施工管理等必不可少的重要技术资料。为了使建筑工程图样规格基本统一，清晰简明，提高制图效率，保证图面质量，便于识读和技术交流，满足设计和施工要求，图样画法、图线线型、线宽、图例、字体以及尺寸标注都必须有统一的规定。这些规定就是国家制图标准，应严格遵守。另外，在学习制图过程中，还要了解各种绘图工具和仪器的性能，熟练掌握它们的正确使用方法，才能保证绘图质量，加快绘图速度。

第一节　建筑制图国家标准简介

建筑工程图是用于表达设计的主要内容，是施工的依据、工程界的“语言”。对建筑工程图的内容、画法、格式等必须有统一的规定。为此，原国家计划委员会从1987年起颁布了有关房屋建筑制图的国家标准（简称国标）共六项。2001年，原建设部会同有关部门对这六项标准进行了修订，经有关部门会审、批准，于2002年3月1日起实施。2010年，由中国建筑标准设计研究院会同有关单位，对2001年版房屋建筑制图国家标准进行了修订，经住房和城乡建设部批准，于2011年3月1日起实施。

现行房屋建筑制图标准有：《房屋建筑制图统一标准》（GB/T 50001—2010）、《总图制图标准》（GB/T 50103—2010）、《建筑制图标准》（GB/T 50104—2010）、《建筑结构制图标准》（GB/T 50105—2010）、《建筑给水排水制图标准》（GB/T 50106—2010）、《暖通空调制图标准》（GB/T 50114—2010）。这些标准对施工图中常用的图纸幅面、比例、字体、图线（线型）、尺寸标注、材料图例等内容作了具体规定，下面将逐一介绍这些规定的要点。

提示

制图的国家标准（简称国标）是所有工程技术人员在设计、施工、管理中必须严格执行的条例，任何一个学习和从事工程制图的人都应该严格遵守国标中的每一项规定。

相关链接

国家标准是指由国家标准化主管机构批准，并在公告后需要通过正规渠道购买的文件，除国家法律法规规定强制执行的标准以外，具有一定的推荐意义。国家标准由国务院标准化行政主管部门编制计划，协调项目分工，组织制定（含修订），统一审批、编号、发布。法律对国家标准的制定另有规定的，依照法律的规定执行。

以《房屋建筑制图统一标准》(GB/T 50001—2010)为例，GB/T 是国家标准代号，50001 是标准发布的顺序号，2010 是标准批准的年号。国家标准分为强制性国标(GB)和推荐性国标(GB/T)。强制性国标是保障人体健康，人身、财产安全的标准和法律及行政法规规定强制执行的国家标准；推荐性国标是指在生产、交换、使用等方面，通过经济手段或市场调节而自愿采用的、具有指导作用的国家标准。

《房屋建筑制图统一标准》(GB/T 50001—2010)是房屋建筑制图的基本规定，适用于总图、建筑、结构、给水排水、暖通空调、电气等各专业制图，主要有以下 10 个方面的内容：

(1)总则。规定本标准的使用范围。

(2)图纸幅面规格与图纸编排顺序。规定了图纸幅面的格式、尺寸的要求，标题栏、会签栏的位置及图样编排的顺序。

(3)图线。规定了图线的线型、线宽及用途。

(4)字体。规定了图纸上的文字、数字、符号的书写要求和规则。

(5)比例。规定了比例系列和用法。

(6)符号。对图面符号做了统一的规定。

(7)定位轴线。规定了定位轴线的绘制方法、编号和编写方法。

(8)常用建筑材料图例。规定了常用建筑材料的统一画法。

(9)图样画法。规定了图样的投影法、视图配置、剖面图与断面图、简化画法和轴测图等的画法。

(10)尺寸标注。规定了标注尺寸的方法。

第二节　图幅

想一想

设计师在设计房屋等建筑物时，是不是可用任意大小的图纸绘制建筑工程图样？是不是一张图纸的任何地方都可以用来画图？国家标准对图纸有哪些规定和要求？

一、图幅的规格和图框

1. 图幅的规格

图纸幅面简称图幅，是指图纸尺寸的大小。如图 1-1 所示为图纸的幅面尺寸，常见的图幅有 A0、A1、A2、A3、A4 等。图中粗实线所示为基本幅面(第一选择)；细实线(第二选择)和虚线(第三选择)所示的为加长幅面，加长幅面的尺寸是由基本尺寸的短边成整数倍增加后得出的。绘制图样时应优先采用基本幅面，必要时再按规定选择加长幅面。

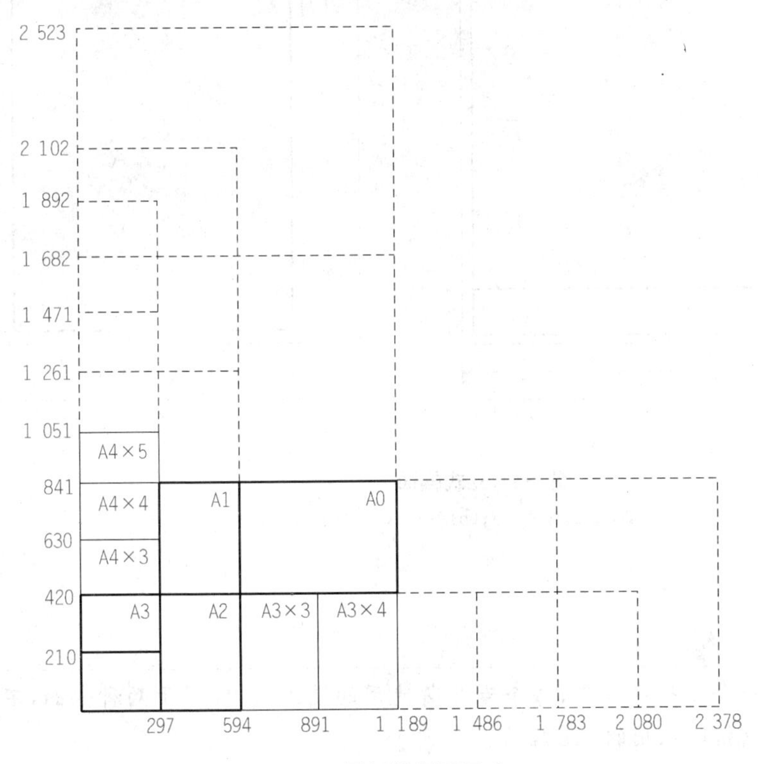

图 1-1　图纸的幅面尺寸

注意

可以看出，A1 图幅是 A0 的对折，A2 是 A1 的对折，其余类推。图纸的短边一般不应加长，长边可以加长，但应符合国家标准有关规定。

图纸分为横式和立式两种。图纸以短边做垂直边，称为横式，如图 1-2 所示；图纸以短边作为水平边的称为立式，如图 1-3 所示。一般 A0～A3 图纸宜为横式。

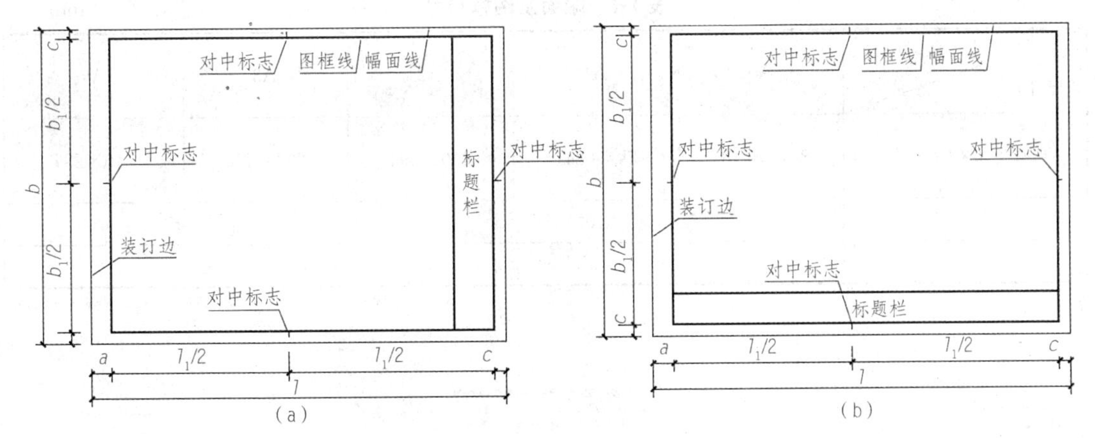

图 1-2　横式幅面

(a)A0～A3 横式幅面(1)；(b)A0～A3 横式幅面(2)

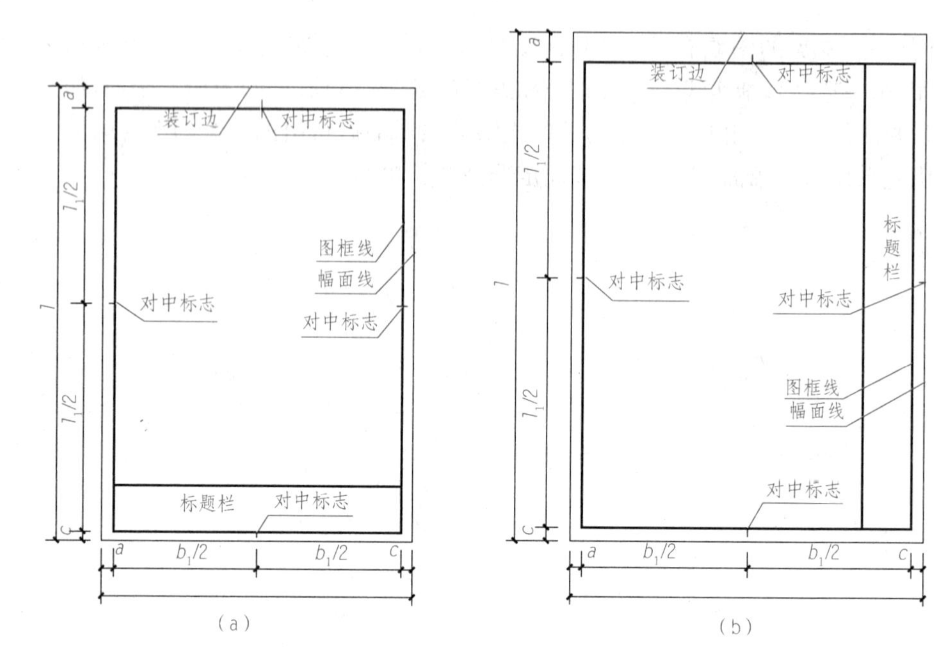

图 1-3　立式幅面

(a)A0～A4 立式幅面(1);(b)A0～A4 立式幅面(2)

注意

一个工程设计中,每个专业所使用的图纸,不宜多于两种幅面,不含目录及表格所采用的 A4 幅面。

2. 图框

图框是指图纸上限定绘图区域的边线,用粗实线画出图框线。图幅与图框的尺寸应符合表 1-1 的规定。

表 1-1　幅面及图框尺寸

mm

幅面代号 尺寸代号	A0	A1	A2	A3	A4
$b\times l$	841×1 189	594×841	420×594	297×420	210×297
c	10			5	
a	25				

应用实例

图 1-4 所示为一套图样的目录页,选用的是 A4 幅面。可以看出,这套图样用的都是 A2、A1 幅面。

工程名称	图书馆	设计阶段	施工图		第1张 共3张
序号	图纸名称	图纸编号	图别	图幅	备注
1	图纸目录	00	建筑、结构	A2	
2	总平面示意图	01	总图	A1	
3	建筑设计说明(一)	01	建筑	A1	
4	建筑设计说明(二)	02	建筑	A1	
5	建筑设计说明(三)	03	建筑	A1	
6	门窗表 建筑做法说明	04	建筑	A1	
7	建筑节能设计专篇	05	建筑	A1	
8	一层平面图	06	建筑	A1	
9	二层平面图	07	建筑	A1	
10	三层平面图	08	建筑	A1	
11	四层平面图	09	建筑	A1	
12	五层平面图	10	建筑	A1	
13	六层平面图	11	建筑	A1	
14	屋顶平面图	12	建筑	A1	
15	屋架示意图	13	建筑	A1	
16	Ⓐ～Ⓦ轴线立面图、Ⓦ～Ⓐ轴线立面图	14	建筑	A1	
17	⑰～①轴线立面图、①～⑰轴线立面图	15	建筑	A1	
18	1—1剖面图	16	建筑	A1	
19	楼梯甲建筑详图	17	建筑	A1	
20	楼梯乙建筑详图	18	建筑	A1	
21	楼梯丙建筑详图	19	建筑	A1	
22	楼梯丁建筑详图	20	建筑	A1	
23	楼梯戊建筑详图	21	建筑	A1	
24	楼梯己建筑详图	22	建筑	A1	
25	楼梯庚建筑详图	23	建筑	A1	
26	主入口台阶详图	24	建筑	A1	
27	幕墙详图一	25	建筑	A1	
28	幕墙详图二	26	建筑	A1	
29	幕墙详图三	27	建筑	A1	
30	卫生间、电梯建筑详图	28	建筑	A1	
31	教室布置大样、轻钢雨篷详图	29	建筑	A1	
32	墙身大样	30	建筑	A1	
33	建筑大样	31	建筑	A1	
审定		日期			
审核					
设计					

图 1-4 图样目标页

二、标题栏

标题栏，也称图标，位于图纸的右下角。图纸中应有标题栏、图框线、幅面线、装订边线和对中标志。不同行业规定的图纸标题栏格式不同，如图 1-5 所示。

设计单位名称区	注册师签章区	项目经理签章区	修改记录区	工程名称区	图号区	签字区	会签栏

30~50

设计单位名称区
注册师签章区
项目经理签章区
修改记录区
工程名称区
图号区
签字区
会签栏

40~70

图 1-5　标题栏

应用实例

学生的制图作业一般可采用如图 1-6 所示格式。图名用 10 号字，校名用 7 号字，其他用 5 号字。

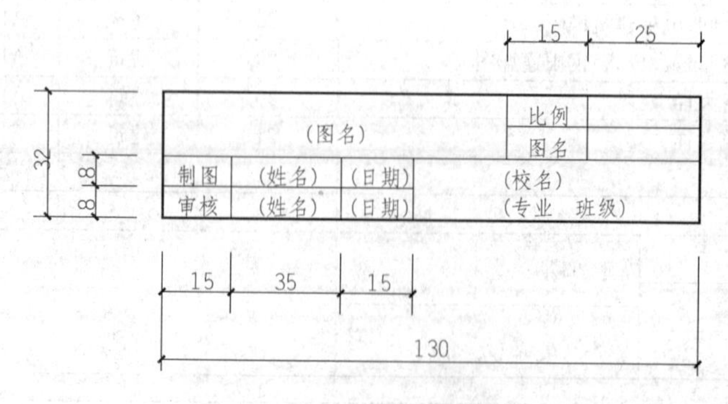

图 1-6　学生作业标题栏格式

第三节　图线

图线，即画在图上的线条。在绘制工程图时，多采用不同线型和不同粗细的图线来表示不同的意义和用途。

一、线型的种类和用途

为了使图样主次分明，形象清晰，工程建设制图采用的线型有实线、虚线、单点长画线、双点长画线、折断线和波浪线6种。根据用途不同采用不同粗细的图线，图线的宽度 b 宜从1.4 mm、1.0 mm、0.7 mm、0.5 mm、0.35 mm、0.25 mm、0.18 mm、0.13 mm线宽系列中选取，图线宽度不宜小于0.1 mm。每个图样应按照复杂程度与比例大小，先选定基本线宽 b，再选用表1-2中的线宽组。

表1-2　线宽组　　mm

线宽比	线宽组			
b	1.4	1.0	0.7	0.5
$0.7b$	1.0	0.7	0.5	0.35
$0.5b$	0.7	0.5	0.35	0.25
$0.25b$	0.35	0.25	0.18	0.13
注：1. 需要缩微的图纸，不宜采用0.18 mm及更细的线宽。 2. 同一张图纸内，各不同线宽中的细线，可统一采用较细的线宽组的细线。				

图纸的图框线和标题栏线可采用表1-3的线宽；各种线型的规定及一般用途见表1-4。

表1-3　图框线、标题栏线宽度　　mm

幅面代号	图框线	标题栏外框线	标题栏分格线
A0、A1	b	$0.5b$	$0.25b$
A2、A3、A4	b	$0.7b$	$0.35b$

表1-4　图线的名称、线型、线宽与用途

名称		线　型	线宽	用　途
实线	粗		b	主要可见轮廓线
	中粗		$0.7b$	可见轮廓线
	中		$0.5b$	可见轮廓线、尺寸线、变更云线
	细		$0.25b$	图例填充线、家具线

续表

名称		线　型	线宽	用　途
虚线	粗		b	见各有关专业制图标准
	中粗		$0.7b$	不可见轮廓线
	中		$0.5b$	不可见轮廓线、图例线
	细		$0.25b$	图例填充线、家具线
单点长画线	粗		b	见各有关专业制图标准
	中		$0.5b$	见各有关专业制图标准
	细		$0.25b$	中心线、对称线、轴线等
双点长画线	粗		b	见各有关专业制图标准
	中		$0.5b$	见各有关专业制图标准
	细		$0.25b$	假想轮廓线、成型前原始轮廓线
折断线	细		$0.25b$	断开界线
波浪线	细		$0.25b$	断开界线

二、图线的画法

(1)相互平行的图线，最小间距不宜小于图中粗线的宽度，且不宜小于0.7 mm。

(2)同一图样中，同类图线的宽度应基本一致，线条粗细应均匀。虚线、点画线及双点画线的线段长度及间隔宜各自相等，如图 1-7(a)所示。

(3)点画线或双点画线的两端应是线段而不是点。点画线与点画线或与其他图线相交时，应是长画线相交。如图形较小，点画线和双点画线在较小图形中绘制有困难时，可用细实线代替。点画线应画出轮廓 2～5 mm。如图 1-7(b)所示。

(4)虚线与虚线或与其他图线相交时，不应留空隙。虚线是实线的延长线时，应留空隙，不得与实线连接，如图 1-7(c)所示。

(5)图线不得与文字、数字或符号重叠、混淆，不可避免时，应首先保证文字等的清晰，如图 1-7(d)所示。

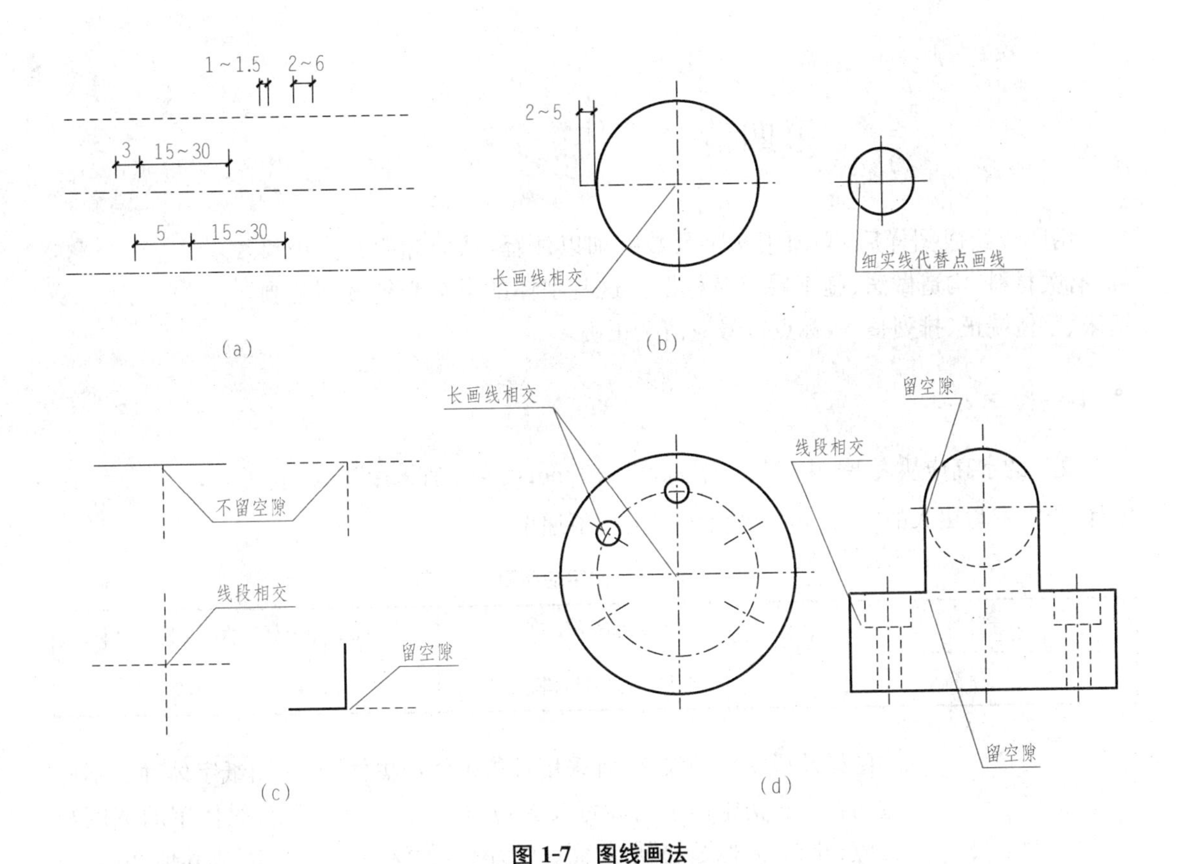

图 1-7　图线画法

(a)虚线、点画线、双点画线画法;(b)点画线相交画法;(c)虚线相交画法;(d)图线应用示例

应用实例

图 1-8 所示为图线在楼梯平面图中的用法,图 1-9 所示为建筑施工图中悬窗的平面图图例。

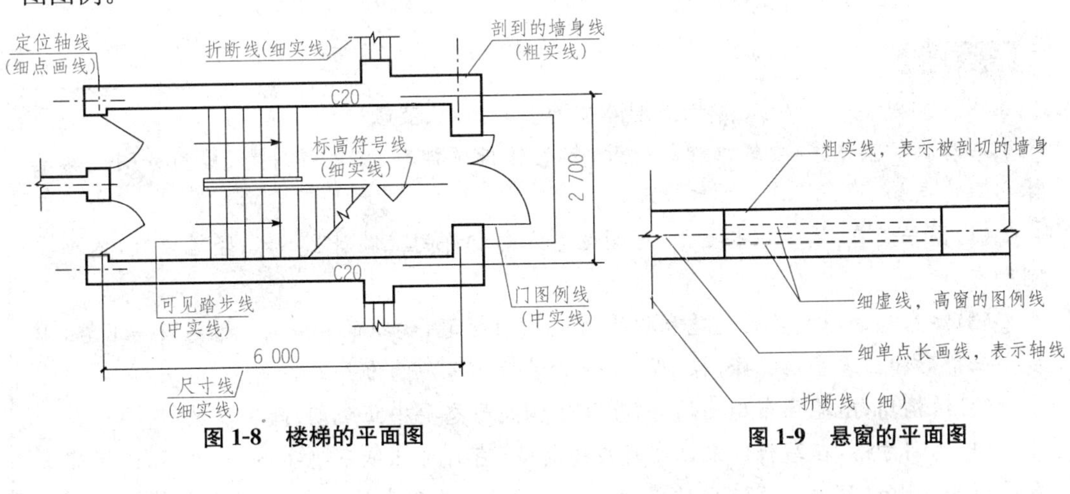

图 1-8　楼梯的平面图

图 1-9　悬窗的平面图

第四节　字体

用图线绘成图样后，必须用文字及数字加以注释，从而标明其大小尺寸、有关材料、构造做法、施工要点及标题。这些字体的书写必须做到笔画清晰、字体端正、排列整齐，标点符号应清楚正确。

一、汉字

文字的字高应从表 1-5 中选用。字高大于 10 mm 的文字宜采用 Truetype 字体，当需书写更大的字时，其高度应按$\sqrt{2}$的比值递增。

表 1-5　文字的字高

mm

字体种类	中文矢量字体	True type 字体及非中文矢量字体
字高	3.5、5、7、10、14、20	3、4、6、8、10、14、20

图样及说明中的汉字，宜采用长仿宋体或黑体，同一图纸字体种类不应超过两种。长仿宋体字的高宽关系应符合表 1-6 的规定，黑体字的宽度与高度应相同。大标题、图册封面、地形图等的汉字，也可书写成其他字体，但应易于辨认。

表 1-6　长仿宋体字的高宽关系

mm

字高	20	14	10	7	5	3.5
字宽	14	10	7	5	3.5	2.5

相关链接

长仿宋体字的书写特点、要领

书写长仿宋体字，要笔画粗细一致，起落转折顿挫有力，笔锋外露、棱角分明。其具体书写特点如下：

(1)横平竖直：横笔基本要平，可顺运笔方向少许向上倾斜 2°～5°；竖笔要直，笔画要刚劲有力。

(2)注意起落：横、竖的起笔和收笔，撇、钩的起笔，钩折的转角等，都要顿一下笔，形成小三角形和出现字肩。撇、捺、提、钩等的最后出笔应为渐细的尖角。

(3)结构均匀：笔画布局要均匀，字体的构架形态要中正疏朗、疏密有致。

(4)填满方格：在写长仿宋体字时应先打格(有时可在纸下垫字格)再书写，汉字字高最小为 3.5 mm，字高与字宽之比多为 3∶2，字距约为字高的 1/4，行距约为字高的 1/3。

长仿宋体字基本笔画的写法见表 1-7；书写示例如图 1-10 所示。

表 1-7　长仿宋体字基本笔画的写法

笔画	横	竖	撇	捺	点		挑	钩	折
形状	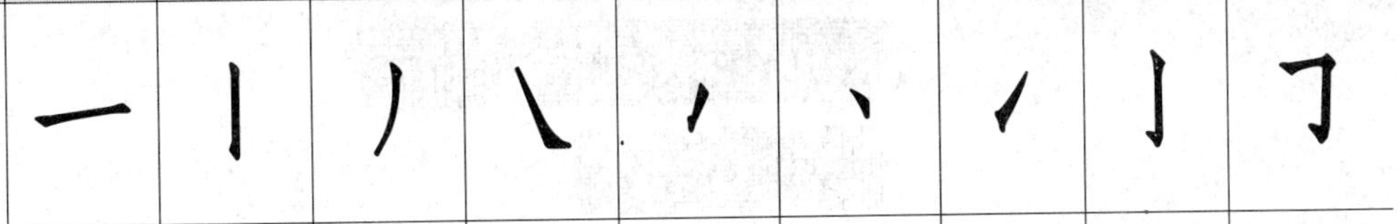								
笔序	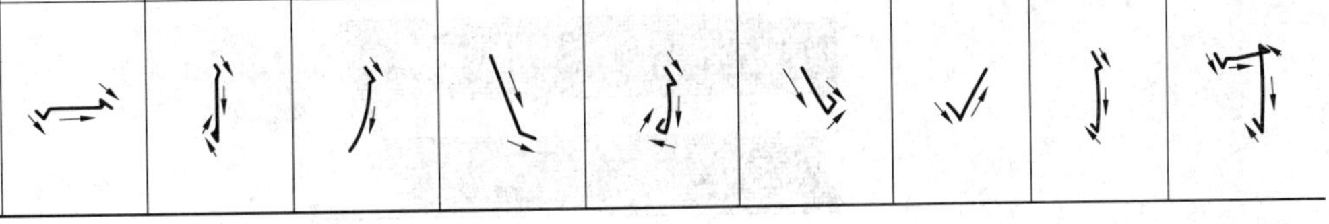								

排列整齐字体端正笔画清晰注意起落

字体笔画基本是横平竖直结构匀称写字前先画好格子

技术制图机械电子汽车航空船舶土木建筑矿山井坑港口纺织服装

图 1-10　长仿宋体汉字书写示例

二、数字及字母

在图样上，数字及字母的书写有直体和斜体两种，斜体书写应向右倾斜，其倾斜度应是从字的底线逆时针向上倾斜 75°，斜体字的字高、字宽应与直体字相等。

图样及说明中的拉丁字母、阿拉伯数字与罗马数字，宜采用单线简体或 ROMAN 字体。拉丁字母、阿拉伯数字与罗马数字的书写规则，应符合表 1-8 的规定。数字与字母书写示例如图 1-11 所示。

表 1-8　拉丁字母、阿拉伯数字与罗马数字的书写规则

书写格式	字　体	窄字体
大写字母高度	h	h
小写字母高度（上下均无延伸）	$(7/10)h$	$(10/14)h$
小写字母伸出的头部或尾部	$(3/10)h$	$(4/14)h$
笔画宽度	$(1/10)h$	$(1/14)h$
字母间距	$(2/10)h$	$(2/14)h$
上下行基准线的最小间距	$(15/10)h$	$(21/14)h$
词间距	$(6/10)h$	$(6/14)h$

图 1-11　数字与字母书写示例

应用实例

图 1-12 所示为某房屋的平面图，从中可以看出部分字体在图样中的实际应用。

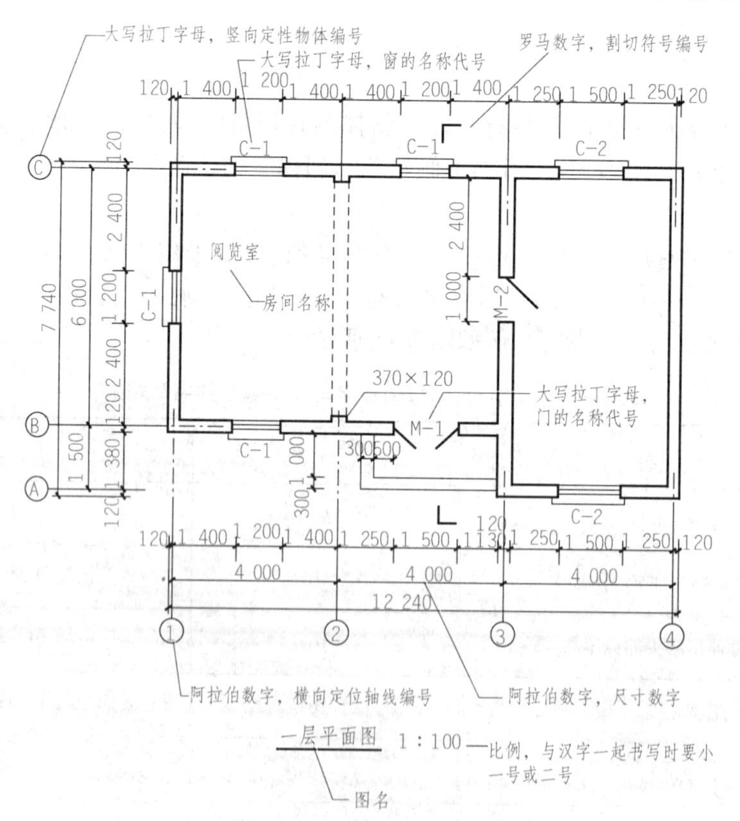

图 1-12　字体的实际应用

第五节　比例

想一想

我们知道，实际的建筑要比一般图样大很多，在建筑工程图样中，大到整体建筑，小到具体构造等都要在图样上准确表示出来，这是如何实现的呢？

图样中图形与实物相对应的线性尺寸之比，称为比例。

比例大小是指比值大小。比值为1的比例为原值比例（1∶1）；大于1的比例称为放大比例（如2∶1）；小于1的比例称为缩小比例（如1∶100）。在建筑工程图中，几乎全部选用缩小比例。

比例采用阿拉伯数字注写在图名的右侧，比例符号以“∶”表示，如1∶1、1∶100等。字的底线应取平，比图名字号小一号或两号，横线的长度应以所写的文字所占长短为准，如图1-13所示。

平面图　1∶100　　⑥ 1∶20

图1-13　比例的标注

绘图所用的比例，应符合制图规范的规定，建筑专业制图常用的比例宜符合表1-9的规定。

表1-9　建筑专业制图常用比例

图　名	比　例
建筑物或构筑物的平面图、立面图、剖面图	1∶50、1∶100、1∶150、1∶200、1∶300
建筑物或构筑物的局部放大图	1∶10、1∶20、1∶25、1∶30、1∶50
配件及构造详图	1∶1、1∶2、1∶5、1∶10、1∶15、1∶20、1∶25、1∶30、1∶50

应用实例

在绘制工程图时，常遇到物体很大或很小的情况，因此不可能按物体的实际大小去画，必须将图形按一定的比例缩小或放大；而且不论放大或缩小，图形必须反映物体原来的形状和实际尺寸。图1-14所示为用不同比例绘制的门。

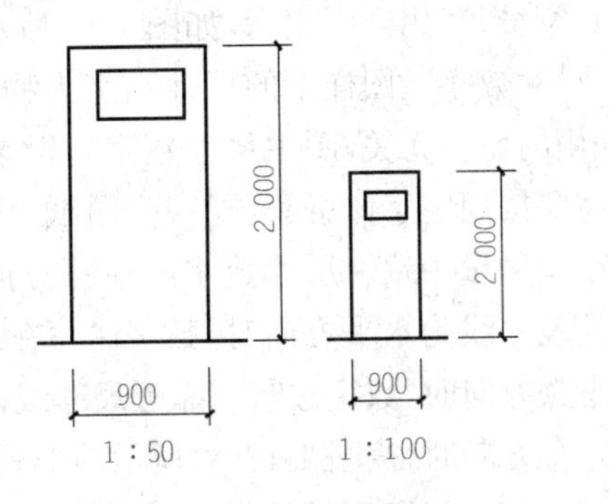

图1-14　用不同比例绘制的门

第六节　尺寸标注

建筑工程图除了按一定比例绘制外，还必须注有详尽准确的尺寸才能全面表达设计意图，才能确保准确无误地进行施工，所以，尺寸标注是绘制工程图的一项重要内容。

一、尺寸的组成

图样上的尺寸由尺寸界限、尺寸线、尺寸起止符号和尺寸数字组成，如图 1-15 所示。

(1)尺寸界线。用来限定所注尺寸的范围，应用细实线绘制，一般应与被注长度垂直，其一端离开图样轮廓线应不小于 2 mm，另一端宜超出尺寸线 2～3 mm。有时图样轮廓线可用作尺寸界线，如图 1-16 所示。

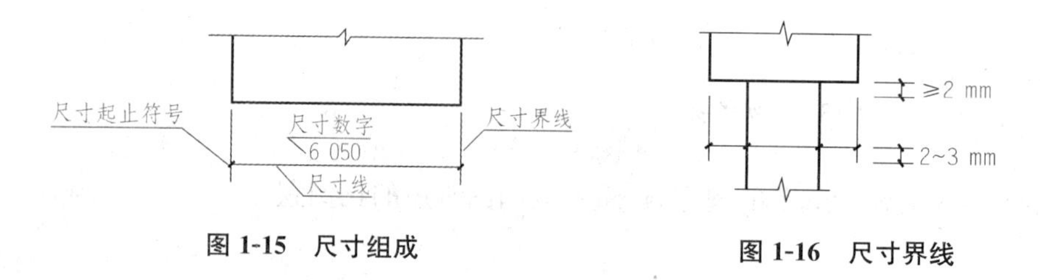

图 1-15　尺寸组成　　**图 1-16　尺寸界线**

(2)尺寸线。用来表示尺寸的方向，用细实线绘制，应与被注长度平行，且不宜超出尺寸界线。尺寸线与所注部位的轮廓线之间，以及相互平行的尺寸线与尺寸线之间，应留有 5～7 mm 的距离。图样本身的任何图线不能用作尺寸线。

(3)起止点。用以表示所注尺寸范围的起止，一般应用中粗斜短线绘制，其倾斜方向应与尺寸界线成顺时针 45°角，长度为 2～3 mm。半径、直径、角度与弧长的尺寸起止符号，宜用箭头表示，如图 1-17 所示。

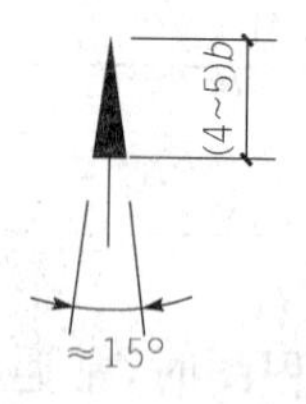

图 1-17　箭头尺寸起止符号

(4)尺寸数字。图样上的尺寸数字为物体的实际尺寸，与采用的比例无关，图中尺寸数字均以毫米为单位。尺寸数字要按规定字体书写，同一张图纸上的尺寸数字字号大小应尽量一致。尺寸数字的注写方向，应依据所需标注尺寸的位置来确定。尺寸线为水平方向时，数字注写在靠近尺寸线的上方中间部位；尺寸线为垂直方向时，数字注写在靠近尺寸线的左边中间部位；尺寸线为非水平和非垂直方向时，按图 1-18(a)所示的形式注写；如果尺寸数字在 30°斜线区内，宜按图 1-18(b)所示的形式注写。

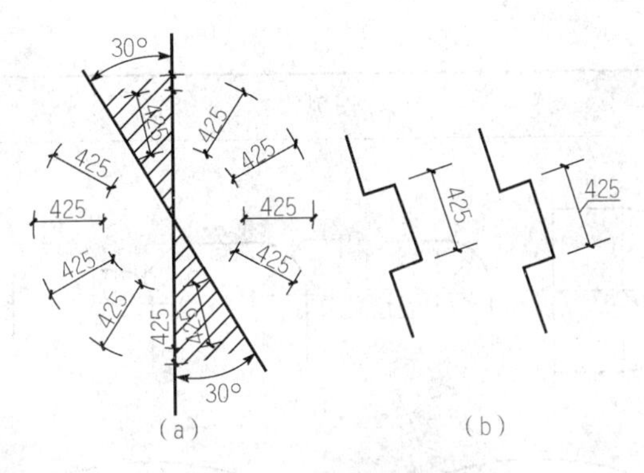

图 1-18　尺寸数字的读数方向

(a)尺寸线为非水平和非垂直方向时；

(b)尺寸数字在 30°斜线区内

二、尺寸标注示例

常见的尺寸标注形式见表 1-10。

表 1-10　尺寸标注示例

内容	图例	说明
尺寸数字的注写位置	60　420　90　50　50　50　50　30　150　25	尺寸数字一般应依据读数方向注写在靠近尺寸线上方的中部，如果没有足够的注写位置，最外边的尺寸数字可注写在尺寸界限的外侧，中间相邻的尺寸数字可错开注写，也可引出注写
尺寸数字的注写	120　120　370　120　120　120　60　(a)　240　(b)	尺寸宜标注在图样轮廓线以外，不宜与图线、文字及符号等相交。图线不得穿过尺寸数字，不可避免时应将尺寸数字处的图线断开
尺寸的排列	A　120　1 300　1 300　1 300　1 300　120　1 000　1 000　3 600　3 600　7 440　1　2　3	尺寸线距图样最外轮廓线之间的距离，不宜小于 10 mm。平行排列的尺寸线间距，宜为 7～10 mm。互相平行的尺寸线标注尺寸时，应从被标注的图样轮廓线外由近及远整齐排列，小尺寸应靠近图样轮廓线标注，大尺寸应在小尺寸外面标注

续表

内容	图例	说明
标注半径	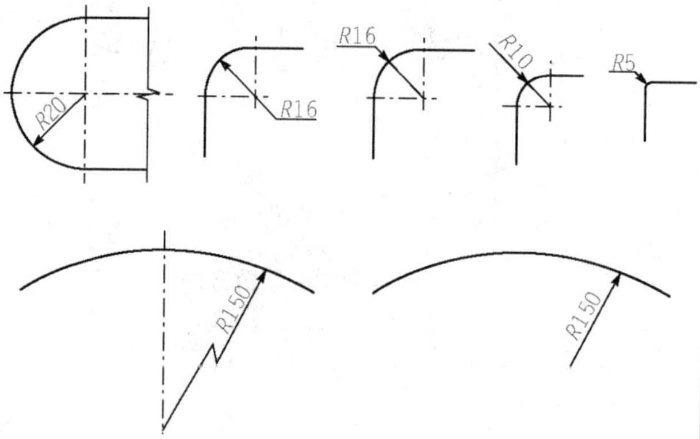 R20 R16 R16 R10 R5 R150 R150	半径的尺寸线应一端从圆心开始，另一端画箭头指至圆弧。半径数字前应加注半径符号“*R*”。较大圆弧的尺寸线画成折线状，但必须对准圆心
标注直径	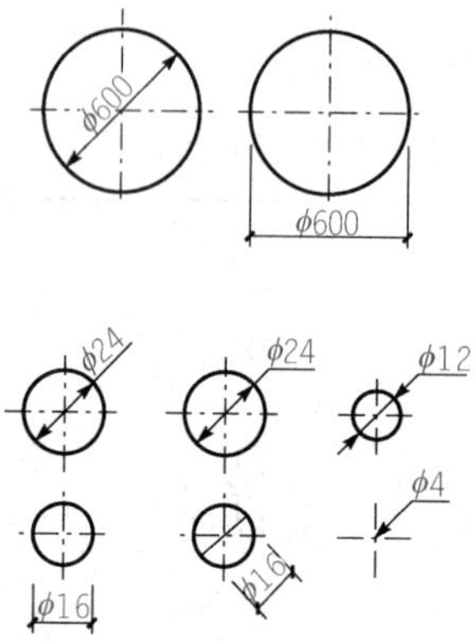 ϕ600 ϕ600 ϕ24 ϕ24 ϕ12 ϕ4 ϕ16 ϕ16	标注圆的尺寸时，直径数字前应加符号“ϕ”。在圆内标注的直径尺寸应通过圆心，其两端箭头指至圆弧。较小圆的直径尺寸可标注在圆外。 标注球半径时，应在尺寸数字前加注符号“*SR*”；标注球直径时，应在尺寸数字前加注符号“*S*ϕ”。它的注写方法与圆弧半径和圆直径的尺寸标注方法相同
标注角度	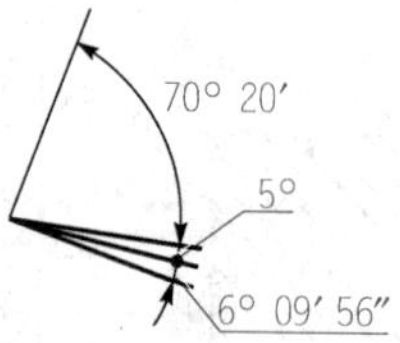 70° 20′ 5° 6° 09′ 56″	角度尺寸线应以圆弧线表示。该圆弧的圆心应是该角的顶点，角的两个边为尺寸界线。角度的起止符号应以箭头表示，角度数字应在水平方向注写
标注弧长	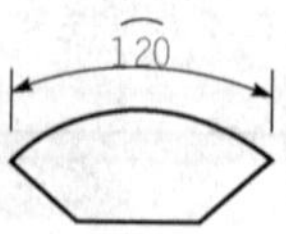 ⌒120	标注圆弧的弧长时，尺寸线用与该圆弧同心的圆弧线表示，尺寸界线应垂直于该圆弧的弦，起止符号应以箭头表示，弧长数字的上方应加注圆弧符号“⌒”
标注弦长	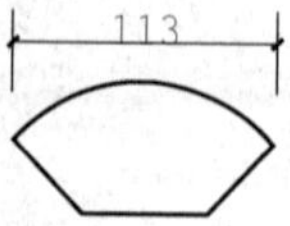 113	标注圆弧的弦长时，尺寸线应以平行于该弦的直线表示，尺寸界线应垂直于该弦，起止符号应以中粗斜短线表示

续表

内容	图例	说明
薄板厚度标注	t10 70 160 220 60 180 120 300	在薄板板面标注板厚尺寸时，应在厚度数字前加厚度符号“t”
正方形标注	□30 40 60 20 □50	标注正方形的尺寸，可用“边长×边长”的形式，也可在边长数字前加正方形符号“□”
坡度标志	2% 2% （a） 1∶2 （b） 2.5 1 （c）	标注坡度时，应加注坡度符号“↼”，该符号为单面箭头，箭头应指向下坡方向。坡度也可用直角三角形形式标注

应用实例

对比图 1-19，可以避免尺寸标注时的一些常见错误。

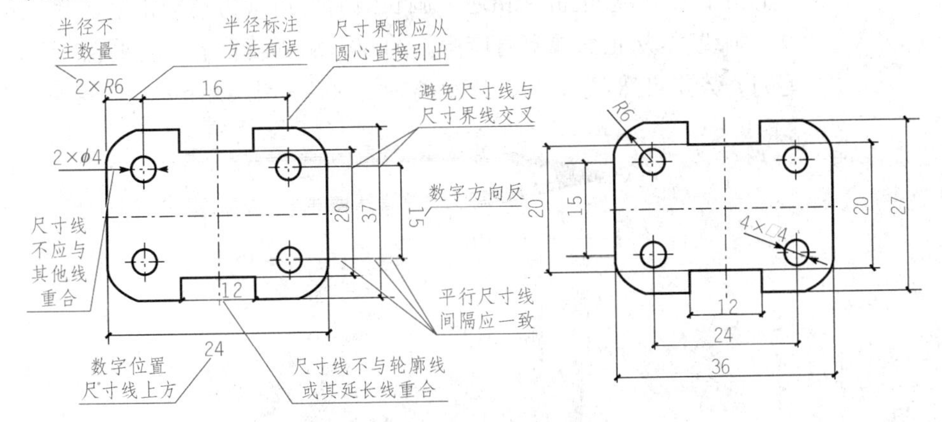

图 1-19　尺寸标准常见错误

第二章　制图工具和用品

本章导读

虽然现在的建筑工程图基本上都是用计算机绘制的，但在工作中用到手工绘图的机会很多。工程上设计师构思一个建筑物或产品，工程师绘制一个工程物体，都会用到手工绘图的技能。为了保证绘制质量，提高绘图速度，对各种绘图工具和用品都必须了解它们的构造和性能，熟练掌握它们的正确使用方法，并经常注意维护和保养。

第一节　铅笔

绘图铅笔有各种不同的硬度。标号 B，2B，…，6B 表示软铅芯，数字越大，表示铅芯越软；标号 H，2H，…，6H 表示硬铅芯，数字越大，表示铅芯越硬；标号 HB 表示中软。画底稿宜用 H 或 2H，徒手作图可用 HB 或 B，加重直线用 H、HB(细线)、HB(中粗线)、B 或 2B(粗线)。铅笔尖应削成锥形，铅芯露出 6～8 mm。削铅笔时要注意保留有标号的一端，以便始终能识别其软硬度(图 2-1)。使用铅笔绘图时，用力要均匀，用力过大会划破图纸或在纸上留下凹痕，甚至折断铅芯。画长线时要边画边转动铅笔，使线条粗细一致。画线时，从正面看笔身应倾斜约 60°，从侧面看笔身应垂直(图 2-1)。持笔的姿势要自然，笔尖与尺边距离始终保持一致，线条才能画得平直准确。

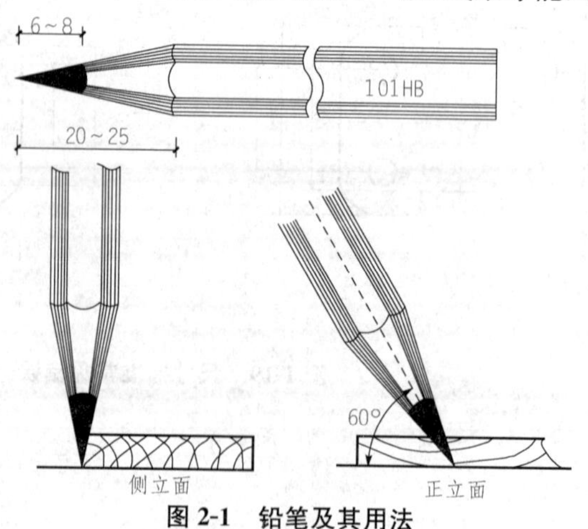

图 2-1　铅笔及其用法

第二节　圆规和分规

一、圆规

圆规是用来画圆及圆弧的工具。圆规的一腿为可紧固的活动钢针，其中有台阶的一端多在加深图线时使用；另一腿上附有插脚，根据不同用途可换上铅芯插脚、鸭嘴笔插脚、针管笔插脚、接笔杆（供画大圆时使用）。画图时应先检查两脚是否等长，当针尖插入图板后，留在外面的部分应与铅芯尖端平齐（画墨线时，应与鸭嘴笔脚平），图 2-2 所示铅芯可削磨成约 65°的斜截圆柱状，斜面向外，也可削磨成圆锥状。

画圆时，首先将铅芯与针尖的距离调整至等于所画圆的半径，再用左手食指将针尖送到圆心上轻轻插住，尽量不使圆心扩大，并使笔尖与纸面的角度接近垂直；然后右手转动圆规手柄，转动时，圆规应向画线方向略为倾斜，速度要均匀，沿顺时针方向画，整个圆一笔画完。在绘制较大的圆时，可将圆规两插杆弯曲，使其仍然保持与纸面垂直，如图 2-2(b)所示。直径 10 mm 以下的圆，一般用点圆规来画。使用时，右手食指按顶部，大拇指和中指按顺时针方向迅速地旋动套管，画出小圆，如图 2-2(c)所示。

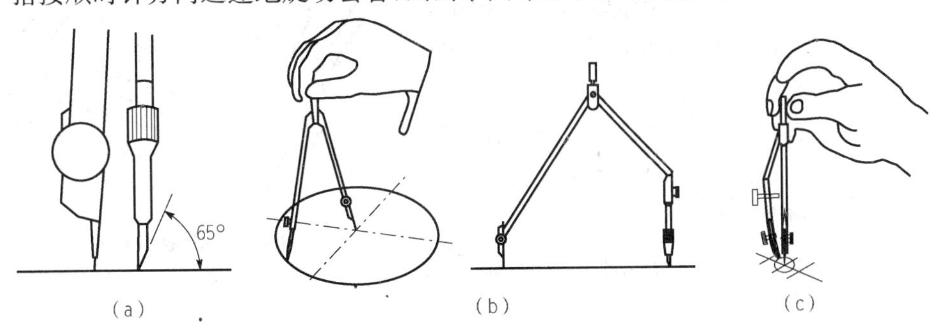

图 2-2　圆规的针尖和画圆的姿势

(a)铅芯削磨成约 65°的斜截圆柱状；(b)插杆与纸面垂直；(c)画图姿势

注意

需要注意的是，画圆时必须保持针尖垂直于纸面，圆画出后，要先提起套管，然后再拿开点圆规。

二、分规

分规是等分线段和量取线段的工具，两腿端部均装有固定钢针。使用时，要先检查分规两腿的针尖靠拢后是否平齐，分规的使用方法如图 2-3 所示。

注意

圆规有一头是铁尖，另一头是铅笔尖，而分规两头都是铁尖。分规类似于圆规，但它是对称的两个针尖，是主要用来等分线段的工具。普通的圆规装上针尖后也可以作分规用。

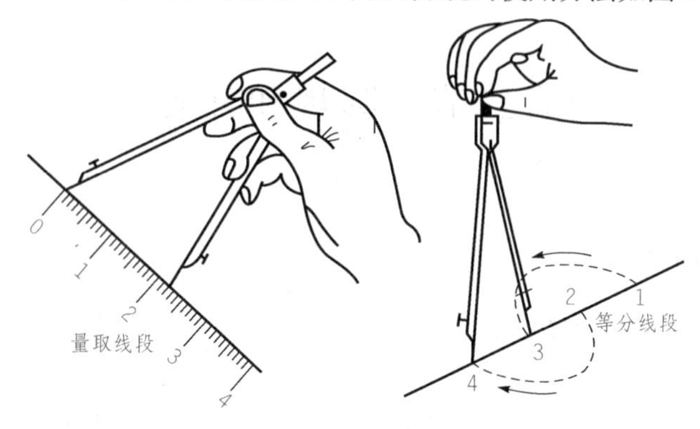

图 2-3 分规

第三节 绘图纸和图板

图纸有绘图纸和描图纸两种。绘图纸用于画铅笔或墨线图，要求纸面洁白、质地坚实，并以橡皮擦拭不起毛、画墨线不洇为好。

图板是画图时用的垫板，板面应平坦、光洁。左边是导边，必须保持平整，如图 2-4 所示。图板的大小有各种不同规格，可根据需要选定。0 号图板适用于画 A0 号图纸，1 号图板适用于画 A1 号图纸，且四周略有宽余。图板放在桌面上，板身宜与水平桌面成 10°～15°倾角。

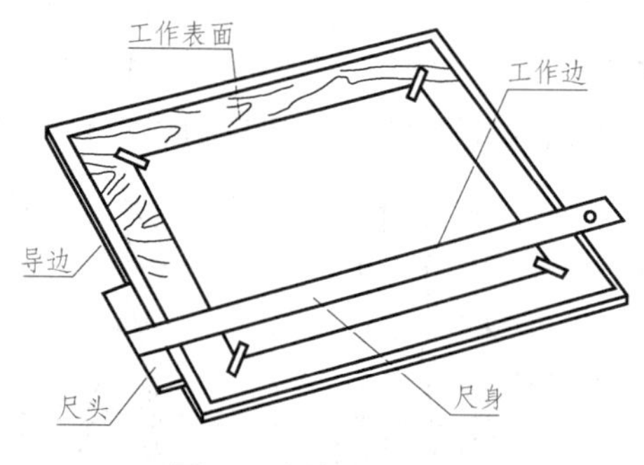

图 2-4 图板和丁字尺

图板不可用水刷洗和在日光下暴晒。

第四节 丁字尺和三角板

一、丁字尺

丁字尺由相互垂直的尺头和尺身组成，如图 2-4 所示。尺身要牢固地连接在尺头上，尺头的内侧面必须平直，用时应紧靠图板的左侧——导边。在画同一张图纸时，尺头不可以在图板的其他边滑动，以避免图板各边不成直角时，画出的线不准确。丁字尺的尺身工作边必须平直光滑，不可用丁字尺击物或用刀片沿尺身工作边裁纸。丁字尺用完后，宜将其竖直挂起来，以避免尺身弯曲变形或折断。

丁字尺主要用于画水平线，并且只能沿尺身上侧画线。作图时，左手握住尺头，使它始终紧靠图板左侧，然后上下移动丁字尺，直至工作边对准要画线的地方，再从左向右画水平线。画较长的水平线时，可把左手滑过来按住尺身，以防止尺尾翘起和尺身摆动，如图 2-5 所示。

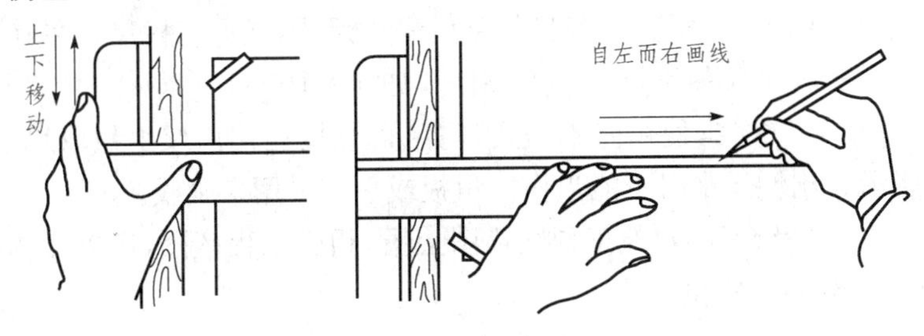

图 2-5　上下移动丁字尺及画水平线的手势

二、三角板

三角板除了直接画直线外，主要是配合丁字尺画铅垂线和 30°、45°、60°等各种斜线，两块三角板配合还可以画 15°、75°斜线。三角板可推画任意方向的平行线，还可直接用来画已知线段的平行线或垂直线，如图 2-6 所示。

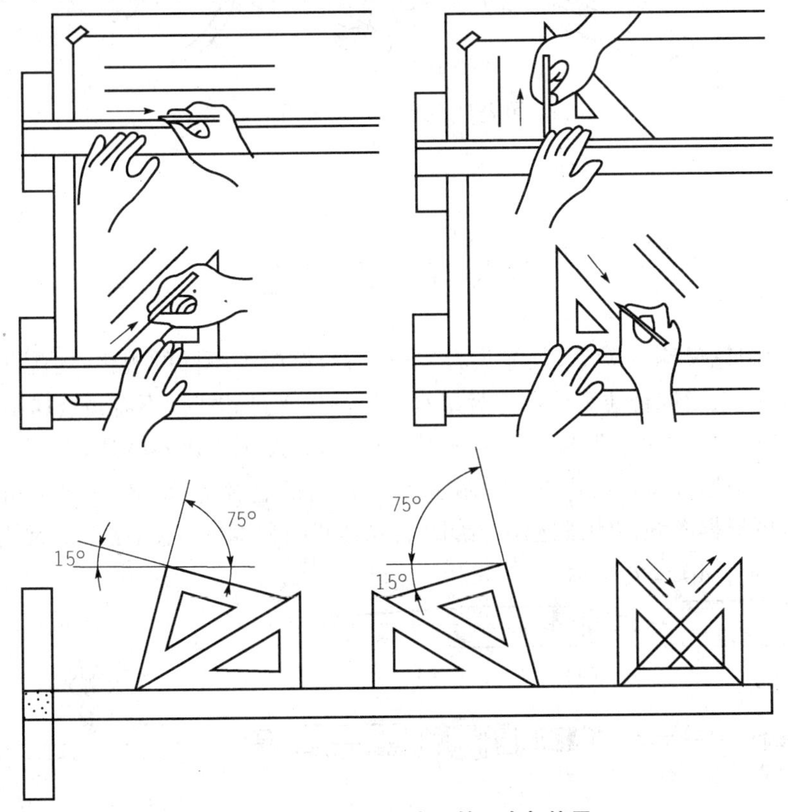

图 2-6　三角板与丁字尺的配合与使用

第五节　比例尺

比例尺是用于放大或缩小绘图尺寸的一种尺子，又称三棱尺。在其三个棱面上，一般刻有六种不同比例的刻度，如 1∶100、1∶200、1∶300、1∶400、1∶500、1∶600。使用时不需要计算，可直接在比例尺上量取尺寸，如图 2-7 所示。比例尺平时不能当作三角板或丁字尺用来画线。

如果要给抄绘好的建筑工程图描图上墨，晒成工程蓝图，还需要描图纸和绘图笔等绘图工具和用品。

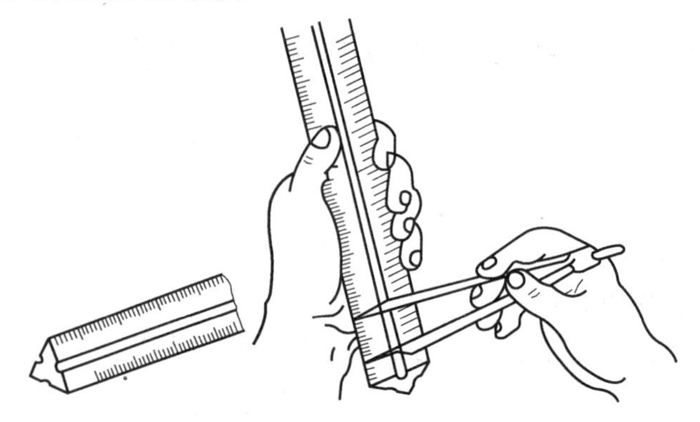

图 2-7　比例尺及其使用

第六节　绘图笔

绘图笔又叫针管笔，其笔头为一根针管，有粗细不同的规格，内配相应的通针。它能像普通钢笔那样吸墨水和存储墨水，描图时，不需频繁加墨。

画线时，要使笔尖与纸面尽量保持垂直，如发现墨水不畅通，应上下抖动笔杆，使通针将针管内的堵塞物捅出。针管的直径有 0.18～1.4 mm 等多种，可根据图线的粗细选用。绘图笔因其使用和携带方便，是目前常用的描图工具，如图 2-8 所示。

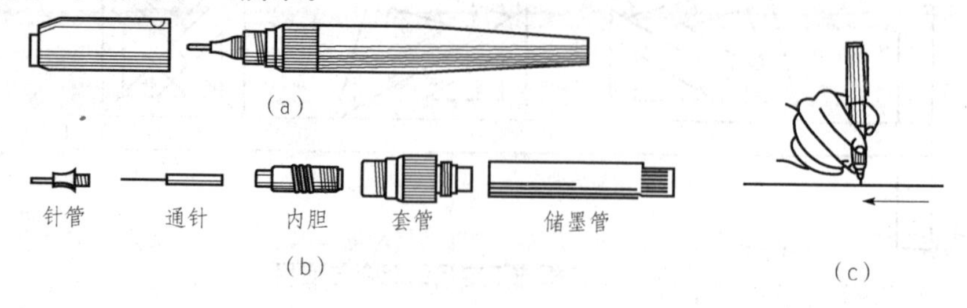

图 2-8　绘图笔

(a)外观；(b)内部组成；(c)画线时与纸面保持垂直姿势

第七节　其他用品

常用的手工绘图工具还有曲线板、擦图片及绘图模板等。

曲线板不同部位的曲率不同，主要用于画非圆曲线。画图时，先定出曲线上的一系列点，然后用曲线板上曲率合适的部分连线，将曲线分段画完。注意相邻两段曲线要有一部分搭接，以使各段曲线能够光滑过渡，如图 2-9 所示。

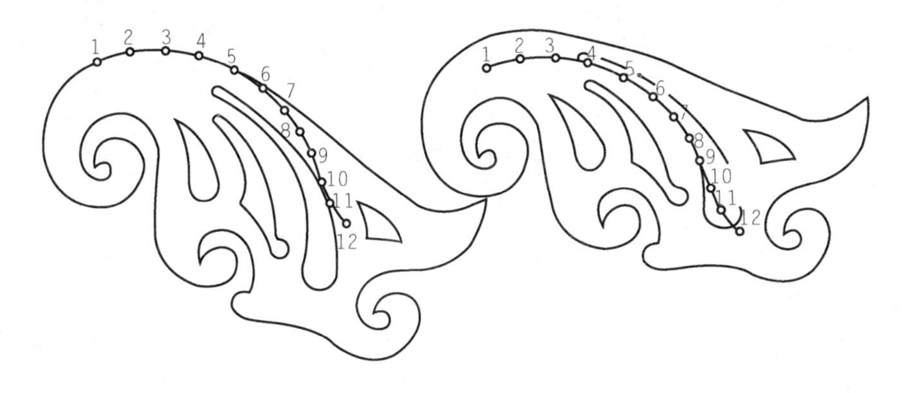

图 2-9　曲线板画曲线

擦图片用于保护有用的图线不被擦掉，并且提供一些常用图形符号供绘图时使用，如图 2-10 所示。

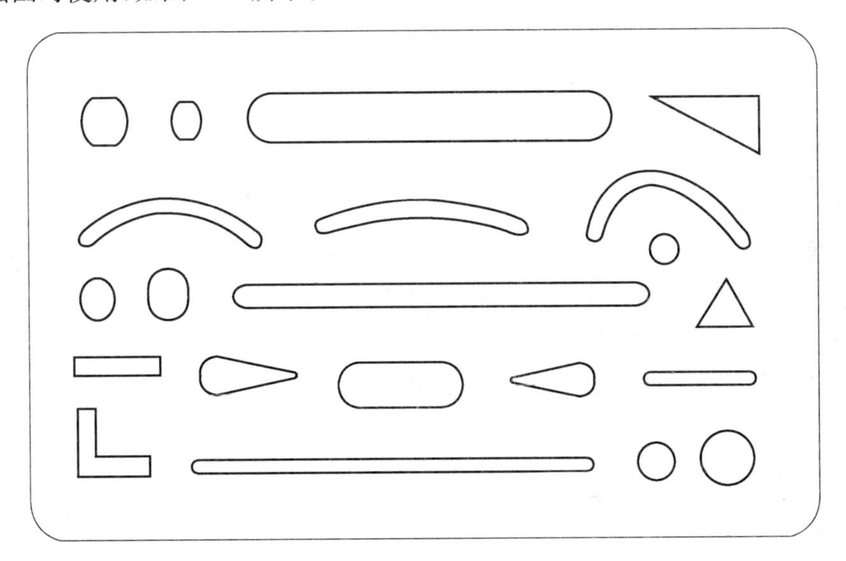

图 2-10　擦图片

绘图模板供专业绘图使用，可用于写字时打格、画箭头、画圆、画圆点、画标高符号、画倒角等，如图 2-11 所示。

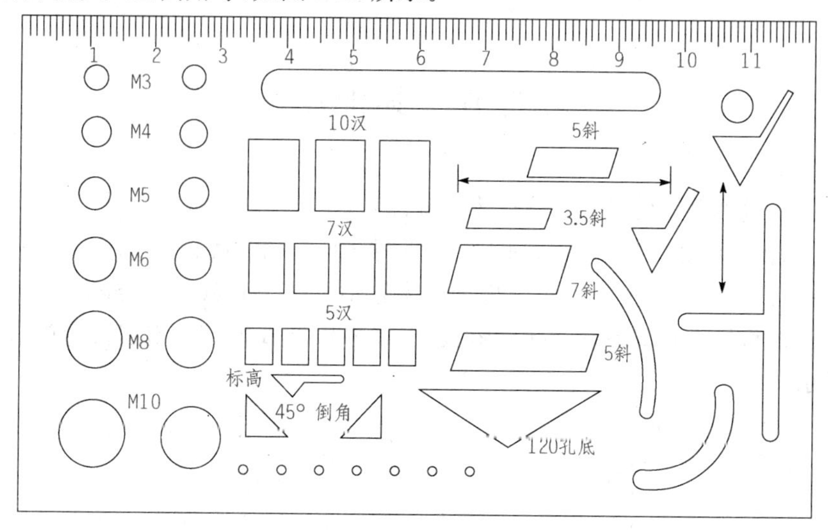

图 2-11　绘图模板

第三章　几何作图

任何工程图基本上都是由直线、圆弧、曲线等几何图形组合而成的。绘图时，对于几何图形，应根据已知条件，以几何学的原理及作图方法，用尺规制图工具和仪器把它准确地画出来。几何作图是绘制各种平面图形的基础，也是绘制各种工程图样的基础。下面主要介绍几种常用的基本几何作图法。

第一节　直线的平行线和垂直线

直线的平行线、垂直线的作法见表 3-1。

表 3-1　直线的平行线和垂直线的作法

名称	作图方法
过已知点作已知直线的平行线	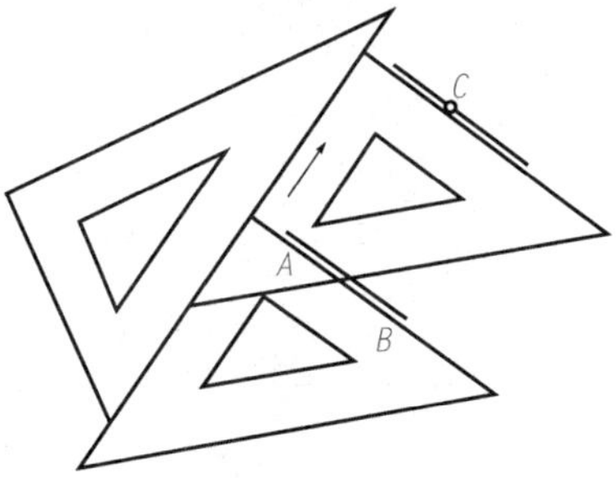 先把三角板的一边靠准 AB，再靠上另一三角板，移动前一三角板，使其靠准 C 点，过 C 点画一直线，即为所求直线
过已知点作已知直线的垂直线	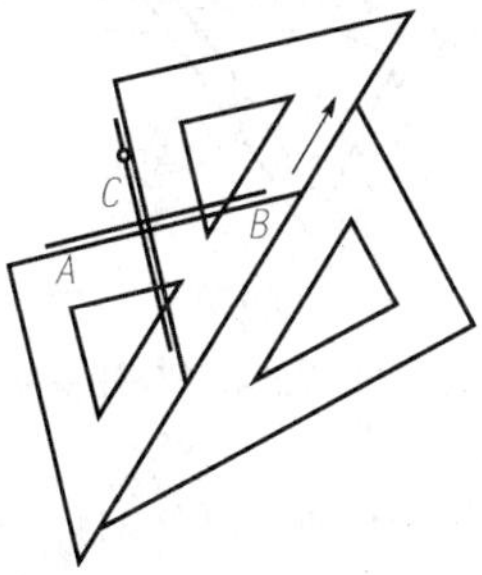 先把三角板一直角边靠准 AB，再靠上另一三角板，移动前一三角板，并把它的另一直角边靠准 C 点，过 C 点画一直线，即为所求直线

第二节　等分线段、角和坡度

等分线段、角和坡度的作法见表 3-2。

表 3-2　等分线段、角和坡度的作法

名称	作图方法
二等分直线	(a)　　(b) (a)分别以已知直线 AB 的两个端点 A、B 为圆心，以大于 $\frac{1}{2}AB$ 的长度为半径作弧，两弧分别相交于 C 点及 D 点。 (b)连接 CD，交直线 AB 于点 E，E 点即为 AB 的二等分点
任意等分直线 （以五等分直线为例）	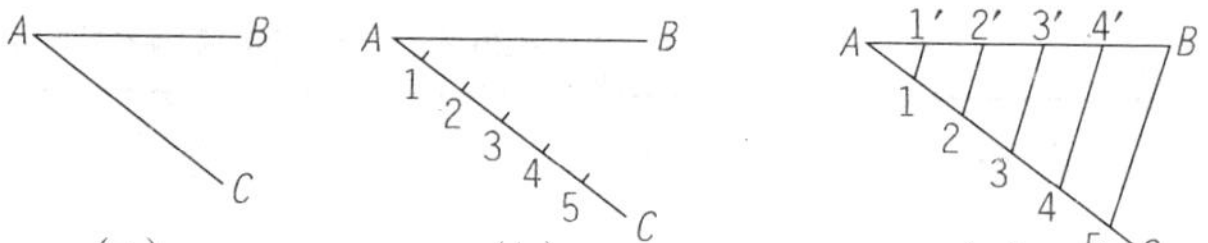 (a)　　(b)　　(c) (a)过断点 A 任作一直线 AC。 (b)自点 A 起量取辅助线 AC 上相等的五个单位，得 1、2、3、4、5 各点。 (c)连接 $B5$，分别过 1、2、3、4 点作 $B5$ 的平行线，交 AB 于 $1'$、$2'$、$3'$、$4'$，各交点即分直线 AB 为五等分
两平行线 间距离任意等分 （以五等分直线为例）	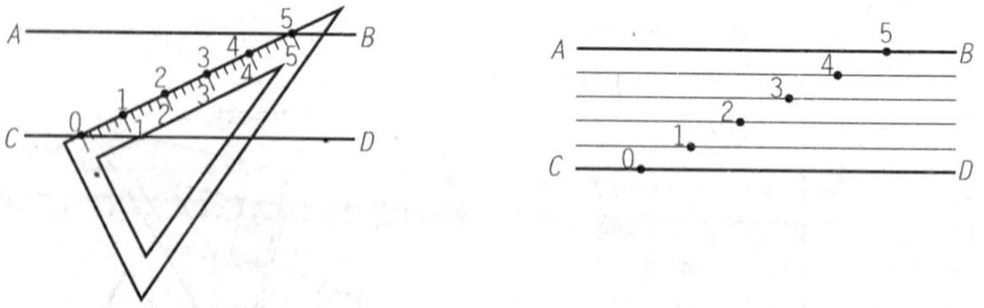 (a)　　(b) (a)将三角板的 0 点放在 CD 任一位置上，尺身绕 0 点旋转，使尺身上某个 5 的倍数点正好落在直线 AB 上。 (b)过 5 的各倍数点(如 1、2、3、4、5 或 5、10、15、20、25)作标记点，过各标记点作 AB 或 CD 的平行线即可

续表

名称	作图方法
角的二等分	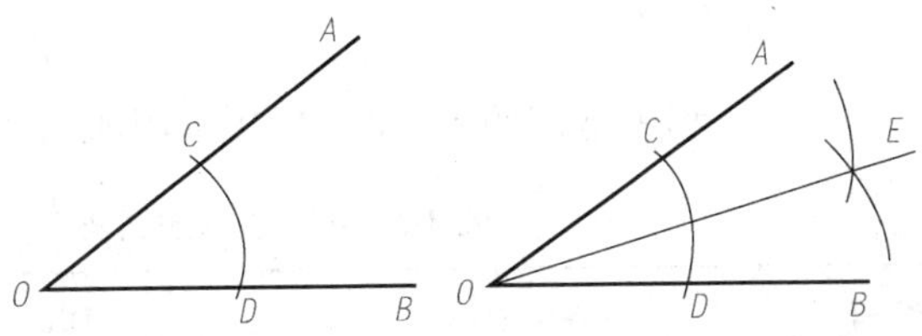 (a) (b) (a)以 O 为圆心，任意长为半径作弧，交 AO、BO 于 C、D 两点。 (b)分别以 C、D 为圆心，以大于$\frac{1}{2}CD$ 为半径作弧，使两弧相交于 E 点。连按 OE，即将$\angle AOB$ 二等分
角的任意等分 （以五等分为例）	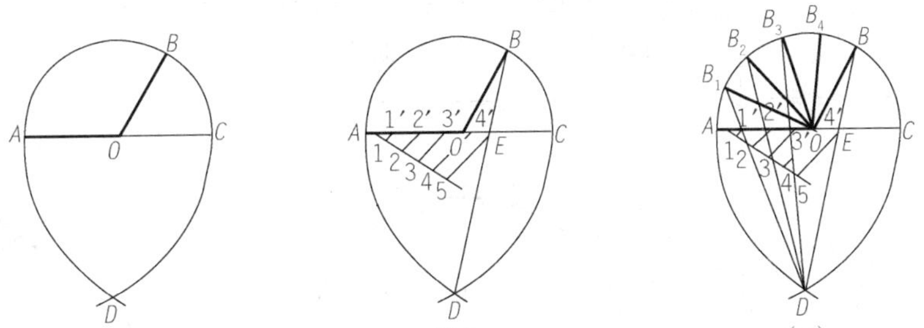 (a) (b) (c) (a)以 O 为圆心、任意长(设 AO)为半径作弧，交 AO 延长线于点 C，再分别以 A、C 为圆心，AC 为半径作弧，两弧相交于 D 点。 (b)连按 DB 交 AC 于点 E，五等分 AE，得等分点 $1'$、$2'$、$3'$、$4'$各点。 (c)连按 $D1'$、$D2'$、$D3'$、$D4'$，并延长，分别交圆弧于 B_1、B_2、B_3、B_4，连按 B_1O、B_2O、B_3O、B_4O，即分$\angle AOB$ 为五等分
坡度(以 1∶5 为例)	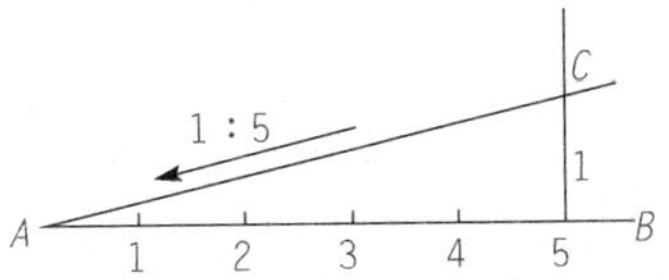 作一直线 AB，过点 A 量取相等的五个单位长，过末点 5 作 AB 的垂线，并在其上自 5 点起量取一个单位得点 C，连 AC，则 AC 的斜度 $i=1:5$

第三节 正多边形的画法

工程中常用的等分圆周和作圆内接正多边形的方法见表 3-3。

表 3-3 正多边形的画法

名称	作图方法
圆内接正三边形	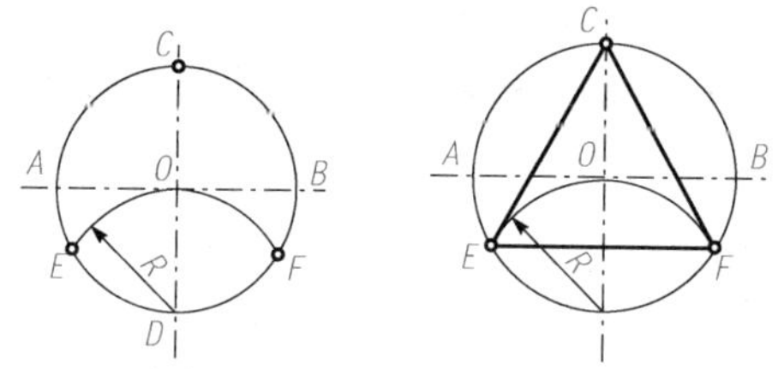 (a)以 D 点为圆心，所作圆半径为半径画圆弧，交圆周于 E、F 两点，E、F、C 三点三等分圆周。 (b)连接 C、E、F 三点，即得圆内接正三边形
圆内接正五边形	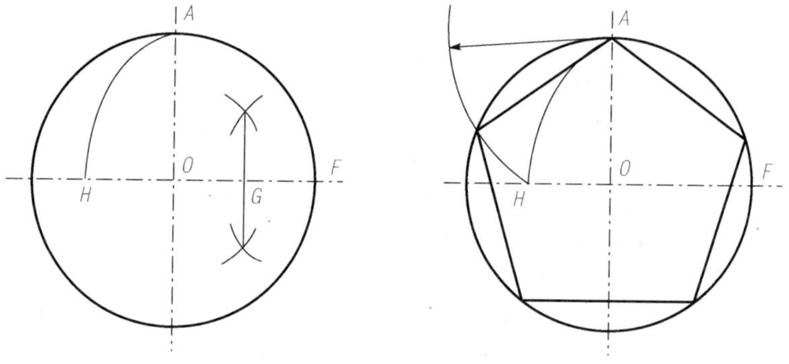 (a)作半径 OF 的等分点 G，以 G 为圆心，以 GA 为半径作圆弧，交直径于 H。 (b)以 AH 为半径，分圆周为五等分，顺次连接各等分点，即为所求
圆内接正六边形	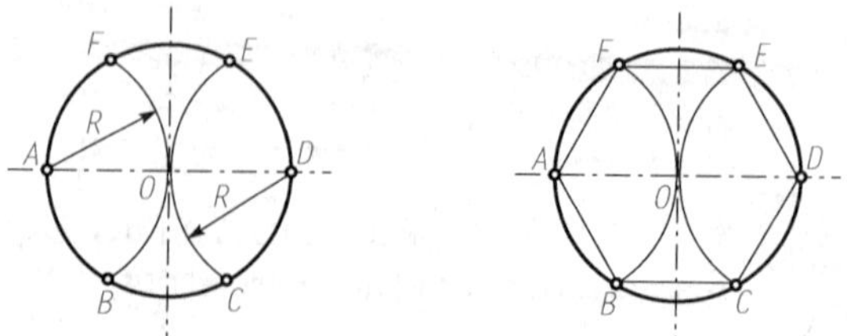 (a)分别以 A、D 为圆心，R 为半径作弧得 B、F、C、E 点。 (b)依次连接 AB、BC、CD、DE、EF、FA，即得圆内接正六边形

第四节 椭圆的画法

椭圆的画法见表 3-4。

表 3-4 椭圆的画法

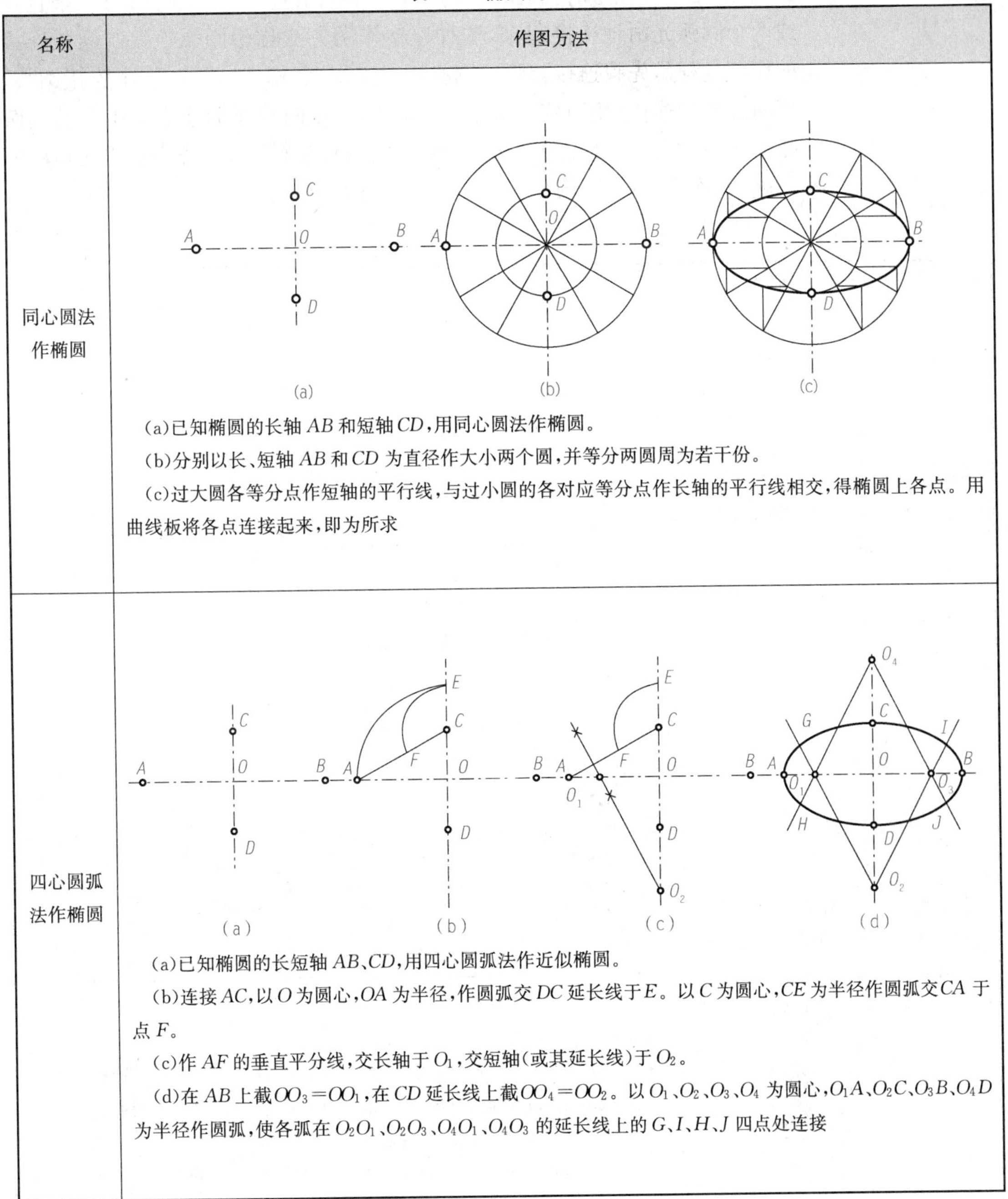

名称	作图方法
同心圆法作椭圆	(a)已知椭圆的长轴 AB 和短轴 CD，用同心圆法作椭圆。 (b)分别以长、短轴 AB 和 CD 为直径作大小两个圆，并等分两圆周为若干份。 (c)过大圆各等分点作短轴的平行线，与过小圆的各对应等分点作长轴的平行线相交，得椭圆上各点。用曲线板将各点连接起来，即为所求
四心圆弧法作椭圆	(a)已知椭圆的长短轴 AB、CD，用四心圆弧法作近似椭圆。 (b)连接 AC，以 O 为圆心，OA 为半径，作圆弧交 DC 延长线于 E。以 C 为圆心，CE 为半径作圆弧交 CA 于点 F。 (c)作 AF 的垂直平分线，交长轴于 O_1，交短轴(或其延长线)于 O_2。 (d)在 AB 上截 $OO_3=OO_1$，在 CD 延长线上截 $OO_4=OO_2$。以 O_1、O_2、O_3、O_4 为圆心，O_1A、O_2C、O_3B、O_4D 为半径作圆弧，使各弧在 O_2O_1、O_2O_3、O_4O_1、O_4O_3 的延长线上的 G、I、H、J 四点处连接

第五节　圆弧连接

利用圆弧与直线相切、圆弧与圆弧内切和外切的几何关系，可以构思出线条流畅、富有美感和联想的图形（如广场、公园的路面或者某些高速公路）。绘制平面图形时，经常需要用圆弧将两条直线、一个圆弧与一条直线或两个圆弧光滑地连接起来，这种连接作图方法称为圆弧连接。圆弧连接的作图过程是先找连接圆弧的圆心再找连接点（切点），最后作出连接圆弧。当两圆弧相连接（相切）时，其连接点必须在该两圆弧的连心线上。若两圆弧的圆心分别在连接点的两侧，此时称为外连接（外切）；若位于连接点的同一侧，则称为内连接（内切）。圆弧连接的画法见表 3-5。

表 3-5　圆弧连接

名称	已知条件	作图方法
用圆弧连接两已知直线	已知两条相交直线 ab、cd 及长度 R，试以 R 为半径作圆弧连接 ab 和 cd	 (a)分别作与 ab、cd 相距为 R 的平行线，相交得 O 点。 (b)过 O 点作 ab、cd 的垂线，得切点 e、f。 (c)以 O 点为圆心，R 为半径，作圆弧$\overset{\frown}{ef}$，$\overset{\frown}{ef}$为所求的连接圆弧
用圆弧连接一已知直线和一已知圆弧	已知半径为 R_1 的圆 O_1，圆外直线 ab 及长度 R，试以 R 为半径作圆弧连接圆 O_1 及直线 ab	 （a）　（b） (a)作与 ab 相距为 R 的平行线。 (b)以 O_1 为圆心，以$(R-R_1)$为半径作圆弧，与平行线相交于 O 点，如图(a)所示。 (c)过 O 点向 ab 作垂线，得切点 c，连接 OO_1 并延长与圆周相交得切点 d。 (d)以 O 为圆心，R 为半径，作圆弧 cd 即为所求。 当所求的连接圆弧与圆 O_1 为外切时，只需将上述作图步骤(b)中的$(R-R_1)$改为$(R+R_1)$，如图(b)所示，其余作图步骤相同

第六节　徒手作图

徒手图也称为草图，是不用仪器，仅用铅笔以徒手、目测的方法绘制的图样。

草图是工程技术人员交谈、记录、构思、创作的有利工具，工程技术人员必须熟练掌握徒手作图的技巧。

徒手作图的基本方法见表3-6。

表3-6　徒手作图的方法

名称	图例	画法
画水平线	 (a)　(b)	徒手画水平线时，铅笔要放平一些。初学画草图时，可先画出直线两端点，然后持笔沿直线位置悬空比划一两次，掌握好方向，并轻轻画出底线。然后眼睛盯住笔尖，沿底线画出直线，并改正底线不平滑之处。画铅直线时方法相同。画水平线和竖直线的姿势如图所示
画倾斜线	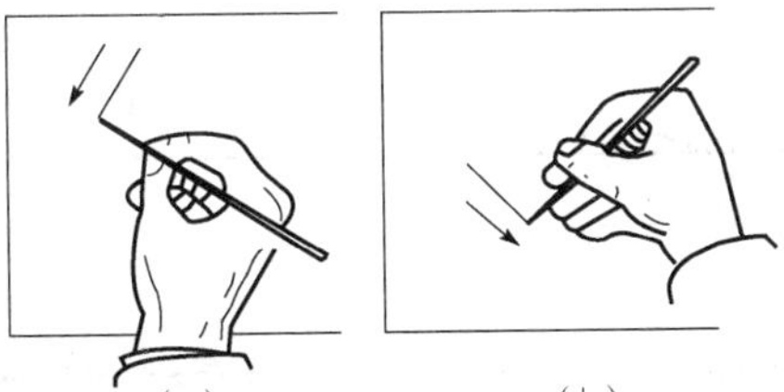 (a)　(b) (a)由上向下左倾斜；(b)由上向下右倾斜	画倾斜线时，手法与画水平线相似
线型及等分线段	 (a)　(b)	图(a)所示为徒手画出的不同的线段，图(b)所示为目测估计来徒手等分直线，等分的次序如图线上下方的数字所示

续表

名称	图例	画法
斜线的徒手画法	(a) (b) (c)	画与水平线成30°、45°等特殊角度的斜线，如图所示，按两直角边的近似比例关系，定出两端点后连接画出；也可以采取近似等分圆弧的方法画出
圆的徒手画法	(a) (b) (a)画小图；(b)画大图	(a)画直径较小的圆时，在中心线上按半径日测定出四点后徒手连接而成。 (b)画直径较大的圆时，通过圆心画几条不同方向的直线，按半径目测确定一些点后，再徒手连接而成
椭圆的徒手画法	(a) (b) (a)由长短轴徒手作椭圆；(b)由共轭轴徒手作椭圆	(a)已知长短轴画椭圆，可先做出椭圆的外切矩形，如椭圆较小，可以直接画出椭圆；如椭圆较大，则在画出外切矩形后，再在矩形对角线的一半长度上目测十等分，并定出七等分的点，依次徒手连接八点（称为八点法），即为求作的椭圆。 (b)已知共轭轴画椭圆，可由共轭轴先作出外切平行四边形，其余作法与上述相同

相关链接

徒手作图的基本要求

(1)分清线型，粗实线、细实线、虚线、点画线等要能清楚地区分。

(2)画草图用的铅笔要软一些，例如B、HB铅笔；铅笔要削长一些，笔尖不要过尖，要圆滑一些。

(3)画草图时，持笔的位置高一些，手放松一些，这样画起来比较灵活。

(4)图形不失真，基本平直，方向正确，长短大致符合比例，线条之间的关系正确。

(5)画草图时，不要急于画细部，先要考虑大局。既要注意图形的长与高的比例，也要注意图形的整体与细部的比例是否正确。草图最好用HB或B铅笔画在方格纸(坐标纸)上，图形各部分之间的比例可借助方格数的比例来解决。

第四章　投影的基本知识

本章导读

工程图样是应用投影的原理和方法绘制的。在三维空间里，所有的形体都有长度、宽度和高度(或厚度)，如何在一张只有长度和宽度的图纸上，准确且全面地表达出物体的形状和大小呢？这就要采用投影法。投影法源于日常生活中的一种物理现象，即物体的影子和物体的形象之间存在着对应关系。例如，人站在开着的电灯下会在地板上形成影子；人站在阳光下，在地面上也会有影子。在这里，“人”是三维立体的，而“影子”是二维平面的，二维的图像与三维的立体有着精准的对应关系。

第一节　投影的概念和分类

一、投影的概念

在日常生活中，人们发现，只要有物体、光线，就会在附近的墙面、地面上留下物体影子，这就是自然界的投影现象。从这一现象中，人们能认识到光线、物体、影子之间的关系。图 4-1 归纳出了物体形状、大小的投影原理和作图方法。

工程中，人们把上述的自然现象加以抽象化得出空间形体在平面上的图形，这个图形称为物体的投影。

例如，$\triangle ABC$ 在灯光的照射下，落在地上的影子 abc 就是一个投影现象，如图 4-2 所示。

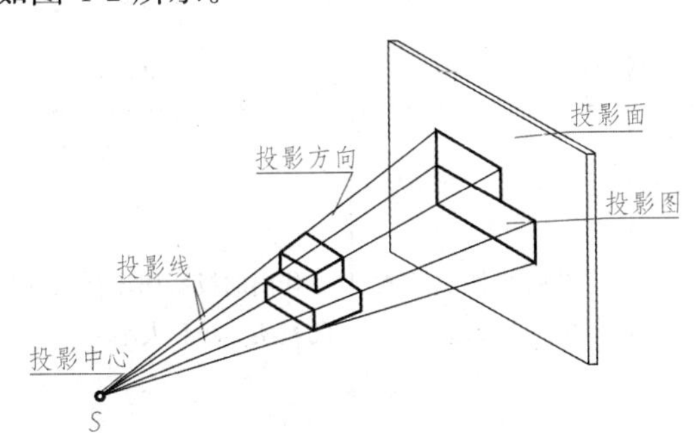

图 4-1　投影图的形成

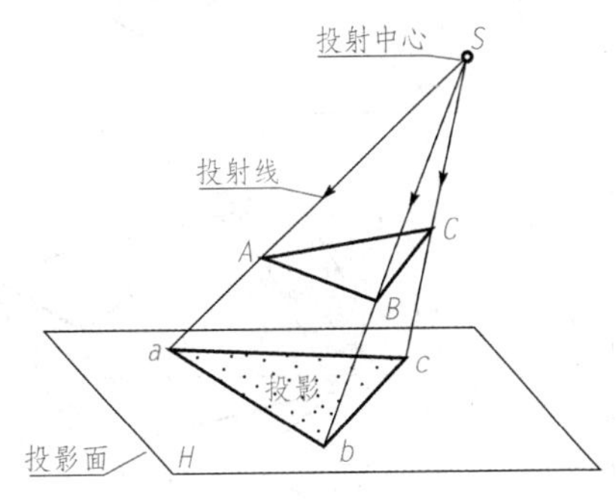

图 4-2　投影现象

通常把光源 S 称为投射中心，光线 SA、SB…称为投射线，地面称为投影面，在地面上的影子为$\triangle ABC$ 的投影$\triangle abc$。

从几何意义上讲，空间某一点投影，实际上是过该点的投射线与投影面的交点；空间某一线段的投影，实际上是过该线段的投射面与投影面的交线；空间平面图形的投影，实际上是构成平面各边的投影集合；空间立体的投影，实际上是构成该立体各表面的投影集合。

提示

工程中，常用各种投影法来绘制图样，从而在一张只有长度和宽度的图纸上表达出三维空间里形体的长度、高度和宽度(或厚度)等尺寸，借以准确、全面地表达出形体的形状和大小。

二、投影的分类

工程图样的绘制是以投影法为依据的。常用的投影法可分为中心投影法和平行投影法，投影的分类见表 4-1。

表 4-1　投影的分类

名称		图例	形成	特点
中心投影法		S、C、B、D、A、c、b、d、a、P	中心投影即在有限的距离内，由投影中心 S 发射出的投影线所产生的投影	投影线相交于一点，投影图的大小与投影中心 S 距离投影面远近有关，在投影中心 S 与投影面 P 距离不变的情况下，物体离投影中心 S 越近，投影图越大；反之投影图越小
平行投影法	正投影	A、C、B、投射方向、投射线、a、c、b、H	投射线垂直于投影面的投影法	作出的投影图能真实地反映形体的真实形状和大小，且度量性好，作图方便，但直观性较差
	斜投影	A、C、B、投射方向、投射线、a、c、b、H	投射线倾斜于投影面的投影法	作出的投影图不能反映形体的真实形状和大小

相关链接

正投影的特性

正投影的特性有平行性、定比性、度量性、类似性、积聚性等，如图 4-3 所示。

(1)平行性。空间两直线平行($AB // CD$)，则其在同一投影面上的投影仍然平行($ab // cd$)，如图 4-3(a)所示。通过两条平行直线 AB 和 CD 的投影线所形成的平面 $ABba$ 和 $CDdc$ 平行，因而两平面与同一投影面 P 的交线平行，即 $ab // cd$。

(2)定比性。点分线段为一定比例，点的投影分线段的投影为相同的比例，如图 4-3(b)所示，$AC : CB = ac : cb$。

(3)度量性。线段或平面图形平行于投影面，则在该投影面上反映线段的实长或平面图形的实形，如图 4-3(c)所示，$AB = ab$，$\triangle CDE \cong \triangle cde$，也就是该线段的实长或平面图形的实形，可直接从平行投影中确定和度量。

(4)类似性。线段或平面图形不平行于投影面，其投影仍是线段或平面图形，但不反映线段的实长或平面图形的实形，其形状与空间图形相似。这种性质称为类似性，如图 4-3(d)所示，$ab < AB$，$\triangle CDE \backsim \triangle cde$。

(5)积聚性。直线或平面图形平行于投影线(正投影则垂直于投影面)时，其投影积聚为一点或一条直线，如图 4-3(e)所示，该投影称为积聚投影，这种特性称为积聚性。

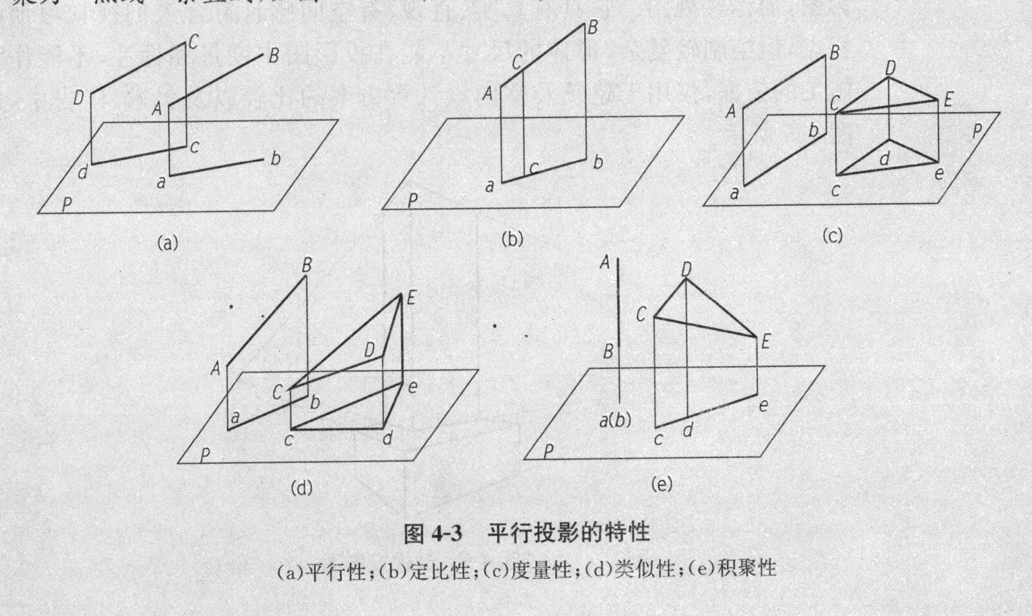

图 4-3　平行投影的特性

(a)平行性；(b)定比性；(c)度量性；(d)类似性；(e)积聚性

三、工程中常用的几种投影图

工程中常用的投影图有正投影图、透视投影图、轴测投影图、标高投影图。

1. 正投影图

用正投影法把形体向两个或三个互相垂直的面投影，然后将这些带有形体投影图的投影面展开在一个平面上，则得到形体多面正投影图。

正投影图的优点是能准确地反映形体的形状和构造，作图方便，度量性好，工程中应用最广，其缺点是立体感差，如图 4-4 所示。

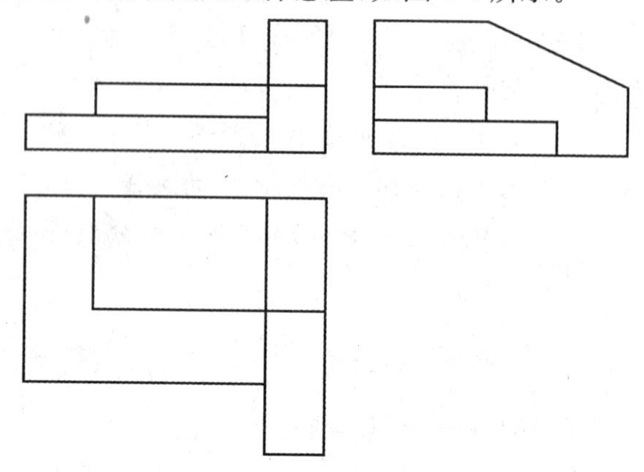

图 4-4　正投影图

2. 透视投影图

运用中心投影原理绘制的具有逼真立体感的单面投影图称为透视投影图，简称透视图。它具有真实、直观、有空间感且符合人们视觉习惯的特点，但绘制较复杂，形体的尺寸不能在投影图中度量和标注，不能作为施工的依据，仅用于建筑及室内设计等方案的比较以及美术、广告中，如图 4-5 所示。

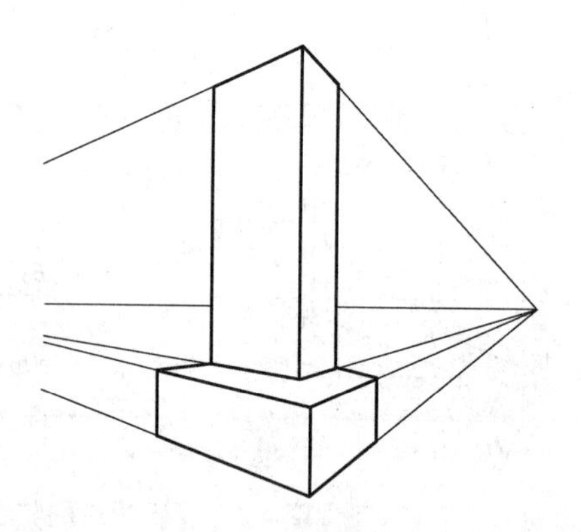

图 4-5　透视投影图

3. 轴测投影图

轴测图是一种立体图，是运用平行投影法将物体连同其直角坐标系，沿不平行于任一坐标面的方向 S 一起投影到一选定的单一投影面 P 上得到的投影，也叫轴测投影图或轴测图，如图 4-6(a)所示。轴测图具有较强的立体感，在工程中常用做辅助图样，图 4-6(b)为用轴测投影法绘制的轴测投影图。

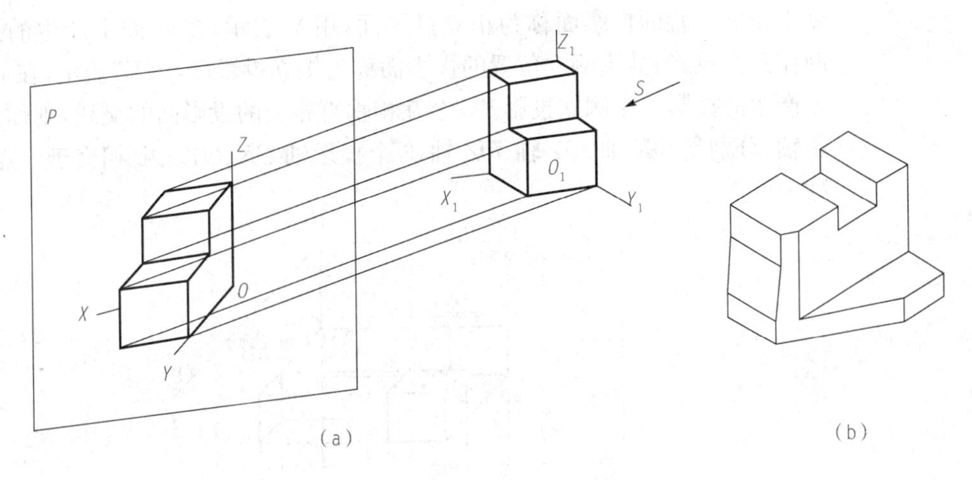

图 4-6　轴测投影图

(a)作用;(b)成图

4. 标高投影图

标高投影图是标有高度值的水平正投影图,即将一段地面的等高线投影在水平投影面上,并标出各等高线的高程,从而表达出本段地面的地形。在工程中,标高投影图常用于表示地面的起伏变化、地形、地貌及船舶、汽车的外形曲面等,如图 4-7 所示。

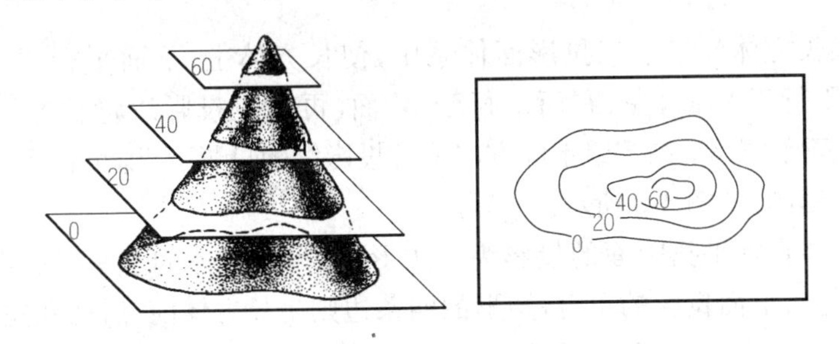

图 4-7　标高投影图

第二节　三面正投影图

一、投影面的设置

将一个物体放在 3 个相互垂直的投影面之间,用 3 组分别垂直于 3 个投影面的平行投射线投影,就能得到这个物体 3 个方向的正投影图,如图 4-8 所示。一般物体用 3 个正投影图结合起来就能反映它的全部形状和大小。由这 3 个投影面组成的投影面体系,称为三投影面体系。其中,处于水平位置的投影面称为水平投影面,用 H 表示,在 H 面上产生的投影叫作水平投影;

处于正立位置的投影面称为正立投影面，用 V 表示，在 V 面上产生的投影叫作正立投影；处于侧立位置的投影面称为侧立投影面，用 W 表示，在 W 面上产生的投影叫作侧立投影。3 个互相垂直相交的投影面的交线，则称为投影轴，分别是 OX 轴、OY 轴、OZ 轴，3 个投影轴 OX、OY、OZ 相交于一点 O，称为原点。

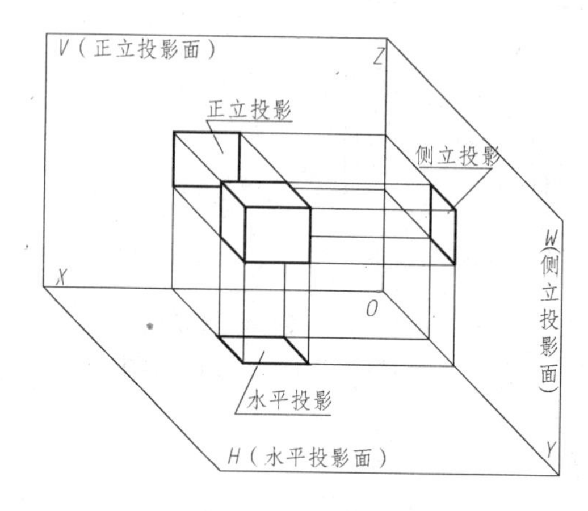

图 4-8　三面正投影

二、三个投影面的形成

将某长方体放置于三投影面体系中，使长方体上、下面平行于 H 面，前、后面平行于 V 面，左、右面平行于 W 面，再用正投影法将长方体向 H 面、V 面、W 面投影，在 3 组不同方向平行投影线的投影下，即可得到长方体的 3 个投影图，如图 4-8 所示。

长方体在水平投影面的投影为一矩形，称为长方体的水平投影图。它是长方体上、下面投影的重合，矩形的四条边则是长方体前、后面和左、右面投影的积聚。由于上、下面平行于 H 面，所以它又反映了长方体上、下面的真实形状以及长方体的长度和宽度，但是它反映不出长方体的高度。

长方体在正立投影面的投影也为一矩形，称为长方体的正面投影图。它是长方体前、后面投影的重合，由于前、后面平行于 V 面，所以它又反映了长方体前、后面的真实形状以及长方体的长度和高度，但是它反映不出长方体的宽度。

长方体在侧立投影面的投影也为一矩形，称为长方体的侧面投影图。矩形是长方体左、右面投影的重合，由于左、右面平行于 W 面，所以它又反映了长方体左、右面的真实形状以及长方体的宽度和高度，但是它反映不出长方体的长度。

由此可见，根据物体在相互垂直的投影面上的投影，可以较完整地得出物体的上面、正面和侧面的形状。

三、投影面的展开

因为图纸是一个平面，为使三个互相垂直的投影面处于同一个图纸平面上，需要将三个投影面展开，如图 4-9(a)所示。投影面展开的原则是：V 面不动，H 面下转 90°，W 面侧转 90°，从而 H 面和 W 面都与 V 面处在同一平面上。这时 OY 轴分为两条，一条随 H 面，标注为 OY_H；另一条随 W 面，标注为 OY_W，如图 4-9(b)所示。由正面投影(V 投影)、水平投影(H 投影)和侧面投影(W 投影)组成的投影图，称为三面投影图。

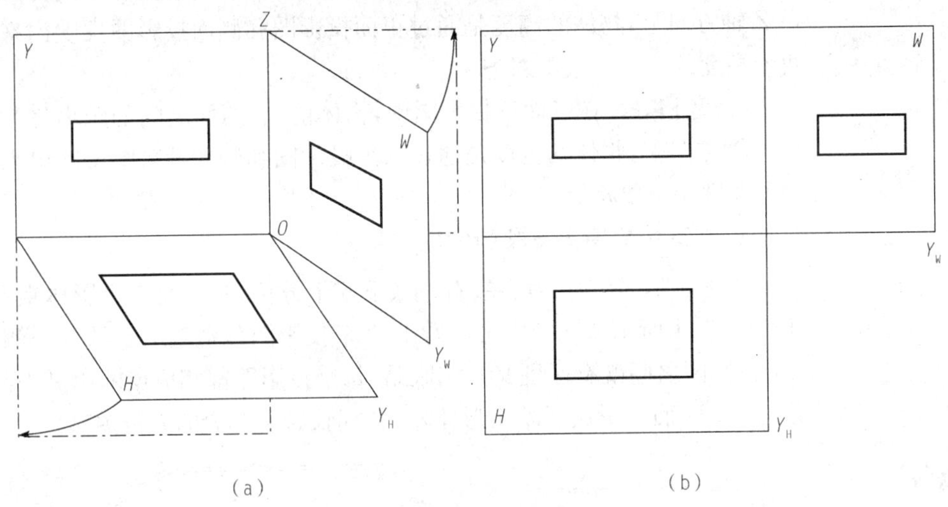

图 4-9 投影面的展开

实际作图时，只需画出物体的三个投影而不需要画投影面的边线框，如图 4-10 所示。

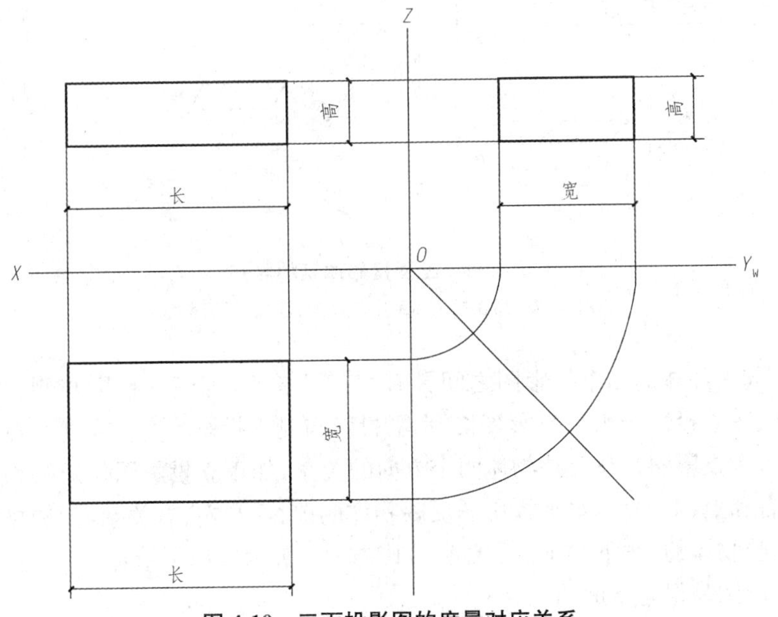

图 4-10 三面投影图的度量对应关系

四、三面投影图的投影关系

1. 三面正投影图的基本规律(三等关系)

在三面正投影图展开过程中,必须注意物体投影的"三等关系",即

(1)长对正。在三面正投影图中,物体左、右两侧间的距离称为长度。在 X 轴方向上,水平投影图和正投影图必须反映出物体的长度,它们的位置左右应对正。

(2)高平齐。在三面正投影图中,物体上、下两面之间的距离称为高度。在 Z 轴方向上,物体的高度是通过正面投影图和侧面投影图反映出来的,这两个高度的位置应上下对齐。

(3)宽相等。在三面正投影图中,物体前、后两面之间的距离称为宽度。在 Y 轴方向上,物体的宽度是通过水平投影图和侧面投影图反映出来的,这两个宽度一定要相等。

2. 三面投影图上反映的方位

任何物体都有前、后、左、右、上、下 6 个方位,其三面正投影体系及其展开如图 4-11 所示。从图中可以看出,3 个投影图分别表示它的 3 个侧面,这 3 个投影图之间既有区别又互相联系,每个投影图都相应反映出其中的 4 个方位,如 H 面投影仅反映出形体左、右、前、后 4 个面的方位关系。

注意

需要特别注意的是,形体前方位于 H 面投影的下侧,如图 4-12 所示,这是由于 H 面向下旋转、展开的缘故。

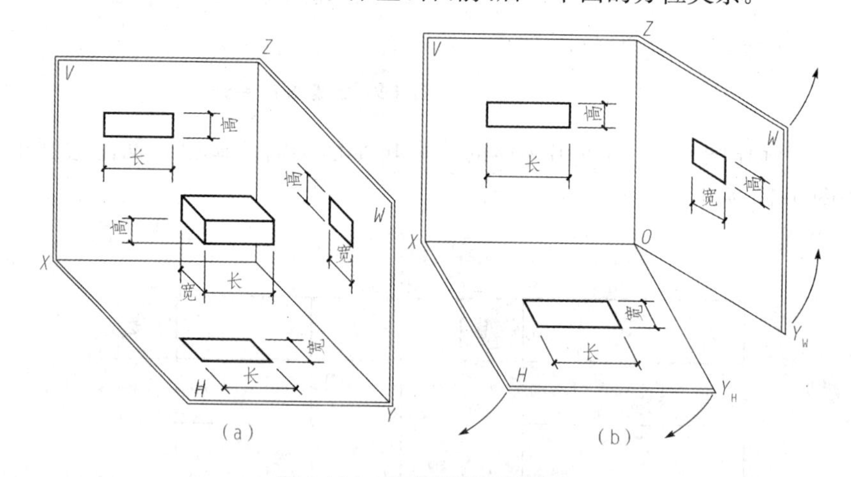

图 4-11 三面投影体系的展开

(a)长、宽、高在投影体系中的反映;(b)展开示意图

同一物体的 3 个投影图之间具有"三等"关系,即正立投影与侧立投影等高、正立投影与水平投影等长、水平投影与侧立投影等宽。在 3 个投影图中,每个投影图都只反映物体两个方向的关系,如正立投影图仅反映物体的左、右和上、下关系,水平投影图反映物体的前、后和左、右关系,而侧投影图只反映物体的上、下和前、后关系,如图 4-12 所示。识别形体的方位关系,对于读图是很有帮助的。

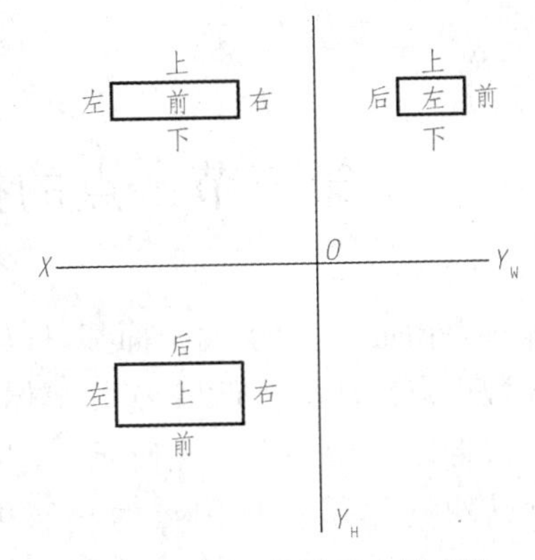

图 4-12 三面投影图上的方位

提示

物体的宽度在水平投影中为竖直方向，在侧立投影中为水平方向，作图时，要注意宽度尺寸量取的方向和起点。

应用实例

图 4-13 给出了三个形体以及它们的投影图，读者可以通过阅读分析这些形体三个投影图之间的对应关系，来了解形体投影的特点。

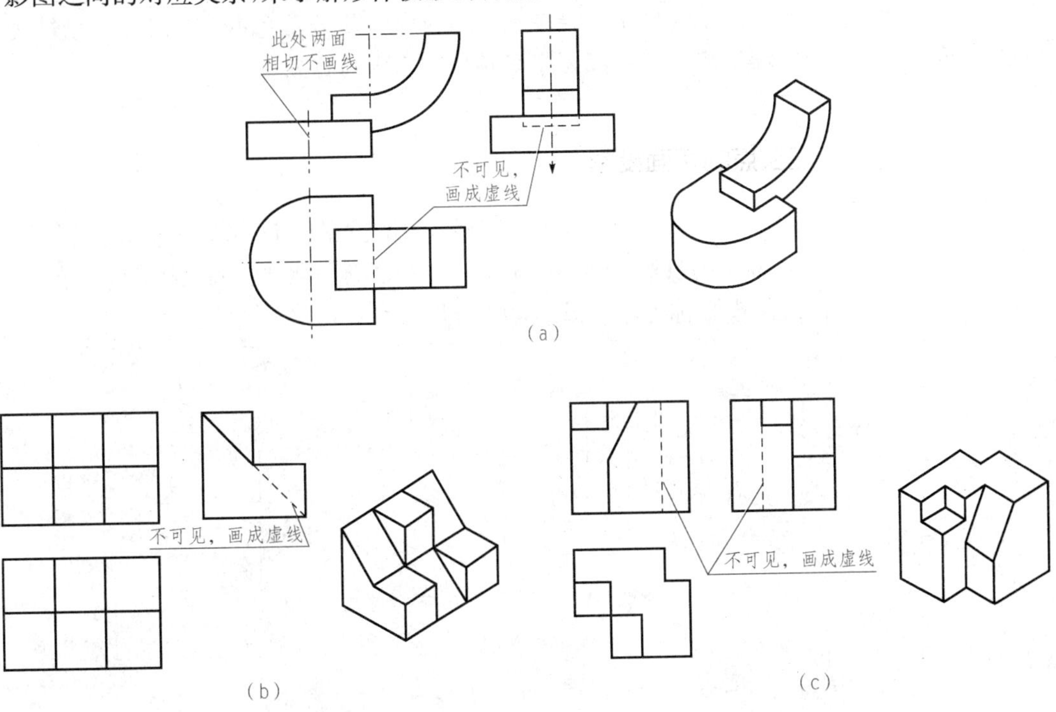

图 4-13 形体的投影图

第三节　点的投影

任何形体都是由面组成的，每个面都可以看作线的集合；而每条线又可以看作是由无数个点组成的，所以若想作形体的投影，要先作最基本的点的投影。点是构成形体的最基本的几何元素，点只有空间位置，而无大小，在画法几何里，点的空间位置是用点的投影来确定。

一、点的单面投影

点在某一投影面上的投影，实际上是过该点向投影面作垂线的垂足，因此点的投影仍然是点。如图 4-14 所示，给出投影面 H 和空间点 A，过 A 点向 H 面作垂线，得垂足 a，则 a 点就是 A 点在 H 面上的投影。

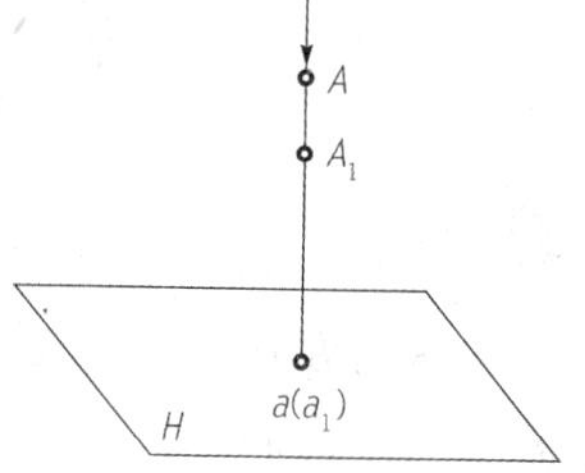

图 4-14　点的单面投影

提示

已知 A 点，则 a 点是唯一确定的，但是若是已知 a 点，则不能确定 A 点，所以说，点的单面投影不能确定空间点的位置。

二、点的两面投影

如图 4-15 所示，给出两个互相垂直的投影面 H 和 V，作出 A 点在 H 面上和 V 面上的投影，A 点在 H 面上的投影称为水平投影，用字母 a 表示，在 V 面上的投影称为正面投影，用字母 a' 表示。

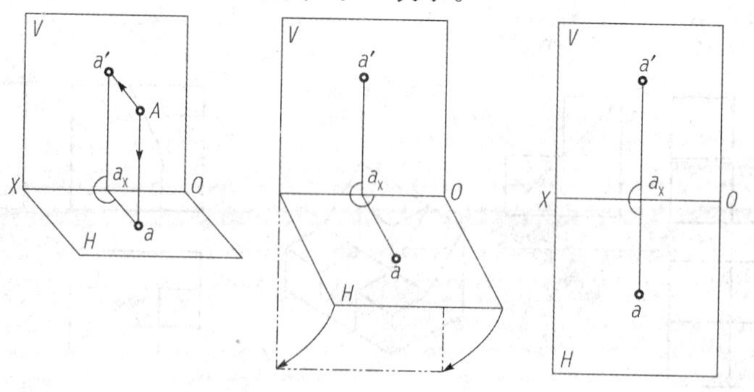

图 4-15　点的两面投影

若已知 A 点，则可作出 a 和 a'；反过来，若已知 a 和 a'，也可用图点的单面投影作出 A 点来。具体作法为：自 a 点引 H 面的垂线，自 a' 点引 V 面的垂线，两垂线的交点即为空间 A 点。因此，点的两面投影能确定空间点的位置。

现在把点的两面投影展到一个平面上，即 V 面不动，H 面 X 轴旋转 90°，就得到了点的两面投影图。其投影规律如下：

(1)点的正面投影和水平投影的连线垂直于 OX 轴。

(2)点的正面投影到 OX 轴的距离等于空间点到 H 面的距离，点的水平投影到 OX 轴的距离等于空间点到 V 面的距离。

三、点的三面投影

点 A 在三面投影体系中的投影如图 4-16 所示。过点 A 分别向 H 面、V 面和 W 面作投影线，投影线与投影面的交点 a、a'、a''，就是点 A 的三面投影。点 A 在 H 面上的投影 a，称为点 A 的水平投影；点 A 在 V 面上的投影 a'，称为点 A 的正面投影；点 A 在 W 面上的投影 a''，称为点 A 的侧面投影。

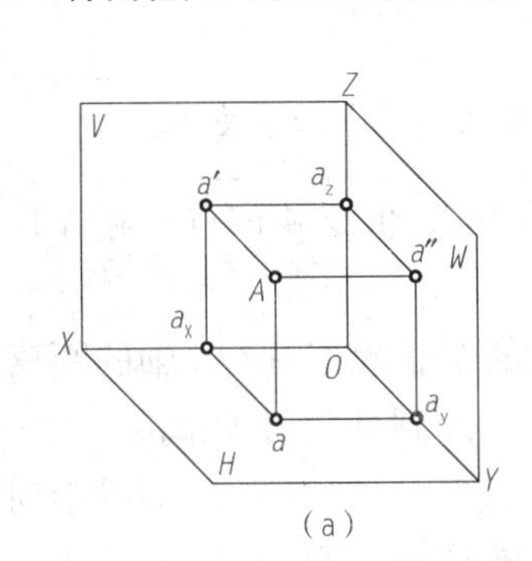

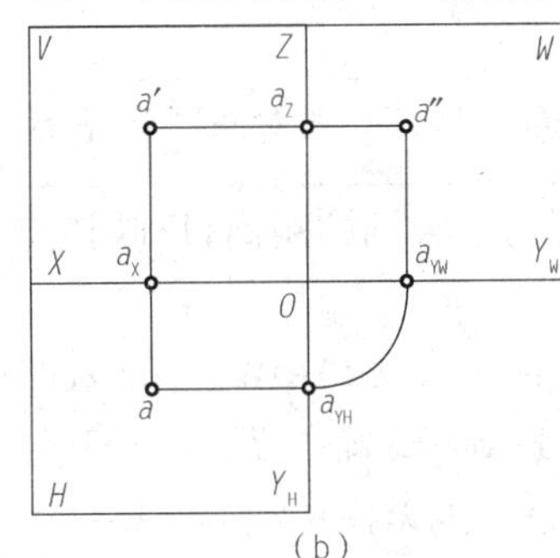

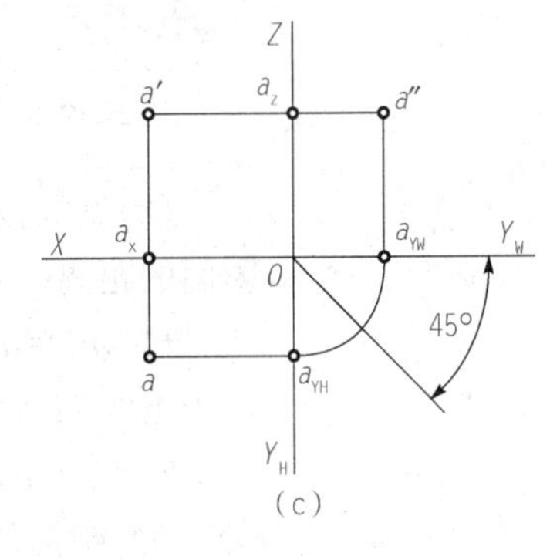

图 4-16　点的三面投影

(a)直观图；(b)展开图；(c)投影图

点的三面投影规律如下：

如图 4-17 所示，过点 A 分别作垂直于投影面 H、V、W 面的投射线，交得点 A 的水平投影 a、正面投影 a'、侧面投影 a''，则 $Aa' \perp V$ 面、$Aa'' \perp W$ 面、$Aa \perp H$ 面，从而形成一个长方体 $Aa a_X a' a_Z a'' a_Y O$，相对的两面平行且全等，同方向的三组边分别对应平行且长度相等，且 $Aa'' a_Y a // V$ 面，$Aa'' a_Z a' // H$ 面，$Aa a_X a' // W$ 面。以 V 面位置不动，将 H 面向下旋转 90°，W 面向右旋转 90°，A 点的 X 坐标 x_A 为 A 点到 W 面的距离、A 点的 Y 坐标 y_A 为 A 点到 V 面的距离、A 点的 Z 坐标 z_A 为 A 点到 H 面的距离，即点 A 的坐标为 $A(x_A, y_A, z_A)$。

(1)点的投影特性：

1)点的 V 面投影和 H 面投影的连线垂直于 X 轴，即 $aa' \perp OX$(长对正)。

2)点的 V 面投影和 W 面投影的连线垂直于 Z 轴，即 $a'a'' \perp OZ$(高平齐)。

3)$aa_{YH} \perp OY_H$，$a''a_{YW} \perp OY_W$，$Oa_{YH} = Oa_{YW}$(宽相等)。

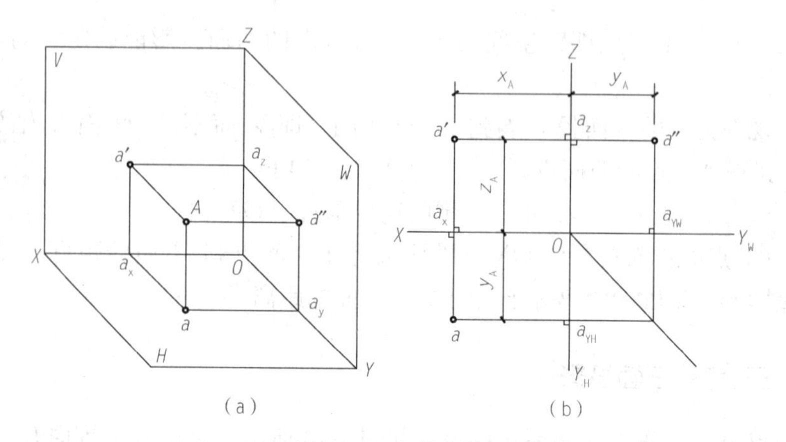

图 4-17　点的坐标

(a)投影立体图;(b)投影图

这三项正投影规律,即“长对正”“高平齐”“宽相等”的三等关系。

(2)点的投影与投影轴的距离,反映该点的坐标,也反映该点与相邻投影面的距离。

1)$a_Za'=a_{YH}a=x_A(Oa_X)=W_A(Aa'')$,即点的 V 面投影到 OZ 轴的距离等于点的 H 面投影到 OY_H 轴的距离,等于空间点 A 到 W 面的距离。

2)$a_Xa=a_Za''=y_A(Oa_Y=Oa_{YH}=Oa_{YW})=V_A(Aa')$,即点的 H 面投影到 OX 轴的距离等于点的 W 面投影到 OZ 轴的距离,等于空间点 A 到 V 面的距离。

3)$a_Xa'=a_{YW}a''=z_A(Oa_Z)=H_A(Aa)$,即点的 V 面投影到 OX 轴的距离等于点的 W 面投影到 OY_W 轴的距离,等于空间点 A 到 H 面的距离。

可以得出,点的三个投影到各投影轴的距离,分别代表空间点到相应的投影面的距离,如图 4-18 所示。

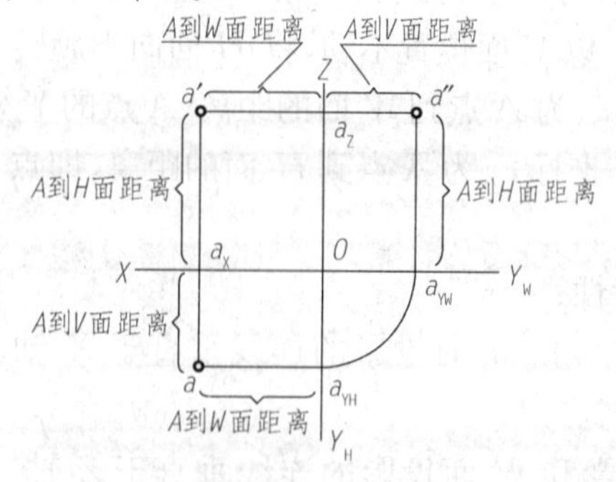

图 4-18　空间点到投影面的距离

【例 4-1】 已知点 B 的 H 面投影 b 和 W 面投影 b''，求作点 B 的 V 面投影 b'。

【解】 根据点的投影规律，b' 的求作方法如下：

(1)已知点 B 的 H、W 面投影为 b、b''[图 4-19(a)]。

(2)过 b 作 OX 轴的垂线 bb_X 并延长[图 4-19(b)]。

(3)过 b'' 作 OZ 轴的垂线 $b''b_Z$ 并延长，与 bb_X 延长线相交于 b' 点，即为所求[图 4-19(c)]。

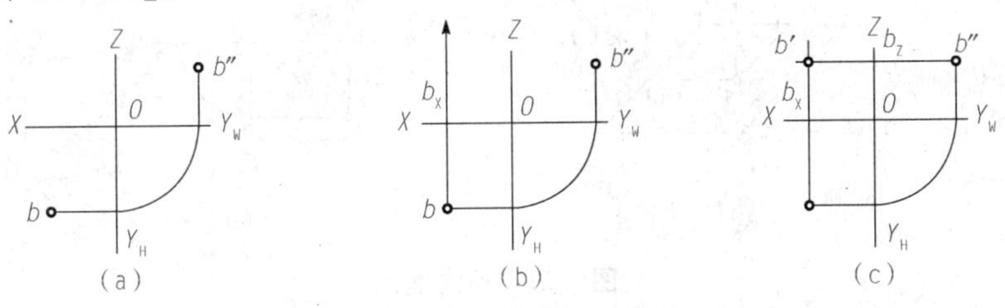

图 4-19 已知点的两个投影求第三个投影

【例 4-2】 已知点 C 的 H 面投影 c 和 V 面投影 c'，求作点 C 的 W 面投影 c''。

【解】 根据点的投影规律，c'' 的求作方法如下：

(1)以 O 为圆心，Oc_{YH} 为半径作弧，交 OY_W 于 c_{YW}，即 $Oc_{YH}=Oc_{YW}$[图 4-20(a)]。

(2)过 c_{YW} 作 OY_W 的垂线，与 $c'c_Z$ 的延长线相交，交点 c'' 即为所求[图 4-20(b)]。

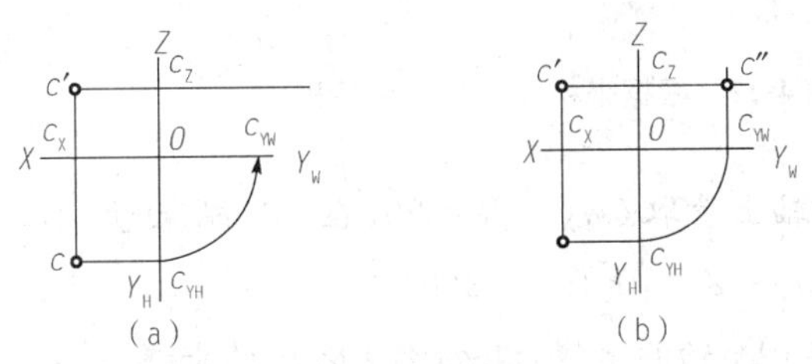

图 4-20 已知点的两个投影求第三个投影

四、点的坐标和点到投影面的距离

在三面投影体系中，空间点及其投影的位置，还可以用坐标来确定。即把三投影面体系看作空间直角坐标系，投影轴 OX、OY、OZ 相当于坐标系 X、Y、Z 轴，投影面 H、V、W 相当于三个坐标面，投影轴原点 O 相当于坐标系原点。

如图 4-21 所示，空间一点到三投影面的距离，就是该点的三个坐标(用小写字母 x、y、z 表示)，即空间点 A 到 W 面的距离为 x，即 $Aa''=a'a_Z=aa_{YH}=x$；空间点 A 到 V 面的距离为 y，即 $Aa'=aa_X=a''a_Z=y$；空间点 A 到 H 面的距离为 z，即 $Aa=a'a_X=a''a_{YW}=z$。

空间点及其投影的位置，可用坐标方法表示，如点 A 的空间位置是 A

(x,y,z)；点 A 的 H 面投影是 $a(x,y,0)$；点 A 的 V 面投影是 $a'(x,0,y)$；点 A 的 W 面投影是 $a''(0,x,y)$。应用坐标能非常容易地求作点的投影，并能非常容易地指出空间点距各投影面的距离。如点 A 到 H 面的距离是 z 坐标，到 V 面的距离是 y 坐标，到 W 面的距离是 x 坐标。

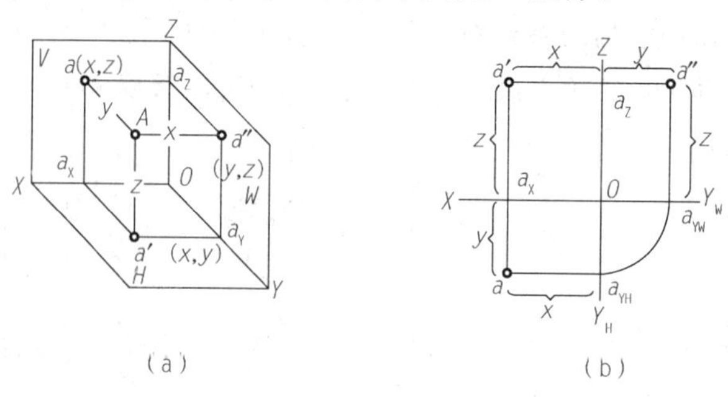

图 4-21　点的坐标

【例 4-3】 已知点 $A(20,15,10)$，求作点的三面投影图。

【解】 (1)画出投影轴[图 4-22(a)]。

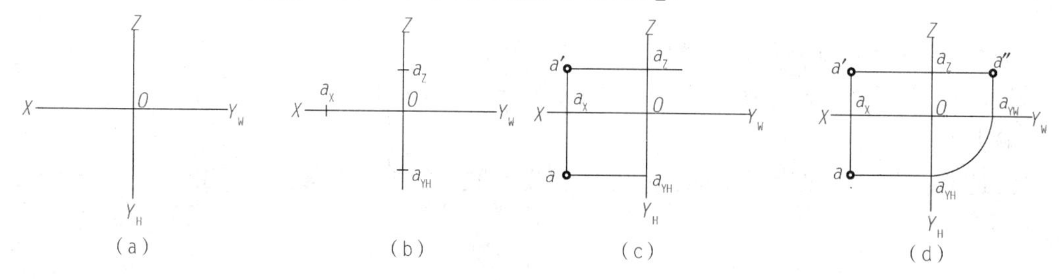

图 4-22　根据坐标作点的三面投影

(2)在 OX 轴上量取 $Oa_X=X=20$，在 OY 轴上量取 $Oa_{YH}=Y=15$，在 OZ 轴上量取 $Oa_Z=Z=10$[图 4-22(b)]。

(3)过 a_X 作 OX 轴的垂线，过 a_Z 作 OZ 轴的垂线，过 a_{YH} 作 OY_H 轴的垂线，得交点 a 和 a'[图 4-22(c)]。

(4)按【例 4-2】方法求得 a''[图 4-22(d)]。

五、两点的相对位置和重影点

1. 两点的相对位置

两点的相对位置是指两点间上下、前后、左右的位置关系。

由点的投影图判别两点的空间的相对位置，首先应该了解空间点有前、后、上、下、左、右等 6 个方位，如图 4-23(a)所示。这 6 个方位在投影图上也能反映出来，如图 4-23(b)所示。

从图 4-23 中可以看出：

(1)在 H 面上的投影，能反映左、右(即点到 W 面的距离 x)和前、后(即点到 V 面的距离 y)的位置关系。

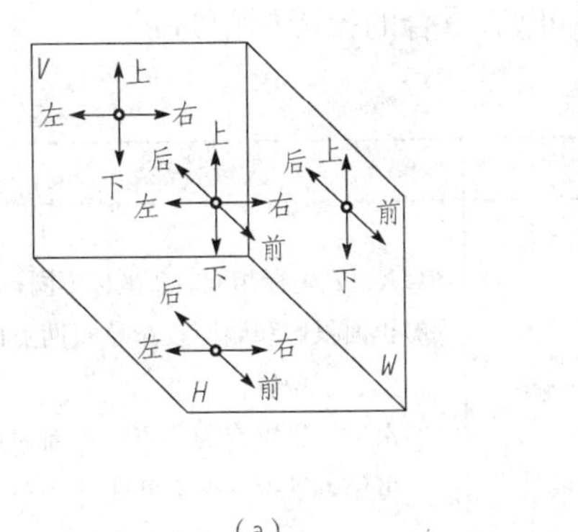

(a)

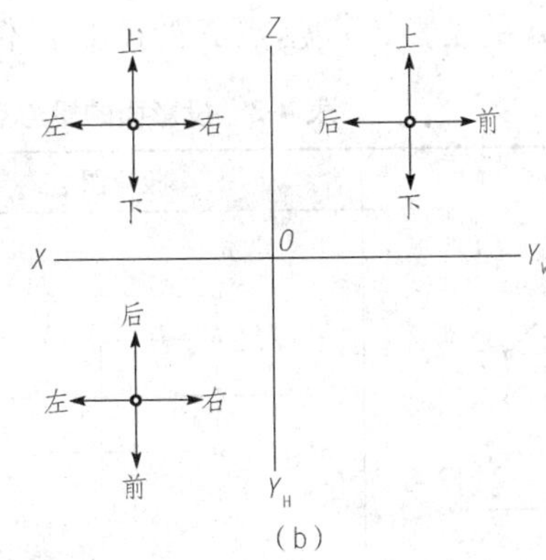

(b)

图 4-23　投影图上的方位

(2)在 V 面上的投影,能反映左、右(即点到 W 面的距离 x)和上、下(即点到 H 面的距离 z)的位置关系。

(3)在 W 面上的投影,能反映前、后(即点到 V 面的距离 y)和上、下(即点到 H 面的距离 z)的位置关系。

根据方位就可判别两点在空间的相对位置。

【例 4-4】 试判断图 4-24 中 A、B 两点的相对位置。

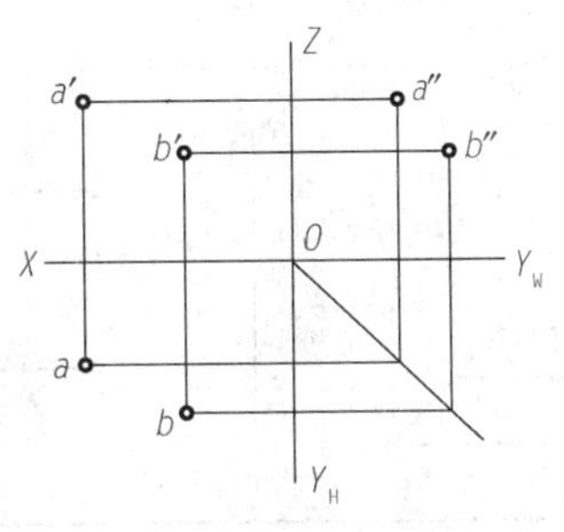

图 4-24　根据两点的投影判断其相对位置

【解】 如有点 $A(20,10,15)$、$B(10,15,10)$,其投影图如图 4-24 所示。由 V 面投影可判断出点 A 在 B 的左上方,由 H 面投影可判断出点 A 在 B 的左后方,由 W 面投影可判断出点 A 在 B 的后上方,由三投影中任两投影即可综合得出点 A 在 B 的左、后、上方(或点 B 在 A 的右、前、下方)。

2. 重影点

当空间两点位于某投影面的同一投射线上时,则这两点在该投影面上的投影就重合在一起。这种在某一投影面的投影重合的两个空间点,称为该投影面的重影点,重合的投影称为重影。

在表 4-2 中,当 A 点位于 B 点的正上方时,即它们在同一条垂直于 H 面的投射线上,其 H 面投影 a 和 b 重合,A、B 两点是 H 面的重影点,它们的 X、Y 坐标相同,Z 坐标不同。由于 A 点在上,B 点在下,向 H 面投影时,投射线先遇点 A,后遇点 B,所以点 A 的投影 a 可见,点 B 的投影 b 不可见。为了区别重影点的可见性,将不可见点的投影用字母加括号表示,如重影点 $a(b)$。

当 C 点位于 D 点的正前方时,其 V 面投影 c' 和 d' 重合,C、D 两点是 V 面的重影点,它们的 X、Z 坐标相同,Y 坐标不同。由于 C 点在前,D 点在后,所以点 C 的投影 c' 可见,点 D 的投影 d' 不可见,重合的投影标记为 $c'(d')$。

当 E 点位于 F 点的正左方时,其 W 面投影 e'' 和 f'' 重合,E、F 两点是 W 面的重影点,它们的 Y、Z 坐标相同,X 坐标不同。由于 E 点在左,F 点在右,所

以点 E 的投影 e''可见，点 F 的投影 f''不可见，重合的投影标记为 $e''(f'')$。

表 4-2　投影面的重影点

名称	直观图	投影图	投影特性
水平面的重影点	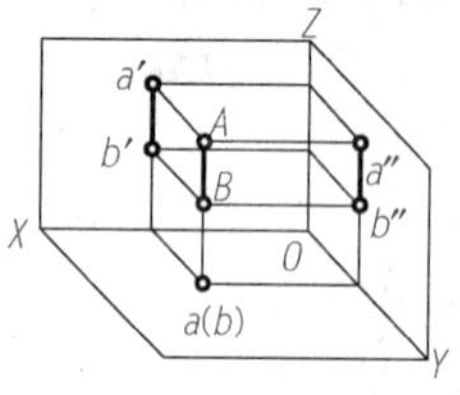	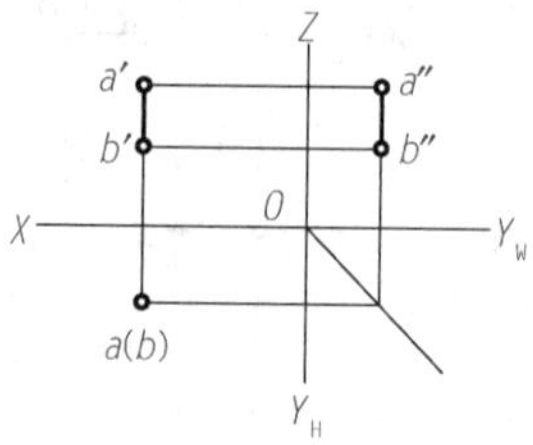	(1)X、Y 坐标相同，Z 坐标不同； (2)正面投影和侧面投影反映两点的上、下位置； (3)水平投影重合为一点，上面一点可见，下面一点不可见
正立面的重影点	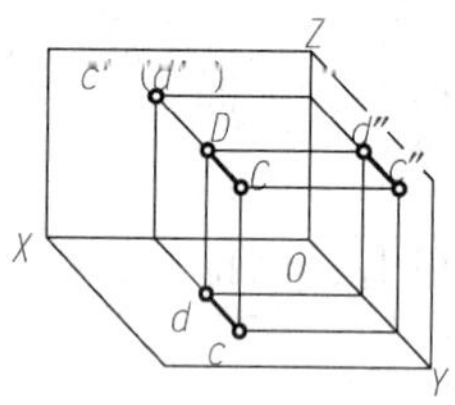	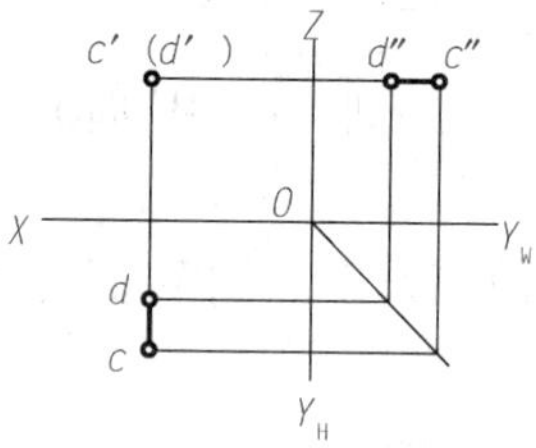	(1)X、Z 坐标相同，Y 坐标不同； (2)水平投影和侧面投影反映两点的前、后位置； (3)正面投影重合为一点，前面一点可见，后面一点不可见
侧立面的重影点	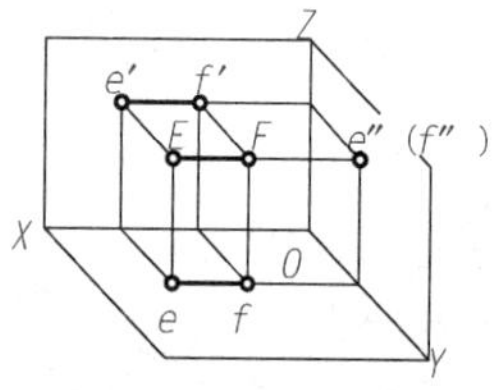	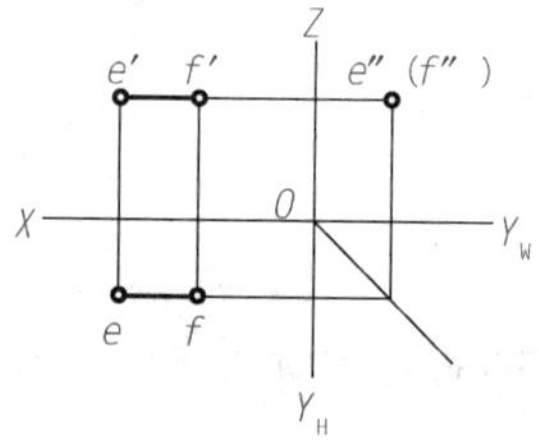	(1)Y、Z 坐标相同，X 坐标不同； (2)水平投影和正面投影反映两点的左、右位置； (3)侧面投影重合为一点，左面一点可见，右面一点不可见

第四节　直线的投影

一、直线投影的特性及作法

1. 直线的正投影特性

点的运动轨迹构成了线，两点可以确定一条直线。直线在某一投影面上的投影是通过该直线上各点的投影线所形成的平面与该投影面的交线，直线的投影一般情况下仍是直线。

按照直线与三个投影面相对位置的不同，直线可分为倾斜、平行和垂直三种情况。倾斜于投影面的直线称为一般位置直线，简称一般直线，如图 4-25 所示的直线 AB；平行或垂直于投影面的直线称为特殊位置直线，简称特殊直线。如图 4-25 所示，直线 CD 为投影面平行线，直线 EF 为投影面垂直线。

直线的投影特性可以看出：

(1)当直线 AB 倾斜于投影面时，其投影小于实长(如 $ab=AB\cos\alpha$)。

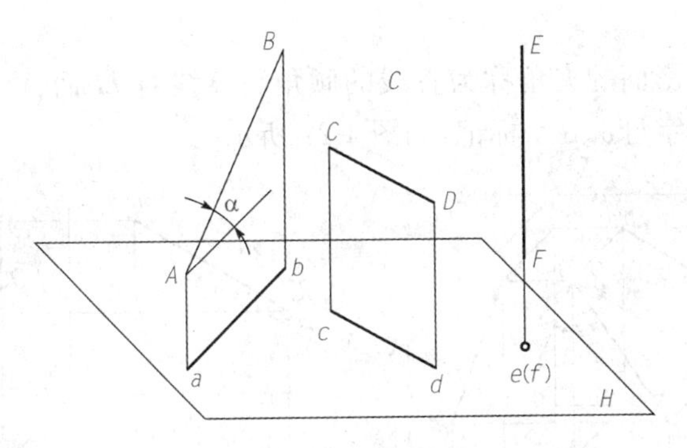

图 4-25　直线的投影

(2)当直线 CD 平行于投影面时，其投影与直线本身平行且等长，即 $cd=CD$。

(3)当直线 EF 垂直于投影面时，其投影积聚为一点。

因此，直线的投影一般仍为直线，只有当直线垂直于投影面时，其投影才积聚为一点。以上直线的各投影特性对于投影面 V 和 W 也具有同样的性质。

2. 直线投影图的作法

由立体几何可知，两点确定一条直线。所以，求作直线的投影，应根据点的投影规律先求出该直线上两端点的投影(一直线段通常取其两个端点)，然后连接该两点的同名投影(在同一投影面上的投影)，即得该直线的投影。

【例 4-5】 已知直线 AB 两端点的坐标为 $A(10,20,5)$、$B(20,5,15)$，求直线 AB 的三面投影。

【解】 直线 AB 三面投影的作法如下：

(1)作点 A 的投影[图 4-26(a)]。

(2)作点 B 的投影[图 4-26(b)]。

(3)分别连接 A、B 两点的同名投影，即得直线 AB 的投影[图 4-26(c)]。

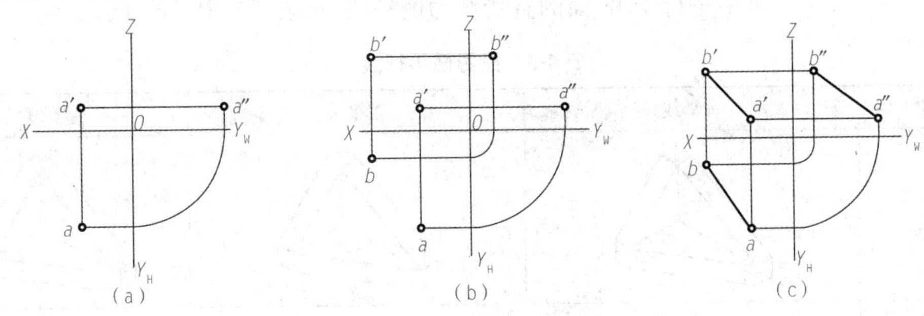

图 4-26　直线投影图的作法

二、各种位置直线的投影

1. 一般位置直线

对三个投影面都倾斜(既不平行也不垂直)的直线称为一般位置直线，

简称一般线。

直线对投影面的夹角称为直线的倾角。直线对 H 面、V 面、W 面的倾角分别用希腊字母 α、β、γ 标记，如图 4-27 所示。

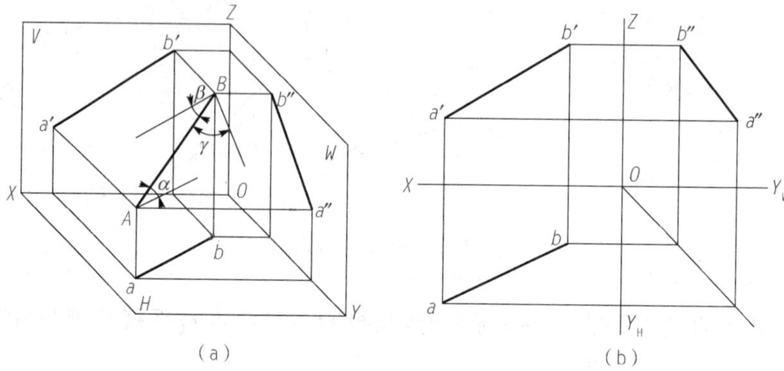

图 4-27　一般位置直线

(a)直观图；(b)投影图

一般位置直线的投影特性如下：

(1)直线的三个投影都是倾斜于投影轴的斜线，但长度缩短，不反映实际长度。

(2)各个投影与投影轴的夹角不反映空间直线对投影面的倾角。

(3)各投影的长度均小于直线 AB 的实长，分别有：$ab=AB\cos\alpha$；$a'b'=AB\cos\beta$；$a''b''=AB\cos\gamma$（α、β、γ 在 0°～90°范围内）。

2. 投影面平行线

只平行一个投影面，而倾斜于另外两个投影面的直线，称为投影面平行线。它分为以下三种：

(1)平行于 H 面的直线称为水平线，见表 4-3 中 AB 线。

(2)平行于 V 面的直线称为正平线，见表 4-3 中 CD 线。

(3)平行于 W 面的直线称为侧平线，见表 4-3 中 EF 线。

表 4-3　投影面平行线

名称	水平线	正平线	侧平线
物体表面上的线	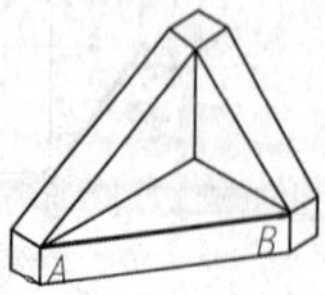	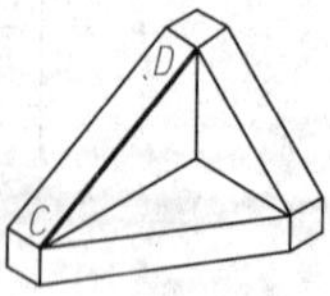	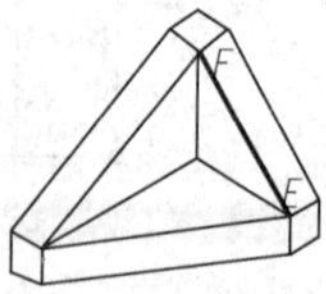
立体图	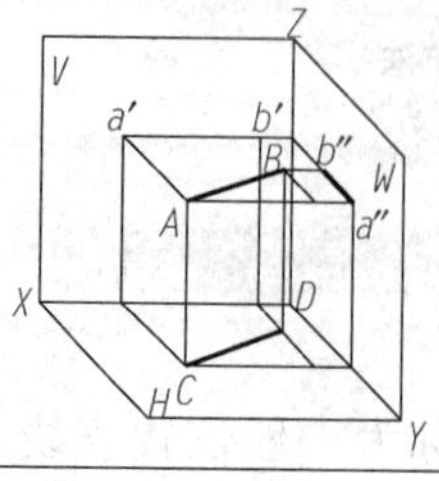	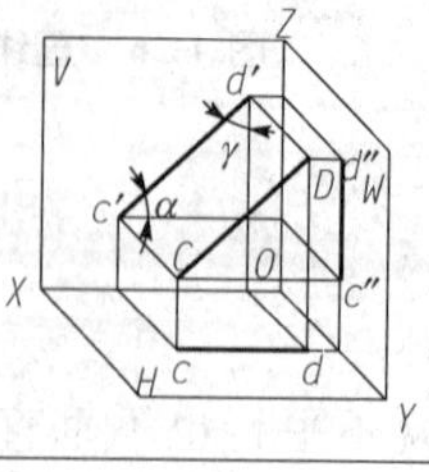	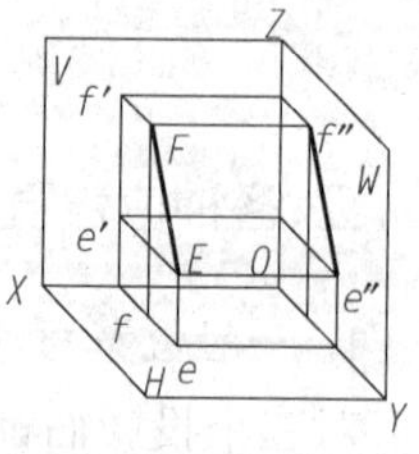

续表

名称	水平线	正平线	侧平线
投影图	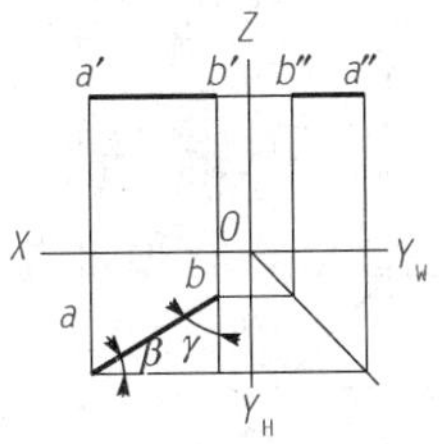 Z a′ b′ b″ a″ X O Y_W b a β γ Y_H	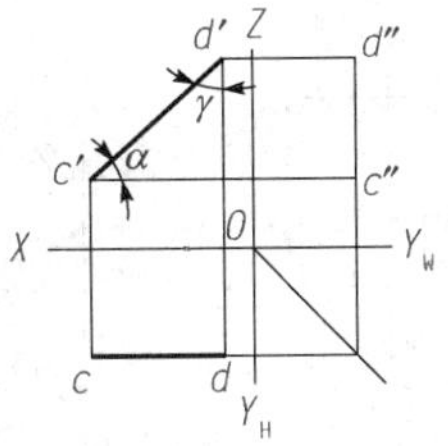 d′ Z d″ γ c′ α c″ X O Y_W c d Y_H	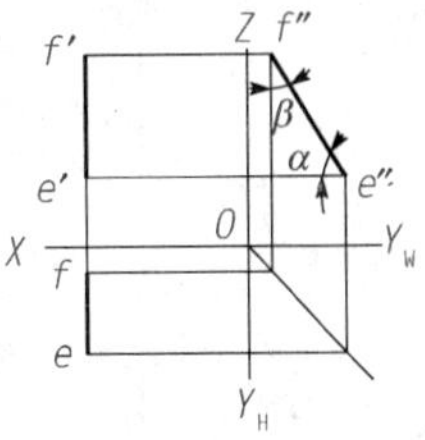 f′ Z f″ β α e′ e″ X O Y_W f e Y_H
投影特性	(1)$ab=AB$; (2)$a'b'/\!/OX$;$a''b''/\!/OY_W$; (3)ab 与 OX 所成的 β 角等于 AB 与 V 面所成的角;ab 与 OY_H 所成的 γ 角等于 AB 与 W 面所成的倾角	(1)$c'd'=CD$; (2)$cd/\!/OX$;$c''d''/\!/OZ$; (3)$c'd'$ 与 OX 所成的 α 角等于 CD 与 H 面的倾角;$c'd'$ 与 OZ 所成的 γ 角等于 CD 与 W 面的倾角	(1)$e''f''=EF$; (2)$e'f'/\!/OZ$;$ef/\!/OY_H$; (3)$e''f''$ 与 OY_W 所成的 α 角等于 EF 与 H 面的倾角;$e''f''$ 与 OZ 所成的 β 角等于 EF 与 V 面的倾角
共性	(1)直线在其所平行投影面积的投影反映直线的实长(显实性),该投影与相应投影轴的夹角反映直线与另外两个投影面的倾角; (2)直线在另外两个投影面的投影平行于该直线所平行投影面的坐标轴,且均小于直线的实长		

3. 投影面垂直线

与某一个投影面垂直的直线称为投影面垂直线。它也分为三种:

(1)垂直于 H 面的直线称为铅垂线,见表 4-4 中 AB 线。

(2)垂直于 V 面的直线称为正垂线,见表 4-4 中 BC 线。

(3)垂直于 W 面的直线称为侧垂线,见表 4-4 中 BD 线。

表 4-4 投影面的垂直线

名称	铅垂线	正垂线	侧垂线
物体表面上的线	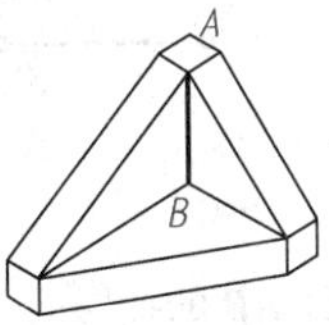 A B	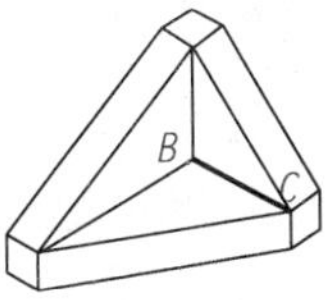 B C	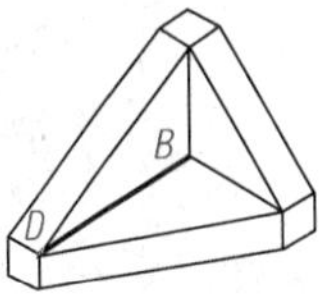 B D
立体图	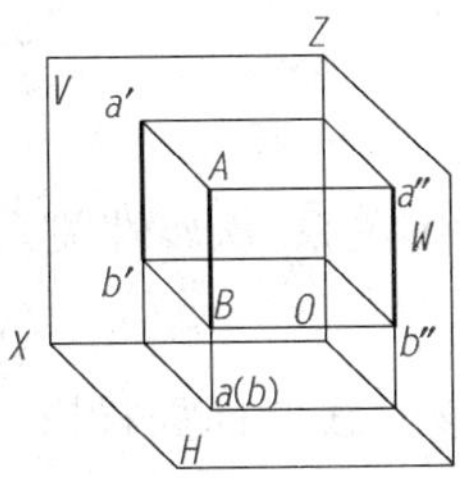 Z V a′ A a″ W b′ B O b″ X a(b) H	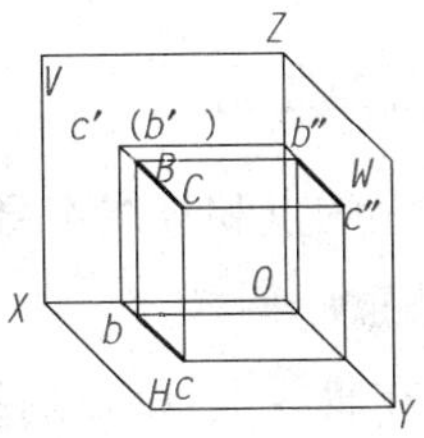 Z V c′ (b′) b″ B C W c″ O X b H c Y	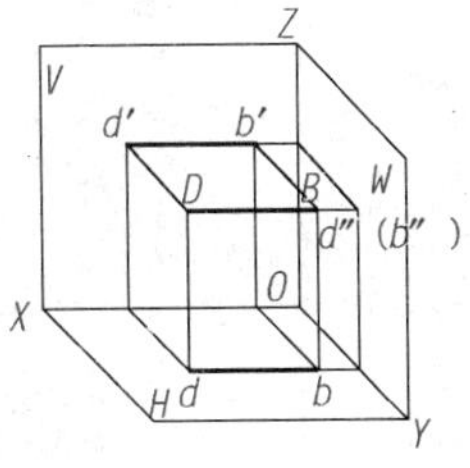 Z V d′ b′ D B W d″ (b″) O X H d b Y

续表

名称	铅垂线	正垂线	侧垂线
投影图			
投影特性	(1)$a(b)$积聚为一点； (2)$a'b' \perp OX$，$a''b'' \perp OY_W$； (3)$a'b' = a''b'' = AB$	(1)$c'(b)'$积聚为一点； (2)$cb \perp OX$，$c''b'' \perp OZ$； (3)$cb = c''b'' = CB$	(1)$d''(b'')$积聚为一点； (2)$db \perp OY_H$，$d'b' \perp OZ$； (3)$db = d'b' = DB$
共性	(1)直线在其所垂直的投影面的投影积聚为一点(积聚性)； (2)直线在另外两个投影面的投影反映直线的实长(显实性)，并且垂直于相应的投影轴		

【例 4-6】 如图 4-28 所示，已知 A 点的两面投影，正平线 $AB = 20$ mm，且 $\alpha = 30°$，作出直线 AB 的三面投影。

【解】 根据正平线的投影特性来作图，如图 4-28(b)所示。

(1)过 a' 作 $a'b'$ 与 OX 成 30°角，且量取 $a'b' = 20$ mm。

(2)过 a 作 $ab /\!/ OX$，由 b' 作投影连线，确定 b。

(3)由 ab 和 $a'b'$ 作出 $a''b''$。

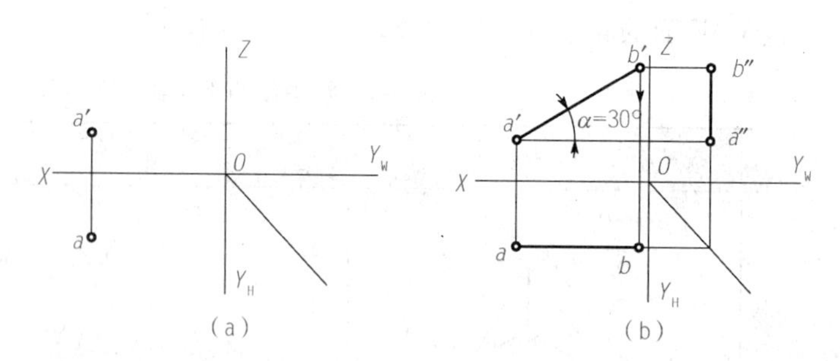

图 4-28 作正平线 AB 的投影

三、直线上的点

直线上的点和直线本身有两种投影关系：从属性关系和定比性关系。

1. 从属性关系

若点在直线上，则点的投影必在该直线的同面投影上。图 4-29 中直线 AB 上有一点 K，通过 K 点作垂直于 H 面的投射线 Kk，它必在通过 AB 的

投射平面 $ABba$ 内，故 K 点的 H 面投影 k 必在 AB 的投影 ab 上。同理可知，k' 在 $a'b'$ 上，k'' 在 $a''b''$ 上。

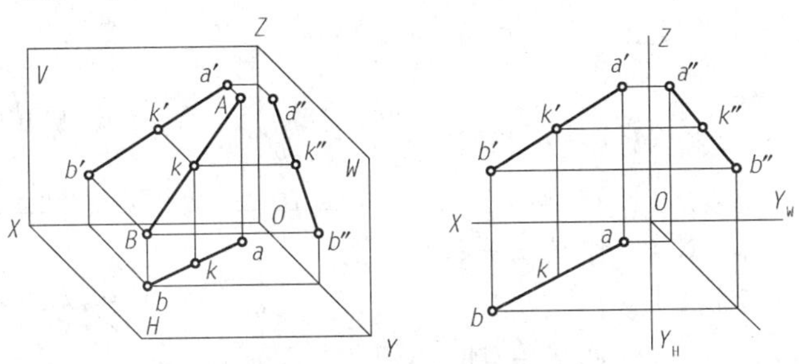

图 4-29 直线上点的投影

反之，若点的三面投影均在直线的同面投影上，则此点在该直线上。

2. 定比性关系

直线上的点将直线分为几段，各线段长度之比等于它们的同面投影长度之比。如图 4-29 所示，AB 和 ab 被一组投射线 Aa、Kk、Bb 所截，因 $Aa // Kk // Bb$，故 $AK : KB = ak : kb$。同理有：$AK : KB = a'k' : k'b'$，$AK : KB = a''k'' : k''b''$。

反之，若点的各投影分线段的同面投影长度之比相等，则此点在该直线上。

提示

利用直线上点的投影的从属性和定比性关系，可以作出直线上的投影，也可以判断点是否在直线上。

【例 4-7】 如图 4-30(a)所示，判断点 C 是否在线段 AB 上。

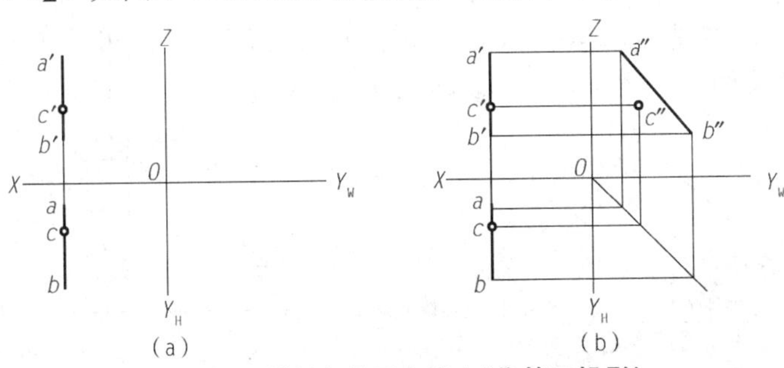

图 4-30 判断点是否在线上(作第三投影)

(a)已知；(b)作图过程和结果

【解法一】 如图 4-30(a)所示，c 在 ab 上，c' 在 $a'b'$ 上，但点的两个投影分别在直线的同面投影上，并不能确定点在直线上。我们可以作出点和直线的第三面投影，看 c'' 是否也在 $a''b''$ 上，如果在，则点 C 在 AB 上，否则点 C 就不在 AB 上。

【解法二】 (1)分析：如果点 C 在 AB 上，则点 C 分割 AB 应符合定比性关系，因此，只需要判断 ac/cb 是否等于 $a'c'/c'b'$，就能推断出点 C 是否在

AB 上。

(2)作图过程如图 4-31 所示。

1)在 H 面投影上,过 b(或 a)任作一条直线 bA_1。

2)在 bA_1 上取 $bA_1=a'b'$。$bC_1=b'c'$。

3)连接 A_1a,过 C_1 作直线平行于 A_1a,与 ab 交于 c_1。

若 c 与 c_1 重合,说明 c 分割 AB 符合定比性关系,则点 C 在 AB 上。但由图可见,已知投影 c 与 c_1 不重合,所以点 c 不在直线 AB 上。

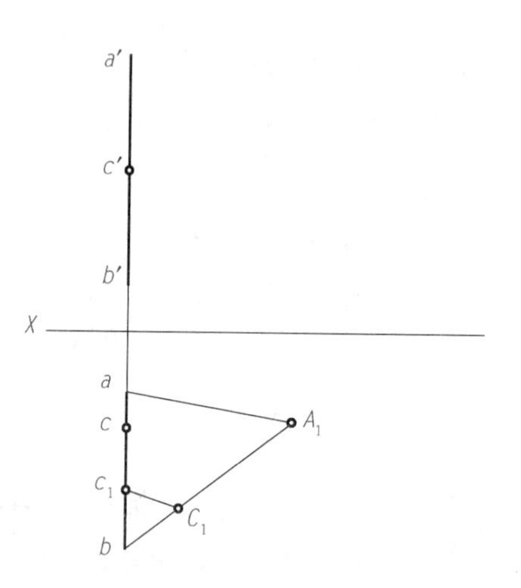

图 4-31 判断点是否在线上

四、用直角三角法求一般位置直线的实长和倾角

由于一般位置直线对三个投影面的投影都是倾斜的,故三个投影均不反映该直线的实长及其对投影面的倾角,但可以根据直线的投影,用图解的方法来求解。下面介绍用直角三角形法求一般位置直线实长及倾角的方法。

根据几何学原理可知:直线与其投影面的夹角就是直线与它在该投影面的投影(即射影)所成的角,如图 4-32 所示。要求直线 AB 与 H 面的夹角 α 及实长,可以自 A 点引 $AB_1 /\!/ ab$,得直角三角形 AB_1B,其中 AB 是斜边,$\angle B_1AB$ 就是 α 角,直角边 $AB_1=ab$,另一直角边 BB_1 等于 B 点的 Z 坐标与 A 点的 Z 坐标之差,即 $BB_1=z_B-z_A=\Delta z$。所以在投影图中就可根据线段的 H 投影 ab 及坐标差 Δz 作出与$\triangle AB_1B$ 全等的一个直角三角形,从而求出 AB 与 H 面的夹角 α 及 AB 线段的实长,如图 4-32(b)所示。

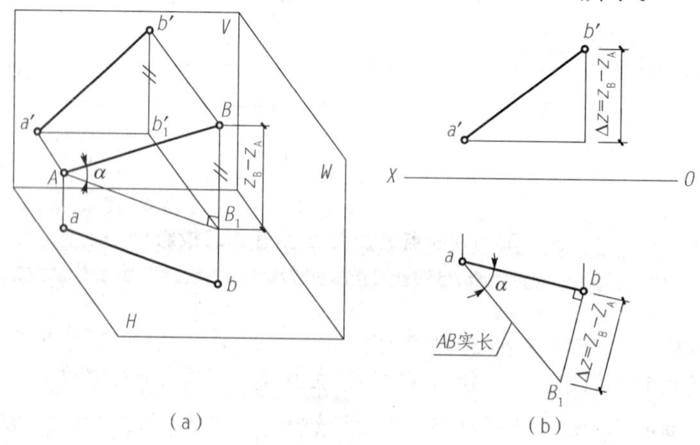

图 4-32 直角三角形求线段实长及倾角 α

(a)空间状况;(b)投影图

由此，总结出一般位置直线的直角三角形边角关系见表 4-5。

表 4-5 直角三角形法的边角关系

倾角	α	β	γ
直角三角形边角关系	AB实长；ΔZ；α；水平投影 ab	AB实长；Δy；β；正面投影 a′b′	AB实长；Δx；γ；侧面投影 a″b″
	Δz=A、B 两点的 Z 坐标差	Δy=A、B 两点的 Y 坐标差	Δx=A、B 两点的 X 坐标差

从表 4-5 可以看出，构成各直角三角形共有四个要素，即：

(1)直线的投影(直角边)。

(2)坐标差(直角边)。

(3)实长(斜边)。

(4)对投影面的倾角(投影与实长的夹角)。

在这四个要素中，只要知道其中任意两个要素，就可求出另外两个要素，并且我们还能够知道：不论用哪个直角三角形，所作出的直角三角形的斜边一定是线段的实长，斜边与投影的夹角就是该线段与相应的投影面的倾角。

利用直角三角形关系图解关于直线段投影、倾角、实长问题的方法称为直角三角形法。在图解过程中，若不影响图形清晰时，直角三角形可直接画在投影图上，也可画在图纸的任何空白地方。

【例 4-8】 如图 4-33(a)所示，已知直线 AB 的水平投影 ab 和 A 点的正面投影 a'，并知 AB 对 H 面的倾角 $\alpha=30°$，B 点高于 A 点，求 AB 的正面投影 $a'b'$。

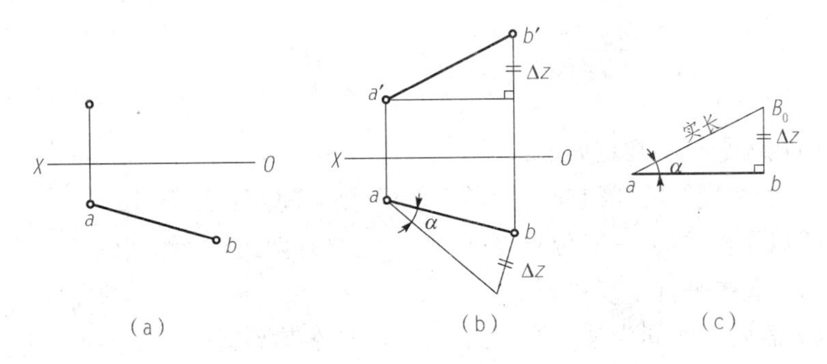

图 4-33 利用直角三角形法求 $a'b'$

【解】 (1)分析：在构成直角三角形四个要素中，已知其中两要素，即水平投影 ab 及倾角 $\alpha=30°$，可直接作出直角三角形，从而求出 b'。

(2)作图步骤。

1)在图纸的空白地方，如图 4-33(c)所示，以 ab 为一直角边，过 a 作 30°

的斜线，此斜线与过 b 点的垂线交于 B_0 直线 bB_0 即为另一直角边 Δz。

2）利用 bB_0 即可确定 b'，连接 $a'b'$ 即得 AB 得正面投影，如图 4-33(b)所示。

此题也可将直角三角形直接画在投影图上，以便节约时间与图纸使用，如图 4-33(b)所示。

五、两直线的相对位置

两直线的相对位置有 3 种情况：平行、相交、交叉。平行两直线和相交两直线分别位于同一平面上，是共面直线；交叉两直线既不平行又不相交，它们不在同一平面上，称为异面直线。

1. 两直线平行

根据正投影基本性质中的平行性可知，若空间两直线相互平行，则它们的同面投影也一定平行；反之，如果两直线的各面投影都相互平行，则空间两直线平行。如图 4-34 所示，已知 $AB /\!/ CD$，则 $ab /\!/ cd$，$a'b' /\!/ c'd'$。

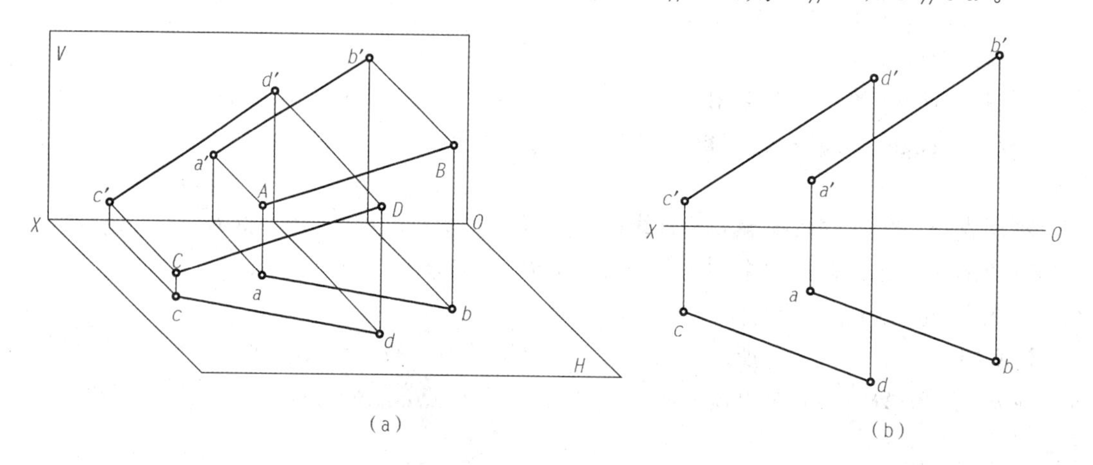

图 4-34　平行两直线

(a)立体图；(b)投影图

两直线平行的判定如下：

(1)若两直线的 3 组同面投影都平行，则空间两直线平行。

(2)若两直线为一般位置直线，则只需要有两组同面投影平行，就可判定空间两直线平行。

(3)若两直线同为某一投影面平行线，且在其平行的投影面上的投影彼此平行(或重合)，则可判定空间两直线平行。

如图 4-35(a)所示，两条侧平线 AB、CD，虽然投影 $ab /\!/ cd$，$a'b' /\!/ c'd'$，但是不能判断 $AB /\!/ CD$，还需求出它们的侧面投影来进行判断。从侧面投影可以看出，AB、CD 两直线不平行。同理，如图 4-35(b)、(c)所示，判定两条水平线、正平线是否平行，都应分别从它们的水平投影和正面投影进行判定。

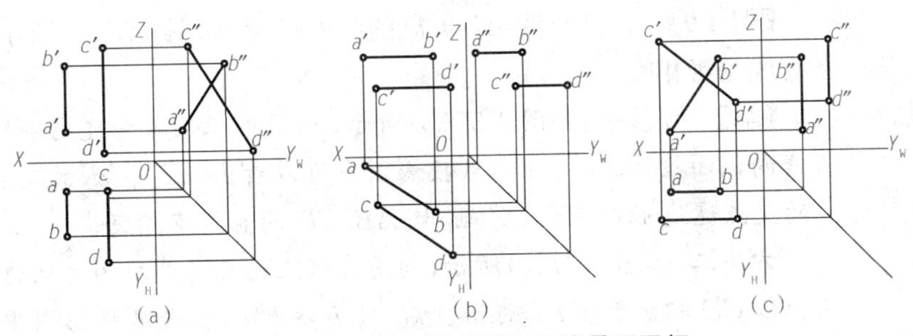

图 4-35 判定两投影面平行线是否平行

(a)AB 不平行于 CD；(b)$AB/\!/CD$；(c)AB 不平行于 CD

只要两直线的同面投影都分别互相平行，则这两条直线必互相平行。

2. 两直线相交

空间两直线相交，则它们的同面投影除了积聚和重影之外，必相交，且交点同属于两条直线，故满足直线上的点的投影规律。如图 4-36(a)所示，空间两直线 AB、CD 相交于点 K，因为交点 K 是这两条直线的公共点，所以 K 的水平投影 k 一定是 ab 与 cd 的交点，正面投影 k' 一定是 $a'b'$ 与 $c'd'$ 的交点。又因为 k 和 k' 是同一点 K 的两面投影，连线 kk' 垂直于投影轴 OX 轴［图 4-36(b)］。

(1)若两条直线的三面投影都相交，且交点满足直线上的点的投影规律，则两直线相交。

(2)若直线为一般位置直线，只要有两组同面投影相交，且交点满足直线上的点的投影规律，则两直线相交。

(3)若两条直线中有投影面平行线，必须通过直线所平行的投影面上的投影判定直线是否满足相交的条件，或者应用定比性判定投影的交点是否为直线交点的投影。

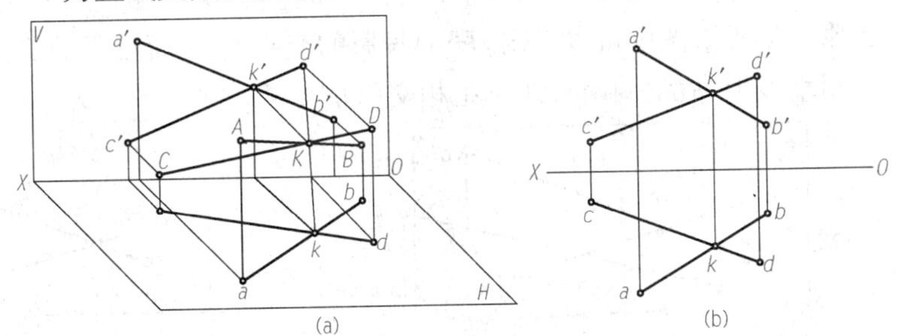

图 4-36 相交两直线

(a)直线 AB 和 CD 相交于 E；(b)连线 kk' 垂直于 OX 轴

只要两直线的同面投影在投影图中都相交，并且同面投影的交点是同一点的投影，则这两直线一定相交。

【例 4-9】 已知直线 AB、CD 的两面投影，如图 4-37(a)所示，判断这两条直线是否相交。

【解】 方法一：如图 4-37(b)所示，利用第三面投影进行判断。求出两直线的侧面投影 $a''b''$、$c''d''$，从投影图中可以看出，$a'b'$、$c'd'$ 的交点与 $a''b''$、$c''d''$ 的交点连线不垂直于 OZ 轴，故 AB、CD 两直线不相交。

方法二：如图 4-37(c)所示，利用直线上的点分线段为定比进行判断，如果 AB、CD 相交于点 K，则 $ak : kb = a'k' : k'b'$，但是从投影图中可以看出，$ak : kb \neq a'k' : k'b'$，故两直线 AB、CD 并不相交。

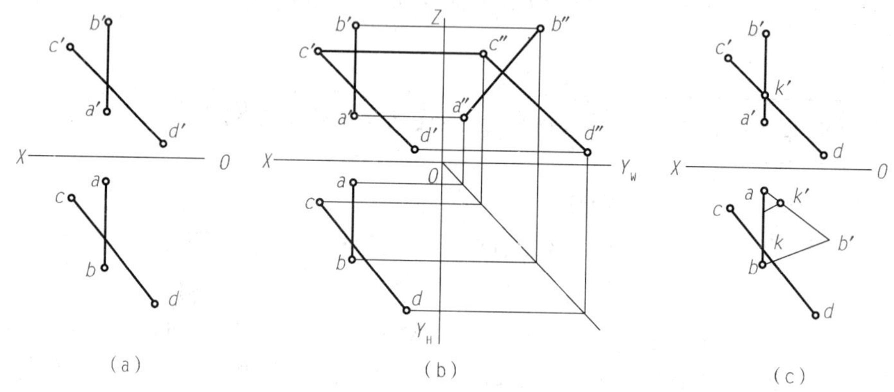

图 4-37　判断两直线是否相交

(a)已知两直线 AB、CD 的两面投影；(b)方法一；(c)方法二

3. 两直线交叉

空间两直线既不平行也不相交，称为两直线交叉。虽然交叉两直线的同面投影有时候可能平行，但不可能所有的同面投影都平行；交叉两直线的同面投影有时候也可能相交，但这个交点只不过是两直线上在同一投影面的两重影点的重合投影。如图 4-38 所示，交叉直线 AB、CD，正面投影的交点 $e'(f')$ 是直线 AB 上的点 E 和直线 CD 上的点 F 在 V 面的重影；水平投影的交点 $h(g)$ 是直线 AB 上的点 G 和直线 CD 上的点 H 在 H 面上的重影。从投影图中可以看出，H 面投影的交点与 V 面投影的交点不在同一条铅垂线上，故空间两直线不是相交而是交叉。

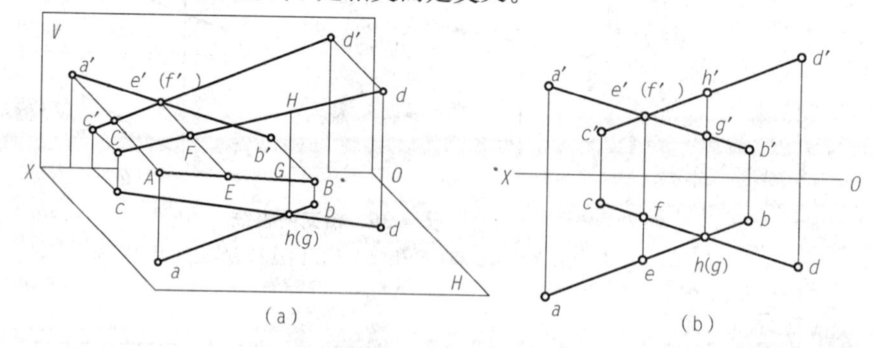

图 4-38　交叉两直线

(a)立体图；(b)投影图

交叉两直线有一个可见性的问题。从图 4-38(a)可以看出,水平投影的交点 $h(g)$ 是点 G、H 是在 H 面的投影重影,点 H 在上,点 G 在下。也就是说,直线向 H 面投影时,在直线 CD 上的点 H 挡住了直线 AB 上的点 G,因此 H 的水平投影 h 可见,而 G 的水平投影 g 不可见。在图 4-38(b)中,可根据两直线的水平投影的交点 $h(g)$ 引一条 OX 轴的垂线到 V 面,先遇到 $a'b'$ 于 g',后遇到 $c'd'$ 于 h',说明 AB 上的点 G 在下,CD 上的点 H 在上,因此 h 可见 g 不可见。同理,向 V 面投影时,直线 AB 上的点 E 挡住了直线 CD 上的点 F,因此在 V 面投影中,e' 可见,f' 不可见。

第五节　平面的投影

一、平面的表示法

1. 用几何元素表示

由几何公理可知,在空间不属于同一直线上的三点确定一平面。因此,在投影图中可用下列任何一组几何元素来表示平面。

(1)不属于同一直线的三点(A,B,C)如图 4-39(a)所示。

(2)一般线和不属于该直线的一点(AB,C)如图 4-39(b)所示。

(3)相交两直线($AB \times BC$)如图 4-39(c)所示。

(4)平行两直线($AB /\!/ CD$)如图 4-39(d)所示。

(5)平面图形($\triangle ABC$)如图 4-39(e)所示。

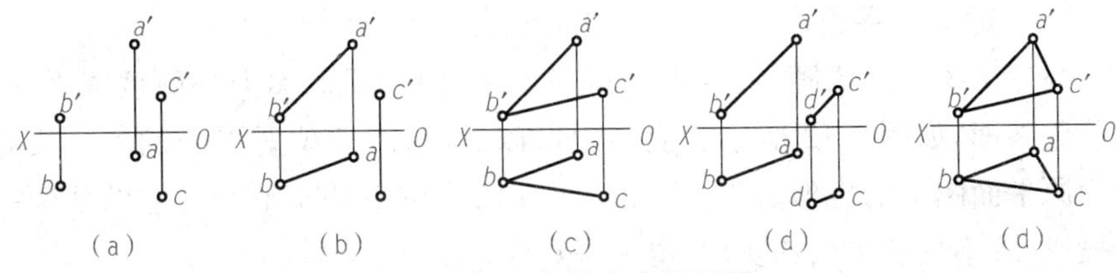

图 4-39　几何元素表示平面

以上五种表示平面的方法,实质上是相同的,仅是形式不同而已,他们可以互相转化。前四种只确定平面的位置,第五种不仅能确定平面的位置,而且能表示平面的形状和大小,所以一般常用平面图形来表示平面。

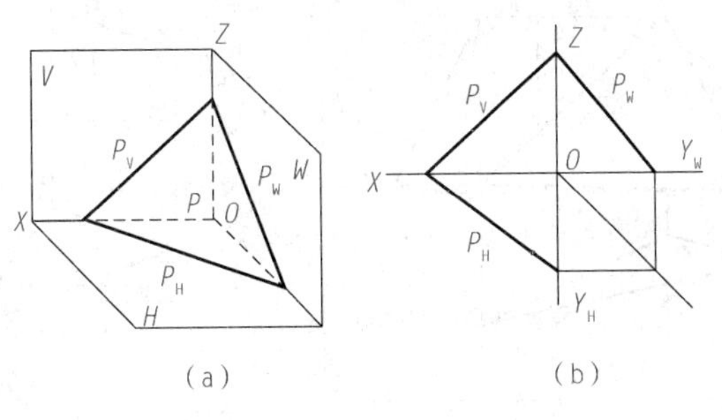

图 4-40　迹线表示平面

(a)立体图;(b)投影图

2. 用迹线表示

平面与投影面的交线称为迹线。如图 4-40 所示,P 平面与 H 面、V 面、W 面的交线分别称为水平迹

线 P_H、正面迹线 P_V、侧面迹线 P_W。迹线是投影面内的直线，它的一个投影就是其本身，另两个投影与投影轴重合。用迹线表示平面时，是用迹线本身的投影来表示的。

二、平面投影图的作法

平面一般是由若干轮廓线围成的，而轮廓线可以由其上的若干点来确定，所以求作平面的投影，实质上也就是根据点的投影规律求作点和线的投影。图 4-41(a)所示为空间一个三角形 ABC 的直观图，只要求出它的三个顶点 A、B 和 C 的投影，如图 4-41(b)所示，再分别将各同名投影连接起来，就得到三角形 ABC 的投影，如图 4-41(c)所示。

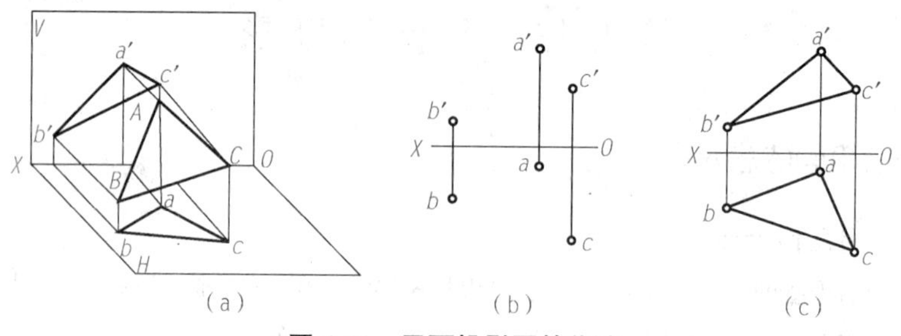

图 4-41　平面投影图的作法

三、各种位置平面的投影特征

平面对投影面的相对位置可分为三种：一般位置平面、投影面的平行面和投影面的垂直面。其中投影面的平行面和投影面的垂直面又称为特殊位置平面。

1. 一般位置平面

与三个投影面均倾斜（既不平行又不垂直）的平面称为一般位置平面，也称倾斜面，如图 4-42 所示。从图中可以看出，一般位置平面的各个投影均为原平面图形的类似图形，且比原平面图形本身的实形小。它的任何一个投影，既不反映平面的实形，也无积聚性。

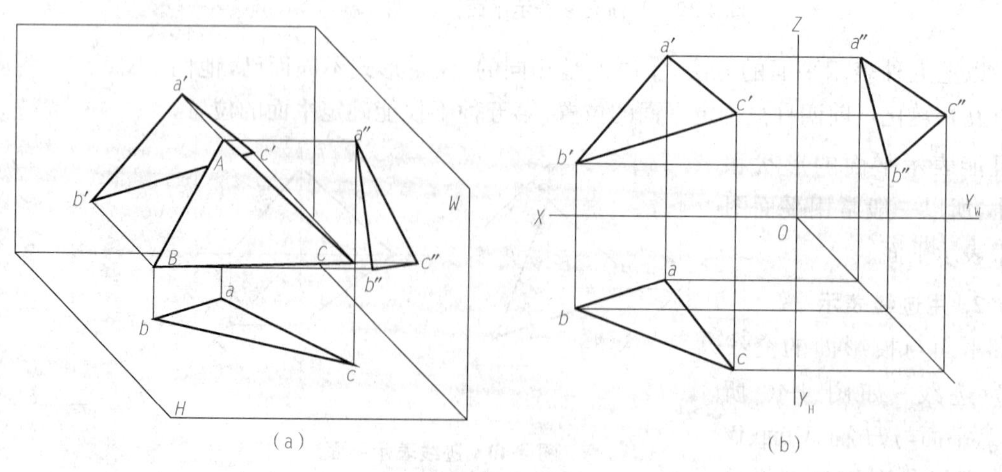

图 4-42　一般位置平面

(a)立体图；(b)投影图

2. 投影面的平行面

空间平面平行于一个投影面，同时垂直于另外两个投影面，称为投影面平行面。投影面平行面又可分为以下三种：

(1)H 面平行面——平行于 H 面的平面，又称水平面。

(2)V 面平行面——平行于 V 面的平面，又称正平面。

(3)W 面平行面——平行于 W 面的平面，又称侧平面。

三种投影面平行面及其投影特点见表 4-6。

表 4-6　投影面平行面的投影特性

名称	水平面	正平面	侧平面
空间位置	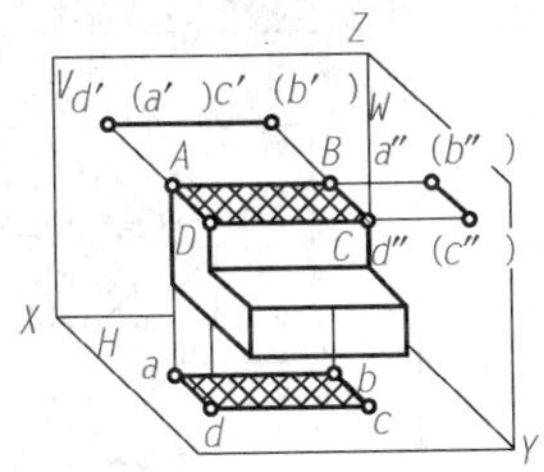	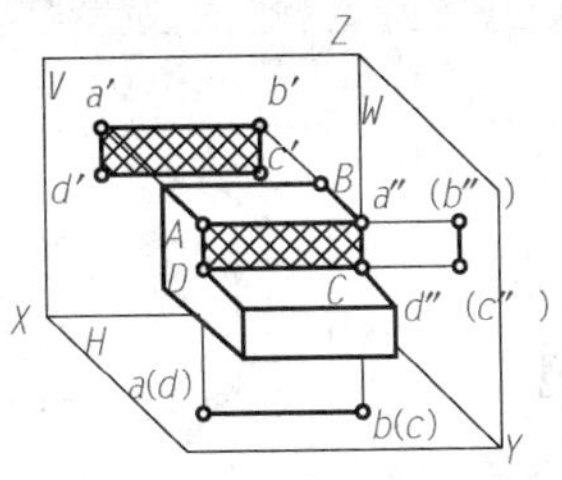	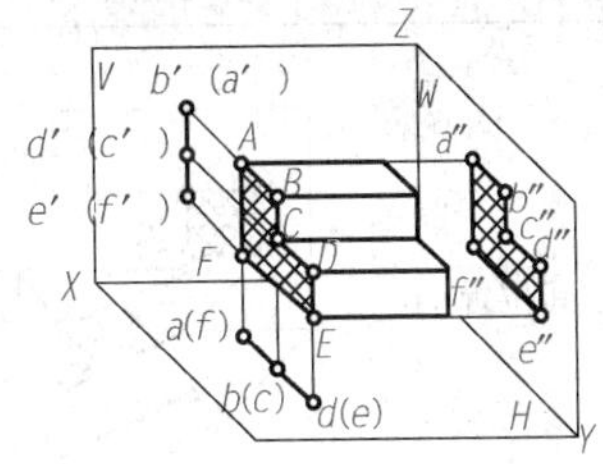
在形体投影图中的位置	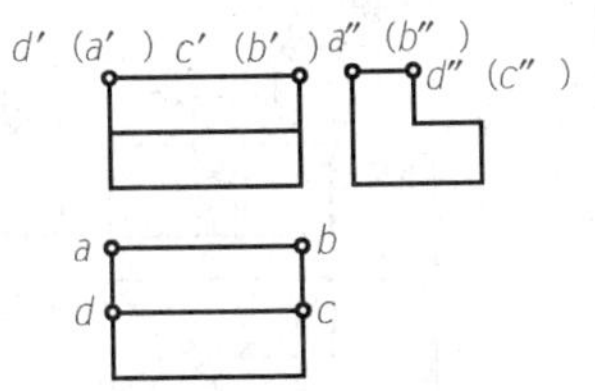	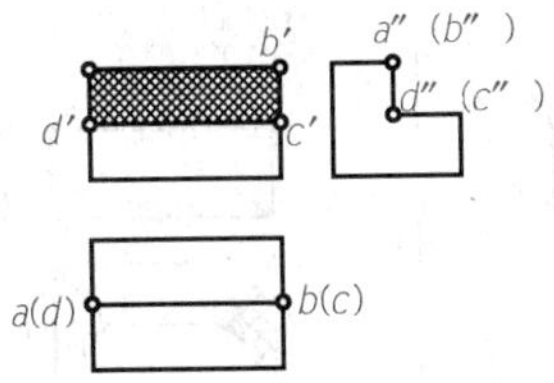	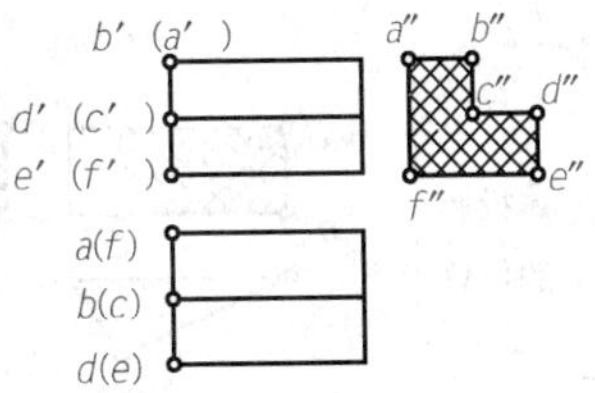
投影图	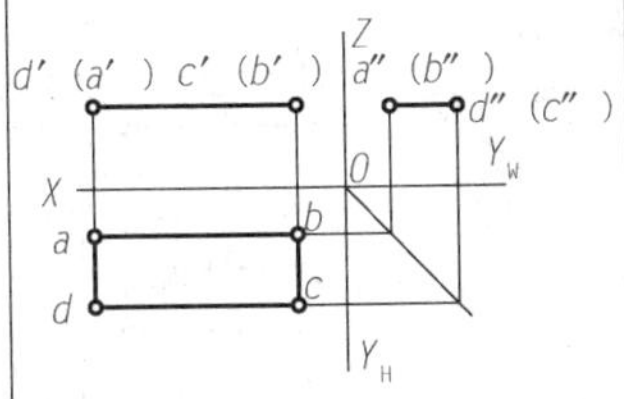	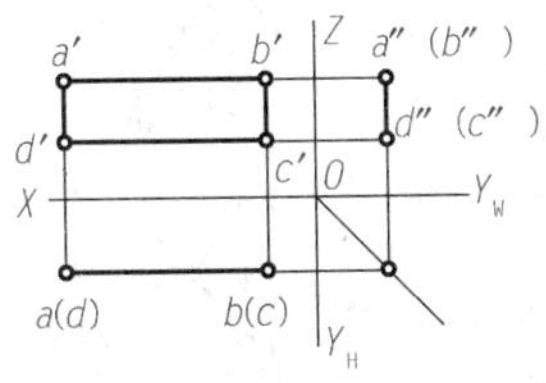	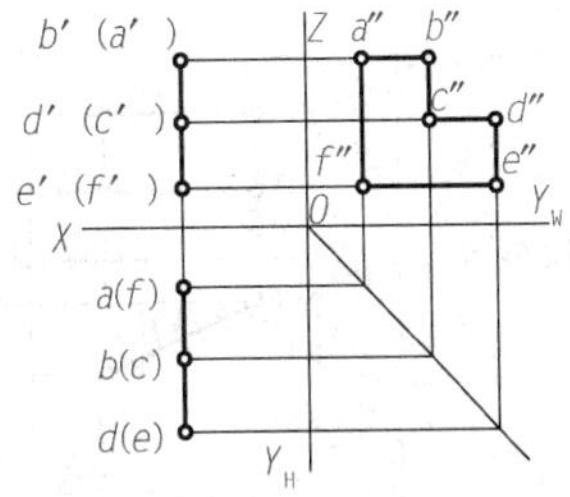
投影特性	(1)水平投影表达实形； (2)正面投影为直线，有积聚性，且平行于 OX 轴； (3)侧面投影为直线，有积聚性，且平行于 OY_W 轴	(1)正面投影表达实形； (2)水平投影为直线，有积聚性，且平行于 OX 轴； (3)侧面投影为直线，有积聚性，且平行于 OZ 轴	(1)侧面投影表达实形； (2)水平投影为直线，有积聚性，且平行于 OY_H 轴； (3)正面投影为直线，有积聚性，且平行于 OZ 轴

根据表 4-6 中所列的三种投影面平行面，它们共同的投影特性概括如下：

(1)平面图形在所平行的投影面上的投影反映其实形。

(2)平面的另外两投影均积聚成直线且平行于相应的投影轴。

3. 投影面的垂直面

空间平面垂直于一个投影面，同时倾斜于另外两个投影面。投影面垂直面又可分为以下三种：

(1)H 面垂直面——垂直于 H 面的平面，又称铅垂面。

(2)V 面垂直面——垂直于 V 面的平面，又称正垂面。

(3)W 面垂直面——垂直于 W 面的平面，又称侧垂面。

三种投影面垂直面及其投影特点见表 4-7。

表 4-7　投影面垂直面的投影特性

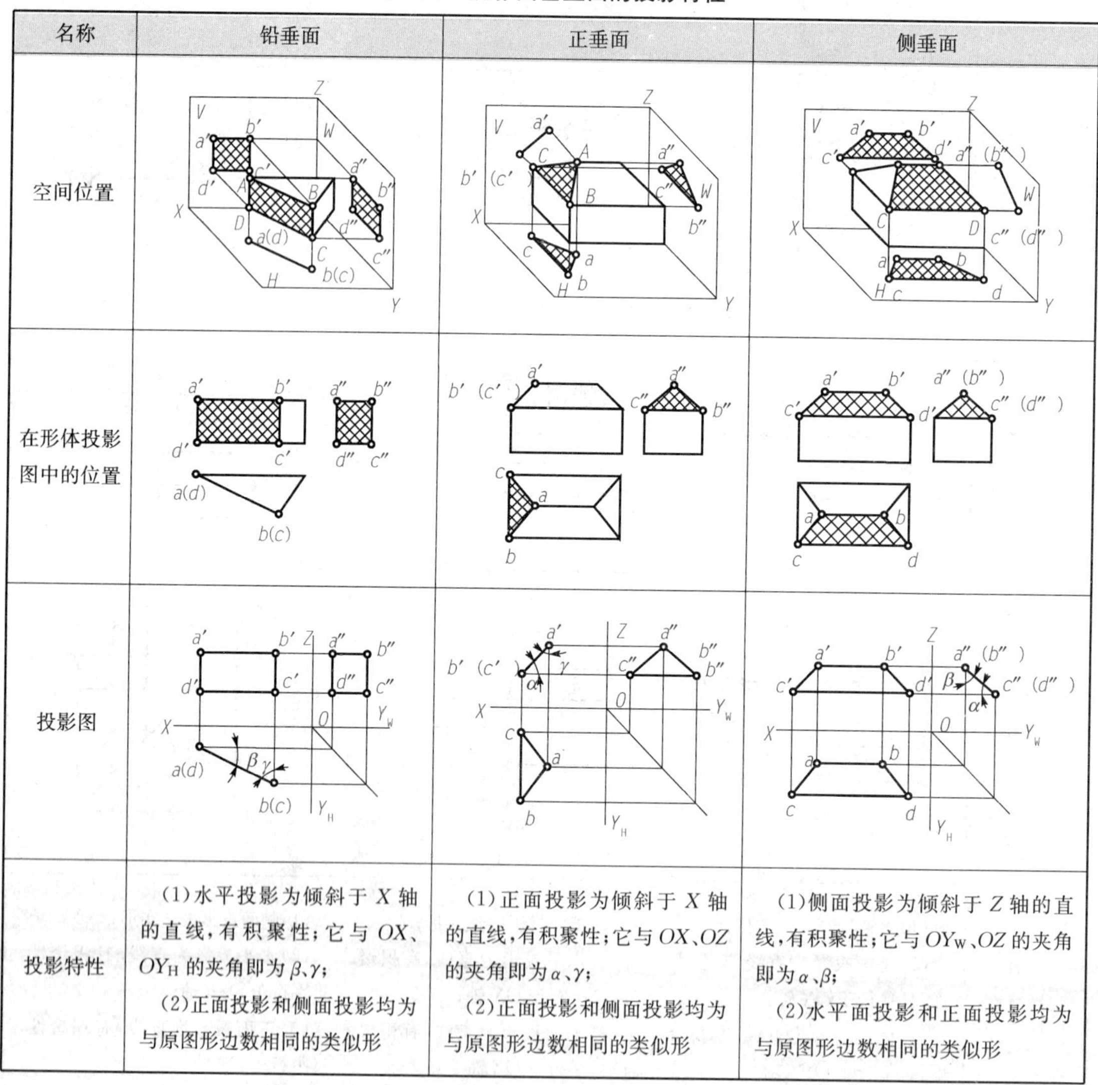

名称	铅垂面	正垂面	侧垂面
空间位置			
在形体投影图中的位置			
投影图			
投影特性	(1)水平投影为倾斜于 X 轴的直线，有积聚性；它与 OX、OY_H 的夹角即为 β、γ； (2)正面投影和侧面投影均为与原图形边数相同的类似形	(1)正面投影为倾斜于 X 轴的直线，有积聚性；它与 OX、OZ 的夹角即为 α、γ； (2)正面投影和侧面投影均为与原图形边数相同的类似形	(1)侧面投影为倾斜于 Z 轴的直线，有积聚性；它与 OY_W、OZ 的夹角即为 α、β； (2)水平面投影和正面投影均为与原图形边数相同的类似形

根据表 4-7 中所列三种投影垂直面，它们共同的投影特性概括如下：

(1)平面在所垂直的投影面上的投影积聚成一直线，它与相应投影轴的夹角分别反映该平面对另外两投影面的倾角。

(2)平面图形的另外两投影是其类似图形，且小于实形。

四、平面上的点和直线

1. 平面上的点

点在平面上的判定条件是，如果点在平面内的一条直线上，则点在平面上。如图 4-43 所示，点 F 在直线 DE 上，而 DE 在△ABC 上，因此，点 F 在△ABC 上。

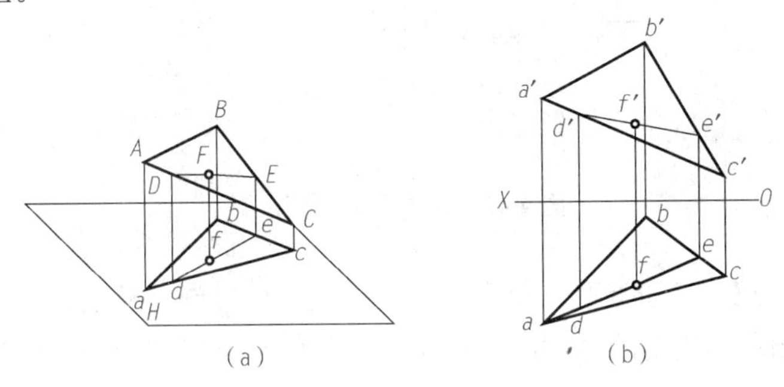

图 4-43 平面上的点

(a)直观图；(b)投影图

2. 平面上的直线

直线在平面上的判定条件是，如果一直线通过平面上的两个点，或通过平面上的一个点，且平行于平面上的一直线，则直线在平面上。如图 4-44 所示，直线 DE 通过平面 ABC 上的点 D 和点 E；直线 BG 通过平面上一点 B 并平行于 AC 边。因此，DE 和 BG 都在平面 ABC 上。

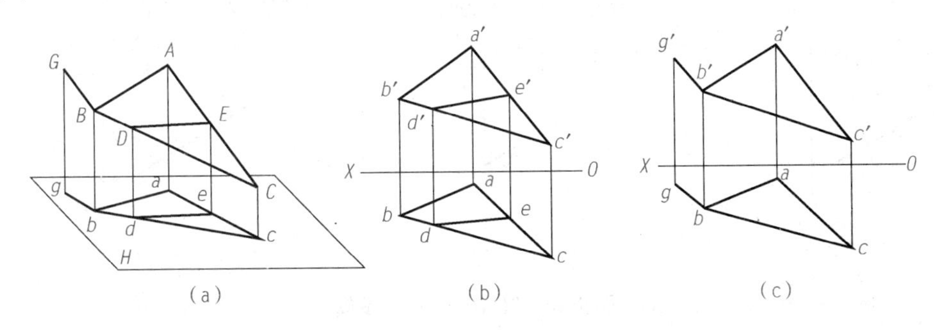

图 4-44 平面上的直线

(a)直观图；(b)、(c)投影图

【例 4-10】 已知正方形 $ABCD$ 平面垂直于 V 面以及 AB 的两面投影[图 4-45(a)]，求作此正方形的三面投影图。

【解】 因为正方形是一正垂面，AB 边是正平线，所以 AD、BC 是正垂线，$a'b'$ 长即为正方形各边的实长。作图方法如图 4-45(b)所示。

(1)过 a、b 分别作 $ad \perp OX$、$bc \perp OX$，且截取 $ad=a'b'$，$bc=a'b'$。

(2)连接 dc 即为正方形 $ABCD$ 的水平投影。

(3)正方形 $ABCD$ 是一正垂面，正面投影积聚 $a'b'$，分别求出 a''、b''、c''、

d''，连线，即为正方形 $ABCD$ 的侧面投影。

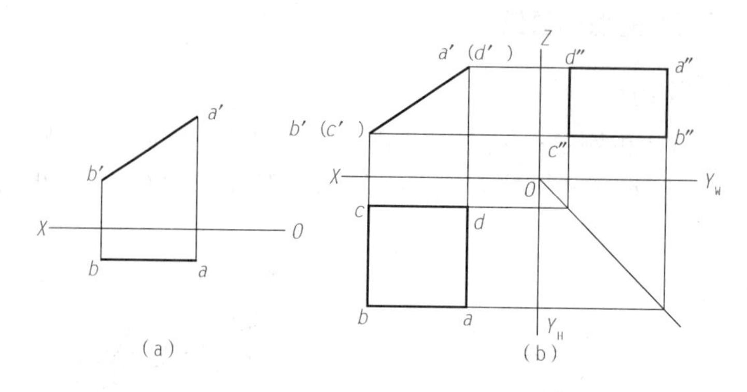

图 4-45　正方形的三面投影

【例 4-11】 已知等腰三角形 ABC 的顶点 A，过点 A 作等腰三角形的投影。该三角形为铅垂面，高为 25 mm，$\beta=30°$，底边 BC 为水平线，长为 20 mm，如图 4-46(a)所示。

【解】 因等腰三角形 ABC 是铅垂面，故水平投影积聚成一条与 X 轴成 $\beta=30°$ 角的斜直线。三角形的高是铅垂线，在正面投影反映实长(25 mm)。底边 BC 在水平投影上反映实长(20 mm)。因 BC 为水平线，所以正面投影 $b'c'$ 和侧立投影 $b''c''$ 平行于 X、Y_W 轴，作图过程如图 4-46(b)、(c)所示。

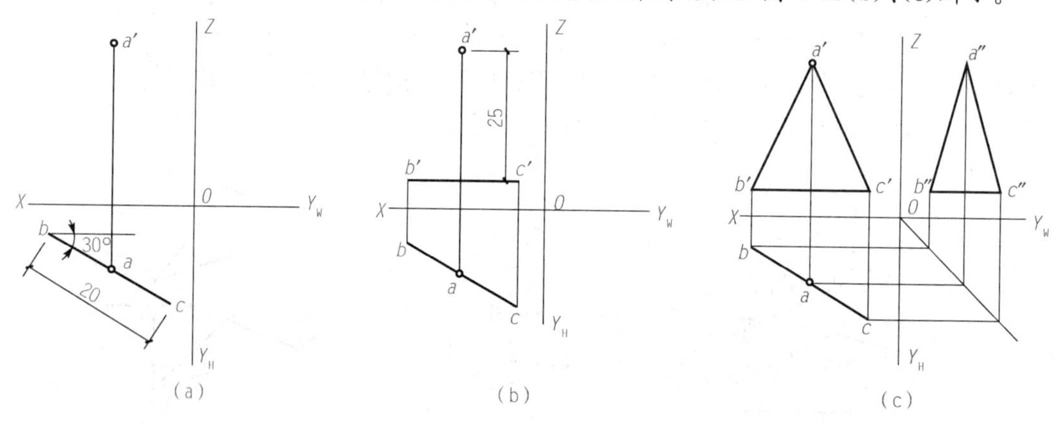

图 4-46　等腰三角形的投影

(a)过 a 作 bc，与 x 轴成 30°且使 $ba=ac=10$ mm；

(b)过 a' 向正下方截取 25 mm，并作 BC 的正面投影 $b'c'$；

(c)根据水平投影及正面投影，完成侧面投影

第五章　形体的投影

本章导读

不管建筑物的形状有多么复杂，都可以把它看成是若干个简单几何形体（如棱柱体、棱锥体、圆柱体、球体、圆锥体等）经过叠砌、切割或相交而组成的，如图 5-1、图 5-2 所示。这些常见的简单几何形体又称为基本几何形体。基本几何形体分为平面立体和曲面立体两大类。表面由若干平面围成的立体，称为平面立体，如棱柱体、棱锥体等。表面由曲面或曲面与平面围成的立体，称为曲面立体，如圆柱体、圆锥体、球体等。

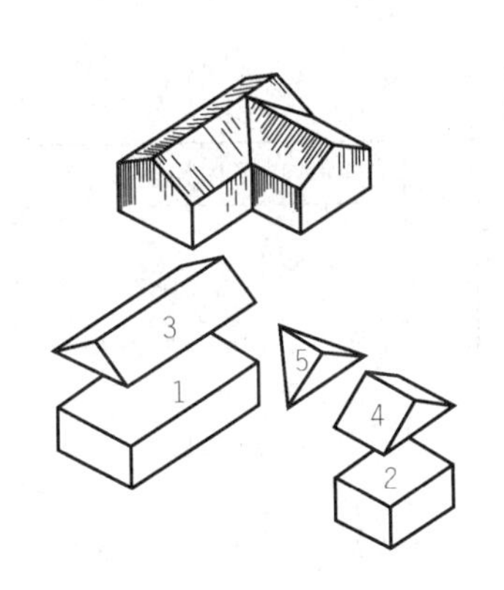

图 5-1　房屋的形体分析

1，2—四棱柱；3，4—三棱柱；5—三棱锥

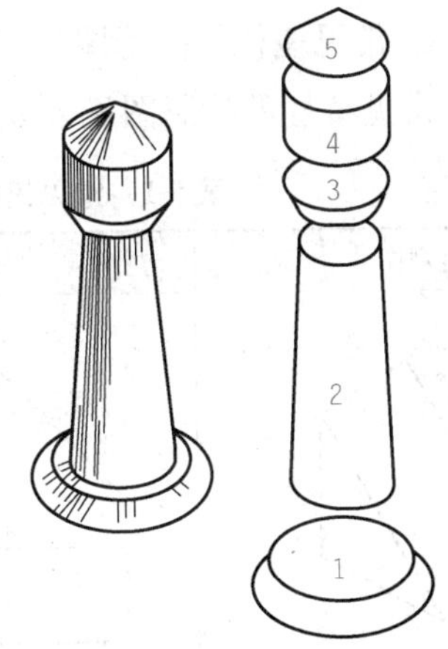

图 5-2　水塔的形体分析

1，2—圆锥台；3—倒圆锥台；4—圆柱；5—圆锥

第一节　平面体的投影

由平面图形围成的形体称为平面体。建筑工程中绝大部分形体都属于平面体。常见的平面体有棱柱体、棱锥体、棱台体等，如图 5-3 所示。

平面体的投影是通过平面立体上所有棱线的投影来表达的，这些棱线的各面投影构成立体各棱面的各面投影，当棱线的某面投影可见时画实线，反之，则画虚线。

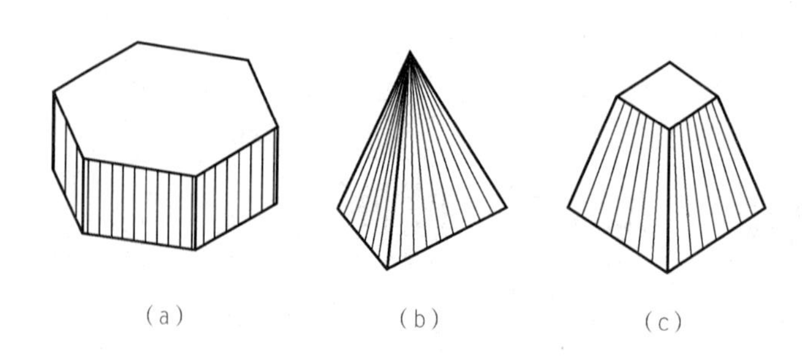

图 5-3　平面体

(a)棱柱体；(b)棱锥体；(c)棱台体

注意

当棱线的某面投影上可见、不可见的棱线投影重合时以实线表达。

一、棱柱

1. 常见棱柱的投影图

常见棱柱的投影图见表 5-1。

表 5-1　常见棱柱的投影图

平面体	直观图	投影图	形体和投影特征
三棱柱			棱柱体的投影特征是：在底面平行的投影面上投影反映底面实形，即三角形、四边形、五边形、…、n 边形；另两个投影为一个或 n 个矩形
四棱柱			
六棱柱			

2. 棱柱的投影图的绘制

下面以正三棱柱为例介绍棱柱的投影。

将正三棱柱体置于三面投影体系中，使其底面平行于 H 面，并保证其中一个侧面平行于 V 面，如图 5-4 所示。

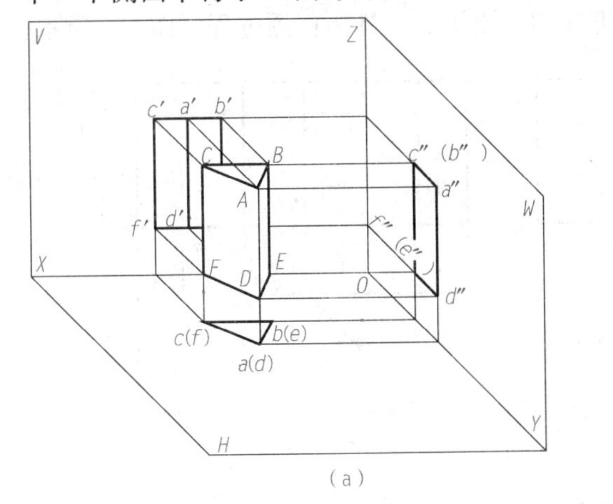

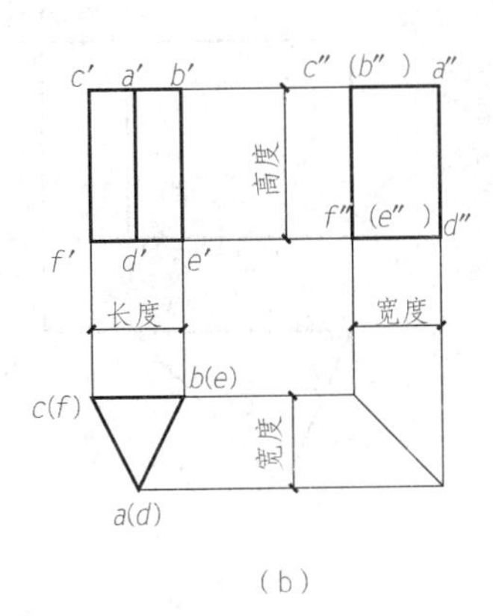

图 5-4　正三棱柱的投影

(a)立体图；(b)投影图

作图前，应先进行分析：三棱柱为立放，它的底面、顶面平行于 H 面，各侧棱均垂直于 H 面，故在 H 面上三角形是其底面的实形；V 面、W 面投影的矩形外轮廓是三棱柱两个侧面的类似性投影，两条竖线是侧棱的实长，是三棱柱的实际高度。

作图步骤如下：

(1)作 H 面投影。底面平行于顶面且平行于 H 面，则在 H 面的投影反映实形，并且相互重合为正三角形。各棱柱面垂直于 H 面，其投影积聚成为直线，构成正三角形的各条边。

(2)作 V 面投影。由于其中一个侧面平行于 V 面，则在 V 面上的投影反映实形。其余两个侧面与 V 面倾斜，在 V 面上的投影形状缩小，并与第一个侧面重合，所以 V 面上的投影为两个长方形。底面和顶面垂直于 V 面，它们在 V 面上的投影积聚成上、下两条平行于 OX 轴的直线。

(3)作 W 面投影。由于与 V 面平行的侧面垂直于 W 面，在 W 面上的投影积聚成平行于 OZ 轴的直线。顶面和底面也垂直于 W 面，其在 W 面上的投影积聚成平行于 OY 轴的直线，另两个侧面在 W 面的投影为缩小的重合长方形。

3. 棱柱表面上的点

平面立体由平面围成，所以平面立体表面上点的投影与平面上点的投影特性相同，不同的是平面立体表面上的点存在可见性的问题。通常规定处在可见面上的点为可见点；处在不可见面上的点为不可见点，用加括号的方式标注。

在投影图上，如果给出平面立体表面上点的一个投影，就可以根据点在平面上的投影特性，求出点在其他投影面上的投影。如图 5-5 所示，已知三棱柱棱面上点Ⅰ、Ⅱ和Ⅲ的正面投影，可以作出它们的水平投影和侧面投影。从投影图上可以看出，点Ⅰ在三棱柱的左前棱面 *ABED* 上，点Ⅱ在三棱柱的后表面 *ACFD* 上，点Ⅲ在 *BE* 棱线上。具体作图过程如图 5-5 所示。

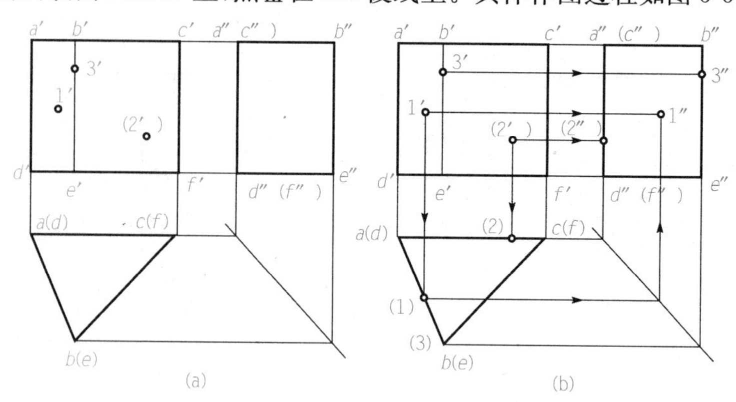

图 5-5　棱柱表面上的定点

二、棱锥

1. 常见棱锥的投影图

常见棱锥的投影图见表 5-2。

表 5-2　常见棱锥的投影图

平面体	直观图	投影图	形体和投影特征
三棱锥			
四棱锥			正棱锥体的投影特征是：当底面平行于某一投影面时，在该面上投影为实形正多边形及其内部的 n 个共顶点
六棱锥			

2. 棱锥的投影图的绘制

下面以正三棱锥体为例介绍棱锥体的投影。

【例 5-1】 已知正三棱锥体的锥顶和底面，求正三棱锥体的三面投影。

【解】 将正三棱锥体放置于三面投影体系中，如图 5-6 所示，使其底面 *ABC* 平行于 *H* 面。由于底面 *ABC* 为正三角形且是水平面，则其水平投影反映实形；棱面 *SAB*、*SBC* 为一般位置平面，其各个投影都为类似形，棱面 *SAC* 为侧垂面，其侧面投影积聚为一条直线，其他投影面的投影为类似形；三棱锥的底边 *AB*、*BC* 为水平线，*AC* 为侧垂线，棱线 *SA*、*SC* 为一般位置直线，*SB* 为侧平线，其投影特性可以根据不同位置的直线的投影特性来分析作图，也可根据三视图的投影规律作出这个三棱锥的三视图。

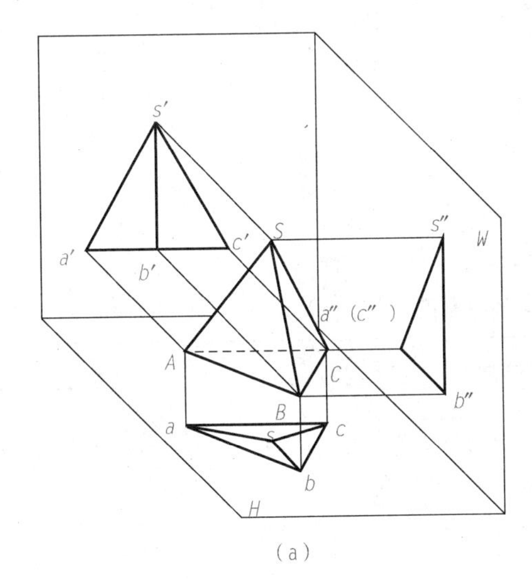

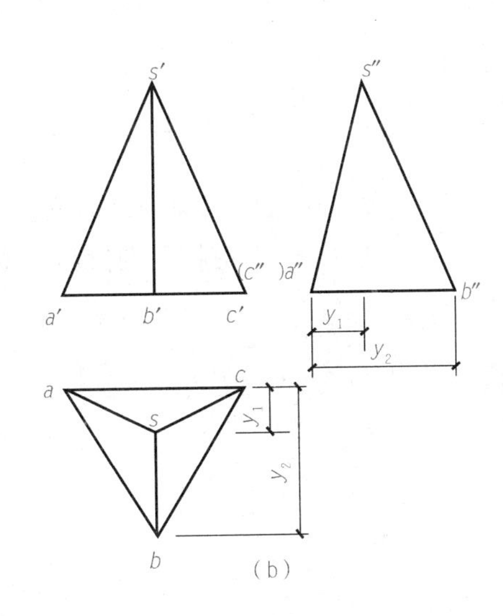

图 5-6 正三棱锥的投影

(a)立体图；(b)三视图

作图时，应根据上述分析结果和正三棱锥的特性，先作出三棱锥的水平投影，也就是平面图，作出正三角形，分别作出三角形的高，找到中心点，然后根据投影规律作出其他两个视图。作图时，要注意"长对正，高平齐，宽相等"的对应关系。

3. 棱锥表面上的点

在棱锥表面上定点，不同于棱柱表面上定点，可以利用平面投影的积聚性直接作出，而是利用辅助线作出点的投影。

如图 5-7(a)所示，已知三棱锥表面上点Ⅰ和点Ⅱ的水平投影，作出它们的侧面投影和正面投影。从投影图上可知：点Ⅰ在左棱面 *SAB* 上，点Ⅱ在右棱面 *SBC* 上。两点均在一般位置平面上，求它们的正面投影和侧面投影，必须作辅助线才能求出。具体作图过程如图 5-7(b)所示。

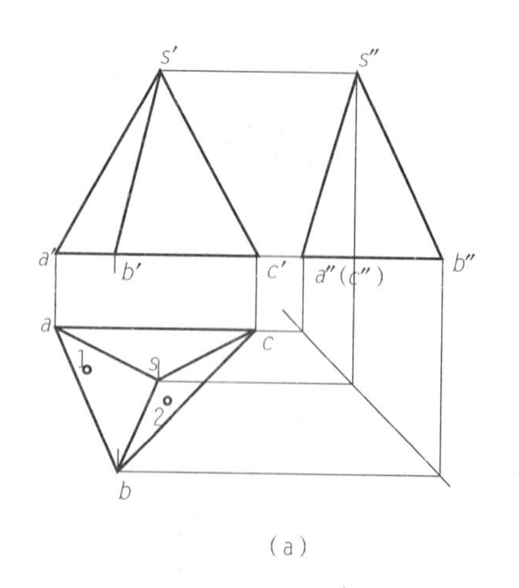

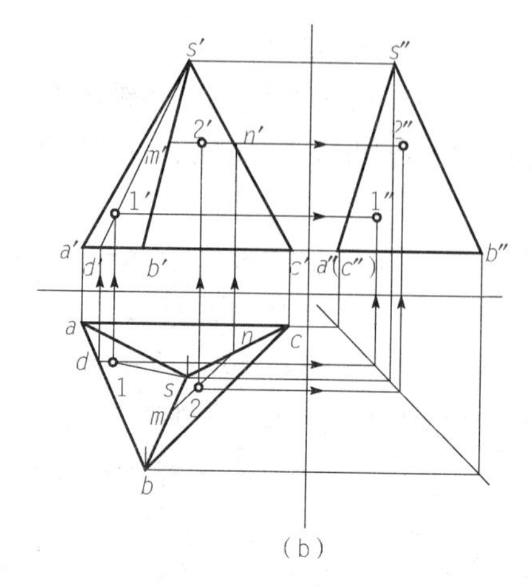

图 5-7　棱锥表面定点

三、棱台

1. 常见棱台的投影图

常见棱台的投影图见表 5-3。

表 5-3　常见棱台的投影图

平面体	直观图	投影图	形体和投影特征
三棱柱			棱台的投影特征是：棱台的两个底面为相互平行的相似的平面图形，侧面均为梯形，所有的棱线延长后仍应汇交于一公共顶点即锥顶
四棱柱			

2. 棱台的投影图的绘制

下面以三棱台为例介绍棱台体的投影。

为方便作图，应使棱台上、下底面平行于水平投影面，并使侧面两条侧棱平行于正立投影面，如图 5-8 所示。

三棱台作图步骤如下：

(1)作水平投影。由于上底面和下底面为水平面，水平投影反映实形，为两个相似的三角形。其余各侧面倾斜于水平投影面，水平投影不反映实形，是以上、下底面水平投影相应边为底边的三个梯形。

(2)作正面投影。棱台上、下底面的正面投影积聚成平行于 OX 轴的线段；侧面 $ACFD$ 和 $ABED$ 为一般位置平面，其正面投影仍为梯形；$BCFE$ 为侧垂面，其正面投影不反映实形，仍为梯形，并与另两个侧面的正面投影重叠。

(3)作侧面投影。棱台上、下底面的侧面投影分别积聚成平行于 OY 轴的线段，侧垂面 $BCFE$ 也积聚成倾斜于 OZ 轴的线段，而平面 $ACED$ 与平面 $ABED$ 重合成为一个梯形。

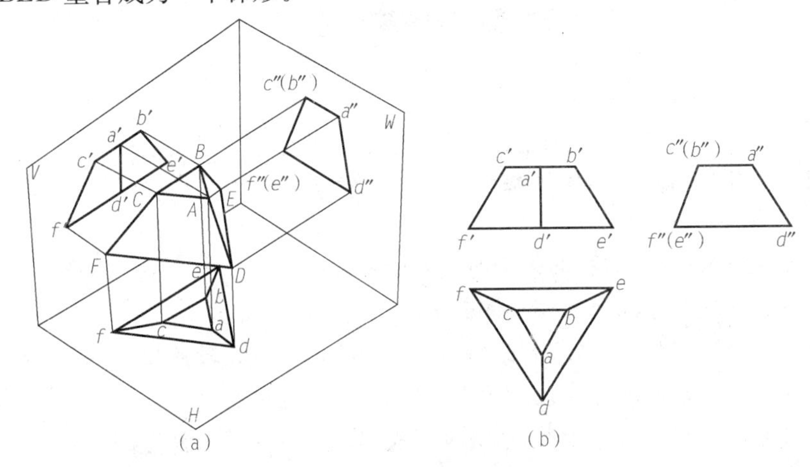

图 5-8　三棱台的投影

(a)直观图；(b)投影图

3. 棱台表面上的点

【例 5-2】 已知三棱台表面上 A 点的 H 投影 a 和线段 BC 的 V 投影 $b'c'$[图 5-8(a)]，求它们的其他两投影。

【解】 如图 5-8(a)所示，三棱台的上、下底面均为水平面，左、右棱面是一般位置面，后棱面是侧垂面。A 点位于左棱面上，BC 线段位于右棱面上($b'c'$可见)，它们的三个投影都没有积聚性，仍须利用辅助线法求解。过 A 点且位于 A 点所在棱面上的任何直线都可作为辅助线。

作图步骤如下：

(1)如图 5-8(b)所示，过 A 点作辅助线 Ⅰ Ⅳ：连接 $1a$(1 是棱台顶点 Ⅰ 的 H 面投影)，延长至左棱线上交于 4，按投影关系，作出其 V 投影 $1'4'$，利用从属关系定出 a'，根据 Y_A宽度定出 a''，A 点的三投影均可见。

(2)由图可见：$b'c'$平行右棱面的底边 $l'2'$，而 c 点又在右棱线上，因而，由 c'向下作投影连线，交于右棱线的 H 投影上得 c，再由 c 作 12 的平行线，根据投影规律求得 b，bc 即为所求线段 BC 的 H 投影；同样，利用 Y_B宽度定出 b''，连接 $b''c''$即可。因线段 BC 在右棱面上，故 $b''c''$不可见，画成虚线。

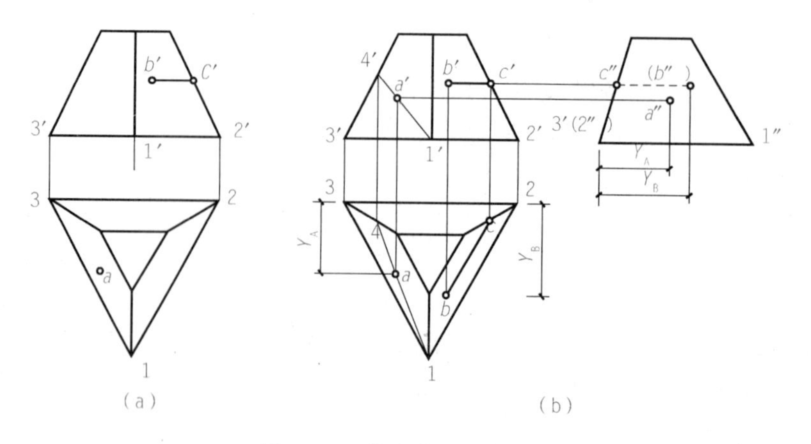

图 5-9　三棱台表面顶点和线

相关链接

由上述可以看出，要在平面建筑形体的表面上根据已知点的一个投影，确定其他投影，作图时，必须从以下几个方面着手：

(1)首先分析平面建筑形体的性质，其表面与投影面的相对位置。

(2)分析所给的点或线段位于立体的哪个表面上。

(3)若所在表面有积聚性，则先求得此表面的积聚投影上的点或线段的投影；若所在表面是一般位置面，则利用过已知点并在该表面上作辅助线来求得。

(4)由点的已知投影和求得的第二投影，根据投影规律求出点的第三投影。

(5)最后判别所求点的投影可见性。

第二节　曲面体的投影

由曲面围成或由曲面和平面围成的立体称为曲面立体。工程上应用较多的曲面立体是回转体，常见的曲面立体有圆柱体、圆锥体、圆球体等。回转体是由回转曲面或回转曲面与平面围成的立体，回转曲面是由运动的母线(直线或曲线)绕着固定的轴线(直线)作回转运动形成的，曲面上任意位置的母线称为素线。

提示

曲面立体的投影是由构成曲面立体的曲面和平面的投影组成的。曲面立体投影图时，轴线应用的点画线画出，圆的中心线用相互垂直的点画线画出，其交点为圆心。所画点画线应超出轮廓线 3～5 mm。

一、圆柱体

1. 圆柱体的形成

如图 5-10 所示，一直线 AA_1 绕与其平行的另一直线 OO_1 旋转一周，所得轨迹是一圆柱面。直线 OO_1 称为轴，直线 AA_1 称为素线，素线 AA_1 在圆柱面上任一位置时称为圆柱面的素线，故圆柱面也可看作由无数条平行素线距 OO_1 轴等距离排列所围成的。若把素线 AA_1 和 OO_1 连成一矩形平面，该平面绕 OO_1 轴旋转的轨迹就是圆柱体。

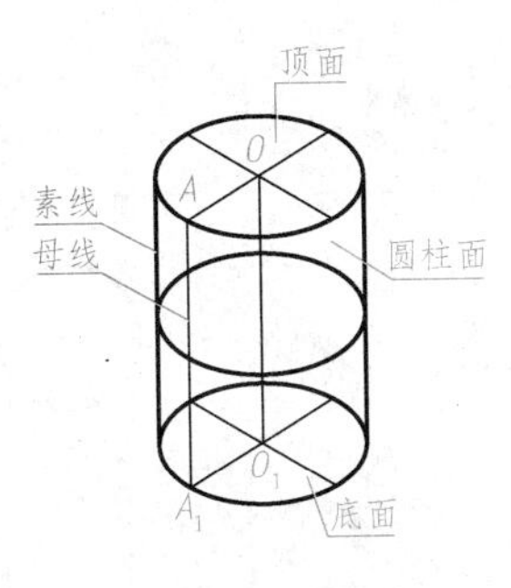

图 5-10　圆柱体

圆柱体由两个互相平行且相等的平面圆（顶面和底面）和一圆柱面围成。顶面和底面都垂直于圆柱面的素线，顶面和底面的距离即为圆柱体的高。

2. 圆柱体的投影

如图 5-11 所示，当圆柱体的轴线为铅垂线时，圆柱面所有的素线都是铅垂线，在平面图上积聚为一个圆，圆柱面上所有的点和直线的水平投影都在平面图的圆上；其正立面图和侧立面图上的轮廓线为圆柱面上最左、最右、最前、最后轮廓素线的投影。圆柱体的上、下底面为水平面，水平投影为圆（反映实形），另两个投影积聚为直线。

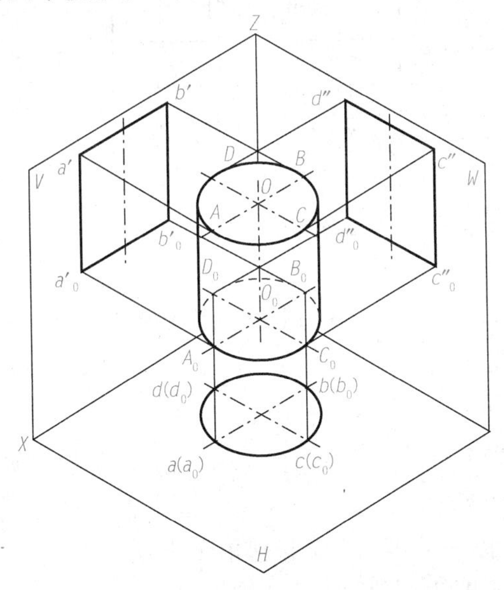

图 5-11　圆柱体的投影

如图 5-12 所示，圆柱体投影图的作图步骤如下：

（1）作圆柱体三面投影图的轴线和中心线[图 5-12(a)]。

（2）由直径画水平投影圆[图 5-12(b)]。

（3）由“长对正”和高度作正面投影矩形，由“高平齐、宽相等”作侧面投影矩形[图 5-12(c)]。

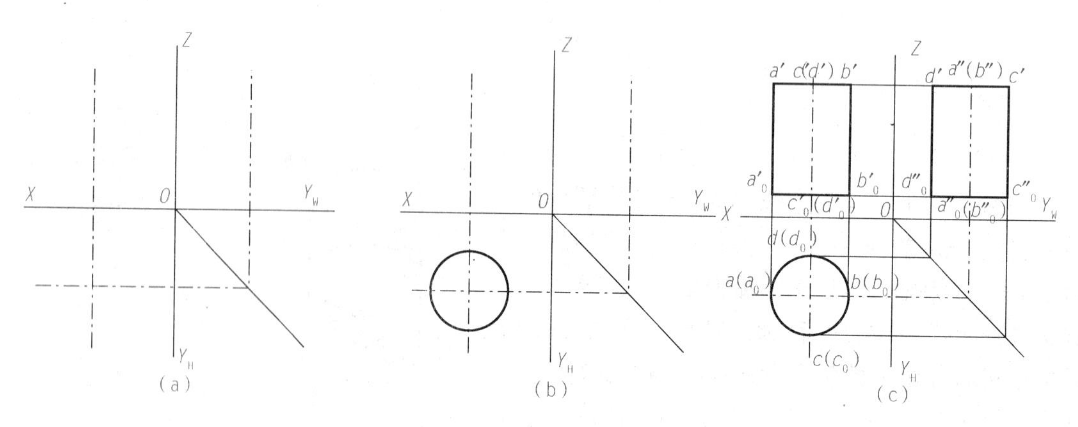

图 5-12　圆柱体的投影作图

3. 圆柱体表面上的点

由图 5-13 中可知 M 点的正面投影 m' 为可见点的投影，M 点必在前半个圆柱面上，其水平投影必定落在具有积聚性的前半个柱面的水平投影图上，由 m、m' 可求出 m''。

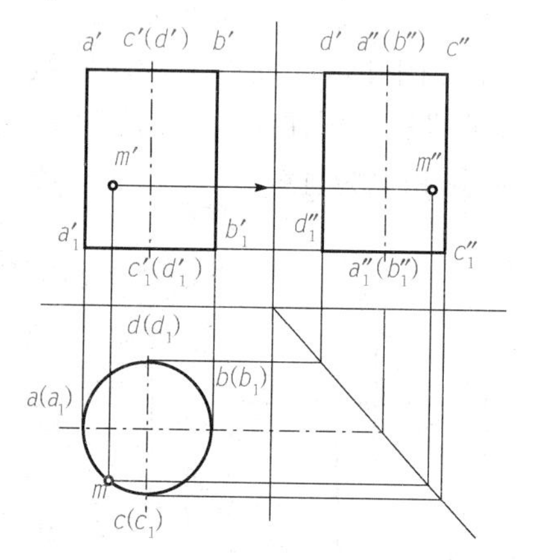

图 5-13　圆柱体表面上的点

二、圆锥体

1. 圆锥体的形成

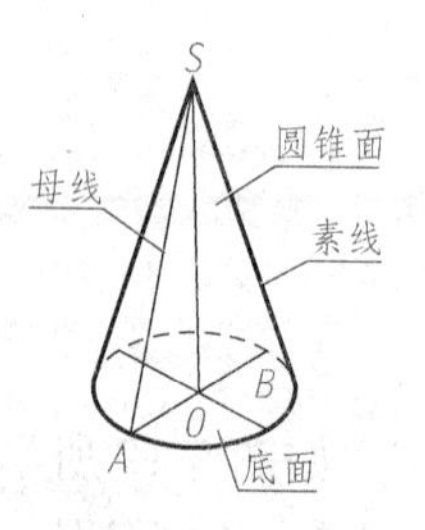

图 5-14　圆锥体

如图 5-14 所示，一直线 SA 绕与它相交的另一直线 SO 旋转，所得轨迹即为圆锥面。SO 为轴，SA 称为素线，素线在圆锥面上任一位置时称为圆锥面的素线。圆锥面也可看作由无数条相交于一点并与轴 SO 保持定角的素线围成。如果把母线 SA 和轴 SO 连成一直角三角形 SOA，该平面绕直角边 SO 旋转，则它的轨迹就是正圆锥体。正圆锥体的底面为平面圆，从顶点 S 到底面圆的垂直距离（垂足在底面的圆心，即 SO）为圆锥体的高。

2. 圆锥体的投影

如图 5-15(a)所示，当圆锥体的轴线为铅垂线时，其正立面图和侧立面图上的轮廓线为圆锥面上最左、最右、最前、最后轮廓素线的投影。圆锥体的底面为水平面，水平投影为圆(反映实形)，另两个投影积聚为直线。

与圆柱一样，圆锥的正面、侧面投影代表了圆锥面上不同的部位。正面投影是前半部投影与后半部投影的重合，而侧面投影是圆锥左半部投影与右半部投影的重合。

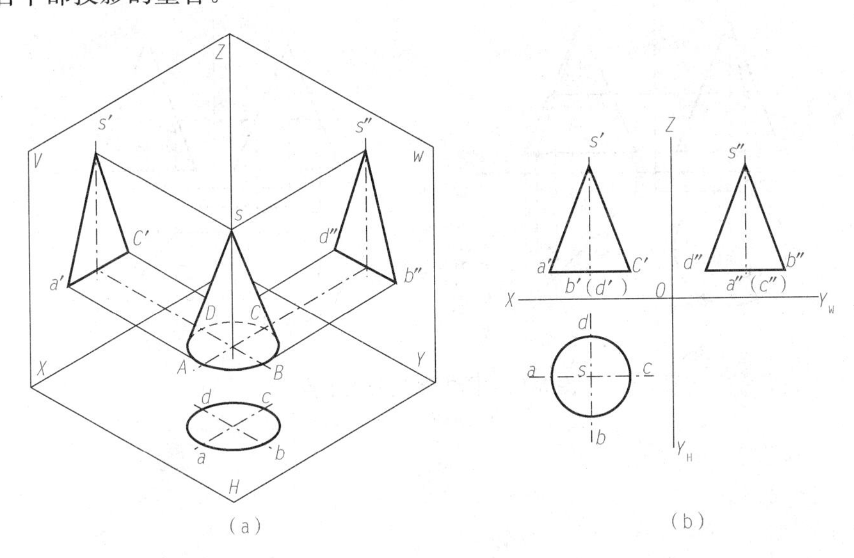

图 5-15　圆锥体的投影图

(a)直观图；(b)投影图

如图 5-15(b)所示，圆锥体的作图步骤如下：

(1)先画出圆锥体三面投影的轴线和中心线，然后根据直径画出圆锥的水平投影图。

(2)由“长对正”和高度作底面及圆锥顶点的正面投影，并连接成等腰三角形。

(3)由“宽相等、高平齐”作侧面投影等腰三角形。

由图 5-15 可以看出，圆锥的轴线铅垂放置，则圆锥的底面为水平面，圆锥面上所有素线与水平面的倾角均相等。

3. 圆锥体表面上的点

如图 5-16 所示，A 为圆锥表面一点，已知其正面投影 a'，根据图示要求求其余两投影。

因为圆锥面的三个投影都没有积聚性，所以不能利用积聚性直接在圆锥面上求点，可利用素线法求得。

先过 A 点作素线 SAM 的正面投影，然后求出 sm 和 $s''m''$，在 sm 和 $s''m''$ 上求出 a 和 a''。

该圆的正面投影为一与轴线垂直的直线，它与圆锥轮廓素线的两个交点之间的距离，即为圆的直径。该圆的水平投影仍然是圆，在此圆上求出 a，再由 a'和 a 求出 a''。

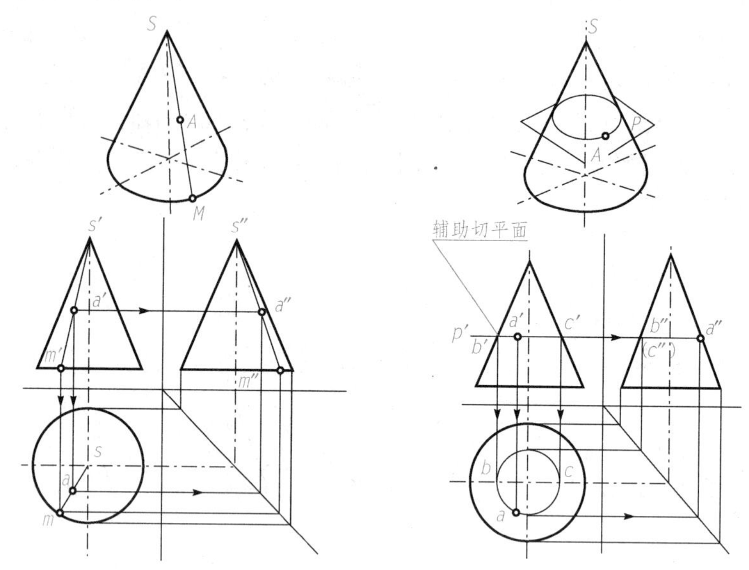

图 5-16 圆锥体表面上的点

三、圆球体

1. 圆球体的形成

圆球体由一个圆球面组成。如图 5-17 所示，圆球面可看成由一条半圆曲线绕以它的直径作为轴线的 OO_0旋转而成。

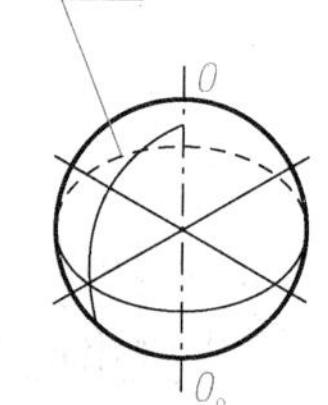

图 5-17 圆球体

2. 圆球体的投影

如图 5-18(a)所示，球体的三面投影均为与球的直径大小相等的圆，故又称“三圆为球”。V 面、H 面和 W 面投影的三个圆分别是球体的前、上、左三个半球面的投影，后、下、右三个半球面的投影分别与之重合；三个圆周代表了球体上分别平行于正面、水平面和侧面的三条素线圆的投影。由图 5-18(a)还可看出：圆球面上直径最大的、平行于水平面和侧面的圆 A 与圆 C 的正面投影分别积聚在过球心的水平与铅垂中心线上。

圆球体的作图步骤如下：

(1)画圆球面三投影圆的中心线。

(2)以球的直径为直径画三个等大的圆，即各个投影面的投影圆，如图 5-18(b)所示。

3. 圆球体表面上的点

求圆球体表面上的点只能利用辅助平面法，因为球表面上没有直线。

如图 5-19(a)所示，已知球面上一点 K 的 V 面投影为k'，求 k 和k''。

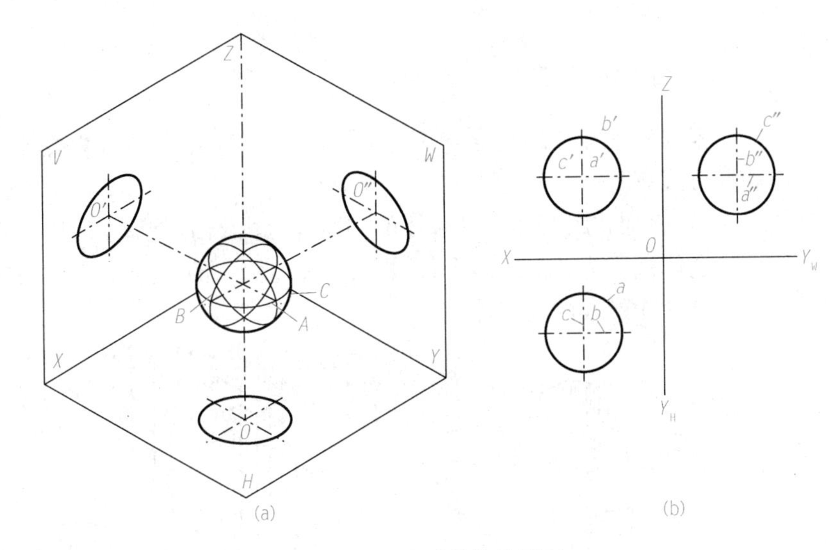

图 5-18　圆球体的投影图

(a)球的作图分析;(b)投影图

从图 5-19 中可知,点 K 的位置是在上半球面上,又属左半球面,同时又在前半球面上,作图可用纬圆法。如图 5-19(b)所示,过 k' 作纬圆的 V 面投影 $1'2'$,以 $1'2'$ 的 1/2 为半径,以 O 为圆心,作纬圆的水平投影(是圆),过 k' 引铅垂线求得 k,再按“三等”关系求得 k'',最后分析可见性,由于点 K 是在球面的左、前、上方,故三个投影均为可见。

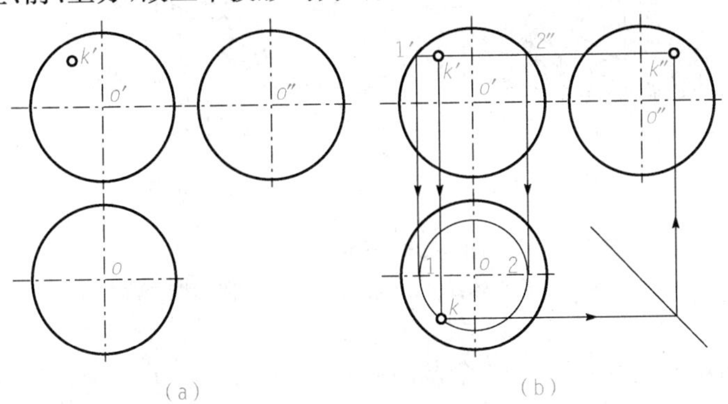

图 5-19　圆球体表面上点的投影

第三节　组合体的投影

建筑物及其构配件的形状是多种多样的,但都可以看作是由一些基本几何体按一定的组合形式组合而成,我们把由两个或两个以上的基本形体按一定的形式组合而成的形体叫做组合体。

一、组合体的类型

根据基本形体的组合方式的不同，通常可将组合体分为叠加式、切割式和混合式三种。

（1）叠加式组合体。组合体的主要部分由若干个基本形体叠加而成，则该组合体被称为叠加式组合体，图 5-20（a）所示的组合体，可以看成三块长方体叠加而形成的几何体。

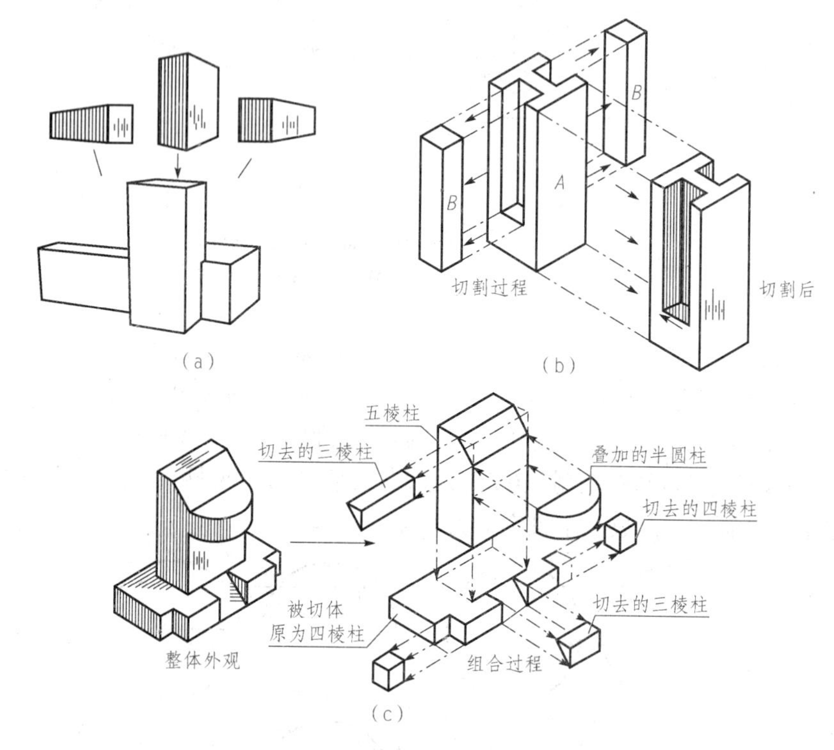

图 5-20　三种组合体

（a）叠加式组合体；（b）切割式组合体；（c）混合式组合体

（2）切割式组合体。从一个基本形体上切割去若干个基本形体而形成的组合体被称为切割式组合体。图 5-20（b）所示的组合体，可以看成是在一长方体 A 的左、右面中上部各挖去一个长方体 B 而形成的几何体。

（3）混合式组合体。混合式组合体是既有叠加又有切割的组合体。图 5-20（c）所示的组合体，可以看成是既有叠加又有切割而形成的几何体。

二、组合体投影图的绘制

画组合体投影图，通常先对组合体进行形体分析，然后按照分析，从其基本体的作图出发，逐步完成组合体的投影。

1. 形体分析

进行形体分析时，首先要把组合体看成是由若干基本形体按一定组合方式、位置关系组合而成的,然后对组合体中基本形体的组合方式、位置关系以及投影特性等进行分析,以弄清各部分的形状特征及投影表达。

图 5-21(a)所示为房屋模型。从形体分析角度看,它是叠加式组合体。其组合方式为:屋顶是三棱柱,屋身和烟囱是长方体,烟囱一侧小屋则是带斜面的长方体。位置关系:烟囱、小屋均位于大屋形体的左侧,其底面都处在同一水平面上。确定房屋的正面方向,如图 5-21(b)所示,以便在正立投影上反映该形体的主要特征和位置关系。侧立投影反映形体左侧及屋顶三棱柱的特征,而水平投影则反映各组成部分前后左右的位置关系,如图 5-21(c)所示。

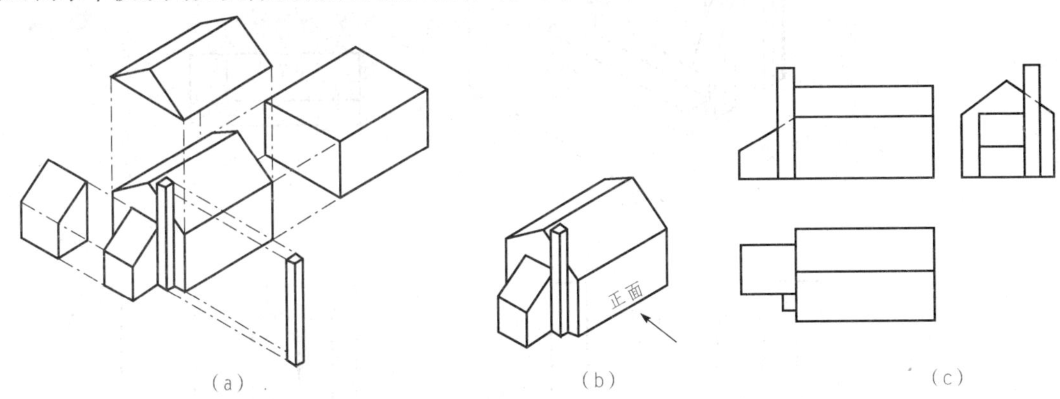

图 5-21 房屋的形体分析及三面正投影面

(a)形体分析;(b)直观图;(c)房屋的三面正投影图

2. 选择比例与图幅

为了作图和读图的方便,作图最好采用 1∶1 的比例。但工程物体有大有小,无法按实际大小作图,所以必须选择适当的比例作图。当比例选定以后,再根据投影图所需面积大小,选用合理的图幅。

3. 确定组合体在投影体系中的位置的原则

(1)摆放的位置要尽可能多地显示特征轮廓,最好使其主要特征面平行于基本投影面。通常,我们把组合体上特征最明显(或特征最多)的那个面,平行于正立投影面摆放,使正立投影能够反映特征轮廓。如建筑物的正立面图,一般都用于反映建筑物主要出入口所在墙面的情况,以及表达建筑物的主要造型及风格。

(2)符合工作位置。有些组合体类似于工程形体,如建筑物、水塔等,在画这些形体投影图时,应使其符合正常的工作位置,以便理解。

(3)符合平稳原则。形体在投影体系中的位置,应重心平稳,使其在各投影面上的投影图形尽量反映实形,符合日常视觉习惯及构图的平稳原则。

绘制组合体投影图的步骤:形体分析→选择比例与图幅→确定组合体在投影体系中的位置。

4. 组合体投影图作图实例

【例 5-3】 已知某组合体如图 5-22(a)所示,求它的三面正投影图。

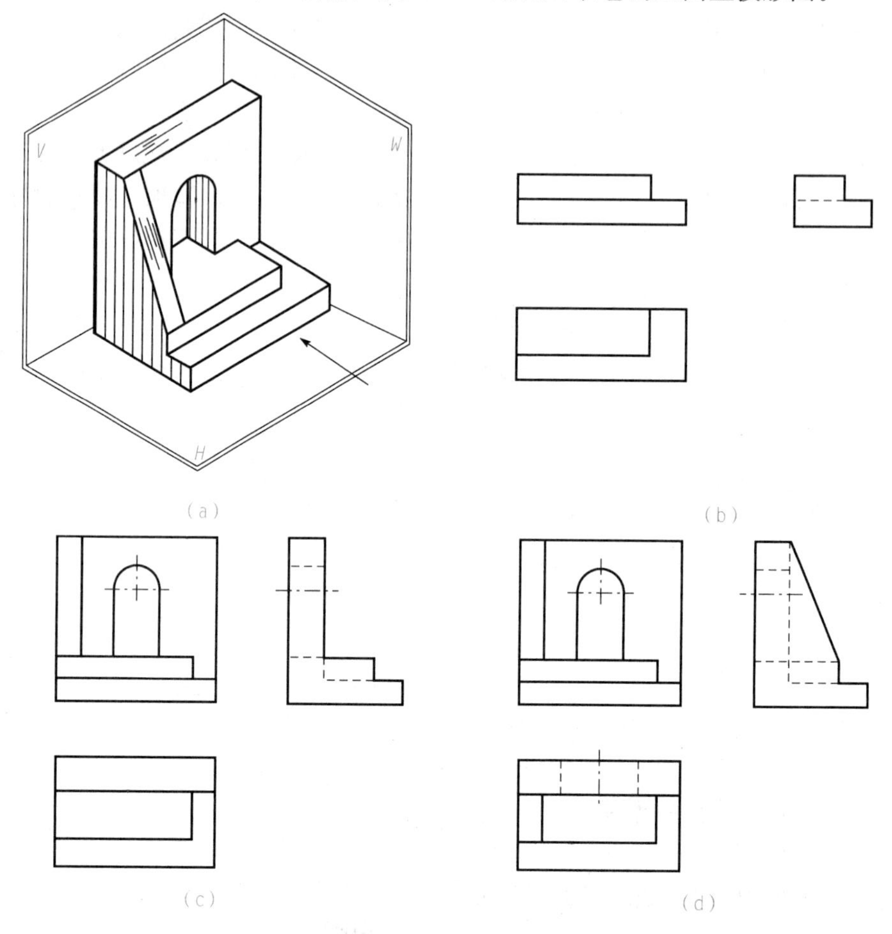

图 5-22 画组合体投影图

(a)摆放位置;(b)画下方长方体;(c)叠加后方长方体并挖孔;(d)叠加左侧三棱柱,完成作图

【解】 (1)形体分析:该组合体属于既有叠加又有切割的混合式组合体。它是由下方叠加两个高度较小的长方体,左方叠加一个三棱柱体,以及后方叠加长方体,同时在其略靠中的位置挖去一个半圆柱体及长方体后组合而成。

(2)摆放位置及正立投影方向:如图 5-22(a)所示,尽可能使孔洞的特征反映在正立投影上。

(3)作投影图。本例中,组合体投影图的作图步骤如下:

1)按形体分析,先画下方两个长方体的三面投影,因此,必须先从 V 面投影开始作图,如图 5-22(b)所示。

2)画出后方长方体及挖去孔洞的三面投影。作图时,应先作出反映实形的 V 面投影,再作其他面的投影,如图 5-22(c)所示。

3)作出叠加左方三棱柱的三面投影,如图 5-22(d)所示,先作反映实形的 W 面投影再作 H 面、V 面投影。由于 W 面投影方向上的孔洞、台阶的轮廓均不可见，故均需用虚线来表示。

4)检查图稿有无错误和遗漏。如无错漏，可加深加粗投影图的图线，并完成作图。

三、组合体投影图的识读

识读组合体的方法有形体分析法、线面分析法等。

1. 形体分析法

分析投影图上所反映的组合体的组合方式，各基本形体的相互位置及投影特性，然后想象出组合体空间形状的分析方法，即形体分析法。一般来说，一组投影图中某一投影反映形体的特征可能多些。例如，正立面投影通常用于反映形体的主要特征，所以，从正立面投影(或其他有特征投影)开始，结合另两个投影进行形体分析，就能较快地想象出形体的空间形状。图5-23(a)的投影中，特征比较明显的是V面投影，结合观察W面、H面投影可知，该形体是由下部两个长方体上叠加一个中间偏后位置的长方体(后表面与下部两个长方体的后表面平齐)，然后再在其上叠加一个宽度与中间长方体相等的半圆柱体组合而成。在W面投影上主要反映了半圆柱、中间长方体与下部长方体之间的前后位置关系，在H面投影上主要反映下部两个长方体之间的位置关系。

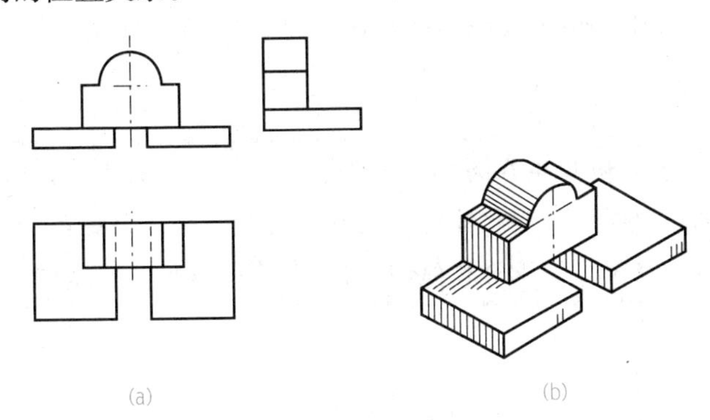

(a)　　(b)

图 5-23　形体分析法

(a)投影图;(b)直观图

形体分析法的基本步骤如下：

(1)划分线框，分解形体。

(2)确定每一个基本形体的相互对应的三视图。

(3)逐个分析，确定基本形体的形状。

(4)确定组合体的整体状况。

2. 线面分析法

当组合体比较复杂或是不完整的形体，而图中某些线框或线段的含义用形体分析法又不好解释时，则辅以线面分析法确定这些线框或线段的含义。线面分析法是利用线、面的几何投影特性，分析投影图中有关线框或线段表示哪一项投影，并确定其空间位置，然后联系起来，从而想象出组合体的整体形状。

观察图 5-24(a)，并注意各图的特征轮廓，可知该形体为切割体。因为 V 面、H 面投影有凹形，且 V 面、W 面投影中有虚线，那么 V 面、H 面投影中的凹形线框代表什么意义呢？经“高平齐、宽相等”对应 W 面投影，可得一斜直线，如图 5-24(b)所示。根据投影面垂直面的投影特性可知，该凹形线框代表一个垂直于 W 面的凹字形平面(即侧垂面)。结合 V 面、W 面的虚线投影可知，该形体为顶面有侧垂面的四棱柱在后方中间切去一个小四棱柱后得到的组合体，如图 5-24(c)中的直观图。

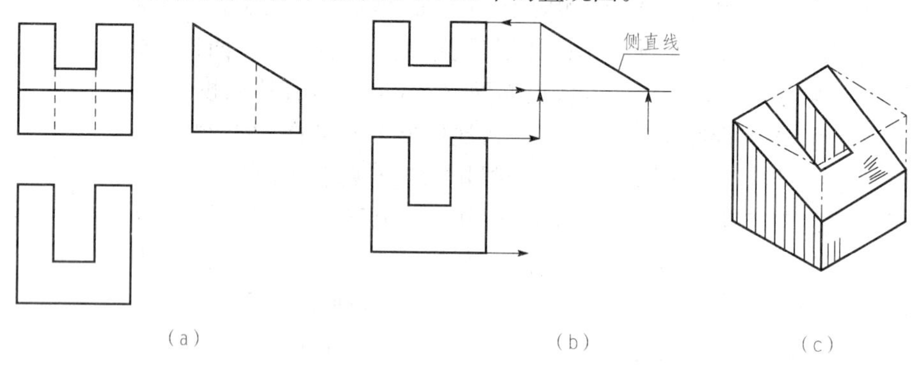

图 5-24　线面分析法

(a)投影图；(b)线面分析过程；(c)直观图

相关链接

形体分析法和线面分析法是相互联系的，不能截然分开。对于比较复杂的图形，先用形体分析法获得形体的大致形状后，再有针对性地对不清楚部分的每一条“线段”和每一个封闭“线框”进行分析，从而得到该部分的确切形状，来弥补形体分析法的不足。

第四节　截切体和相贯体的投影

在房屋建筑和工程构件的表面，经常出现许多交线，这些交线有的是由于平面截切形体而产生的，有的则是由两个形体相贯而产生的，如图 5-25 所示。

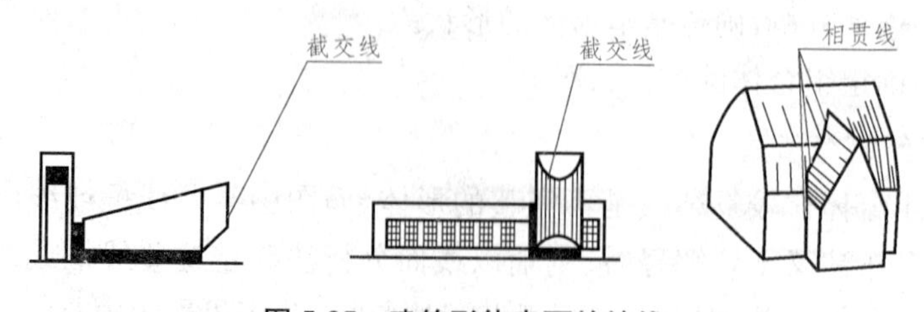

图 5-25　建筑形体表面的绞线

一、截切体的投影

被平面截切后的形体，称为截切体。截切形体的平面，称为截平面。截平面与立体表面的交线称为截交线；由截交线所围成的平面图称为截面（断面），如图 5-26 所示。

求作截切体的投影，实际上就是求作截交线的投影。

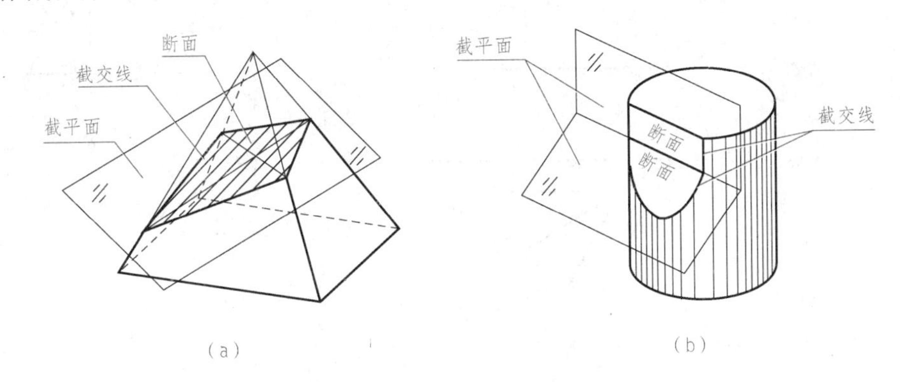

图 5-26　平面与立体表面相交

(a)平面体的截交线；(b)曲面体的截交线

(一)平面体的截交线

平面体的表面由平面组成，被平面截切所产生的断面必定是一个闭合的多边形。无论是求截交线的投影还是求断面的投影，基本的思路都是先求出平面体各棱线与截平面的交点，然后将各交点对应连接，最后判断其可见性，得到截交线或断面的投影。

下面，分两种情况来认识一下平面与平面体相交后截交线和断面投影的特点。

1. 棱锥体截交线

当截平面为投影面的平行面时，所截得的截交线必定与投影面平行，截交线所围成的断面必然也是投影面的平行面，把握这个特点能比较顺利地求得平面与立体相交后截交线的投影。

在图 5-27 中，三棱锥被平行于 H 面的水平面 ABC 所截，在已知 V 面投影的情况下，为了求得被截后的截交线，其主要作图步骤如下：

(1)分别从 V 面投影 a'、b'、c' 向 H 面引投影连线，分别与相应的棱在 H 面上的投影相交，得到 a、b、c 三点。

(2)由 a'、b'、c' 向 W 面引投影连线，得到 a''、b''、c''。

(3)判断截交线各端点的可见性。AB 是侧垂线，在向 W 面投影时，先经 A 点，再经 B 点，所以 b'' 点不可见，给 b'' 点加括号。

(4)将截交线各点的投影连接起来，就得到截交线的投影。此时，可根据前述方法来判断截交线的可见性。

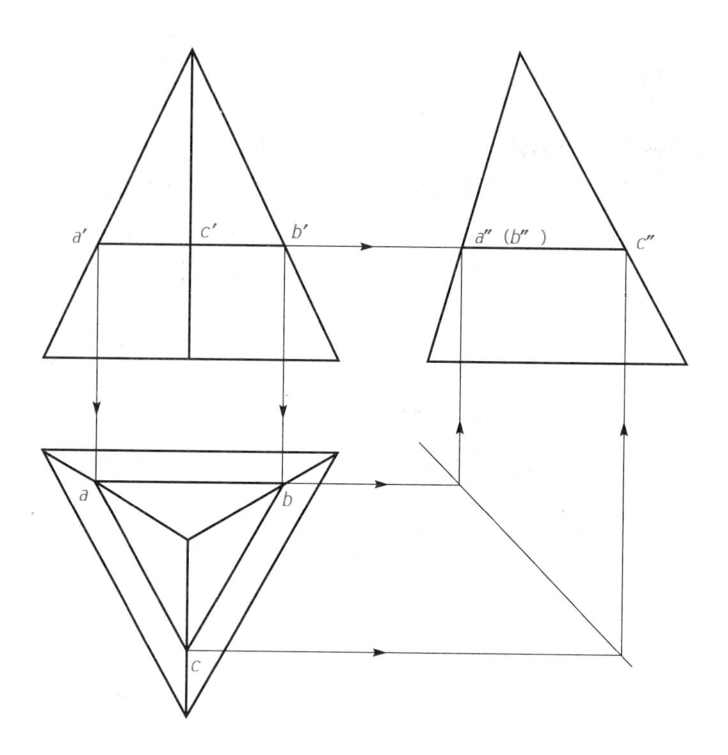

图 5-27　三棱锥与水平面相交

提示

当截平面为投影面的垂直面时，所截得的断面必然也是投影面的垂直面，掌握这个特点，也可顺利求得截交线、断面和被截体的投影。

2. 棱柱体截交线

以四棱柱、三棱柱被正垂面截切为例，通过对例题有关求解方法进行讨论。

【例 5-4】 正四棱柱被一正垂面 P_V 所截断，如图 5-28(a)所示，求其截交线的投影和断面的实形。

【解】 由图 5-28(a)中的正面投影可以看出，截平面 P_V 与棱柱的 4 个棱面及顶面相交，所以截交线是由五段折线围成的五边形。五边形的 5 个顶点就是截平面与四棱柱的 3 条侧棱及顶面的两条边线的交点。由于 P_V 为正垂面，所以截交线的正面投影积聚在 P_V 上，可以直接得出，正四棱柱的侧棱均为铅垂线，顶面为水平面，然后利用投影特性定出其余两面投影。作图步骤如图 5-28(b)所示：

(1)先定出五边形的正面投影 a'、$b'(e')$ 和 $c'(d')$。截平面与三条侧棱的交点为 A、B、E，与顶面两条边线的交点为 C、D，CD 为正垂线。

(2)因侧棱均为铅垂线，利用积聚性定出 A、B、E 的水平投影 a、b、e，分别过 a'、$b'(e')$ 作水平线求出 a''、b''、e''。

(3)分别过 c'、d' 作竖直线求出 c、d，进而求出 c''、d''。

(4)将 A、B、C、D、E 的各面投影依次连接起来，即可得到截交线的投影。画四棱柱最左边，得侧棱被截去一部分，但最右边的侧棱未被截到，故 a'' 以上画虚线，表示最右边侧棱的投影。

(5)断面的实形可以利用换面法求解，可设立一新投影面 H_1 平行于截平面 P_V，作出截交线在 H_1 面上的投影 $a_1b_1c_1d_1e_1$，即为所求断面的实形。

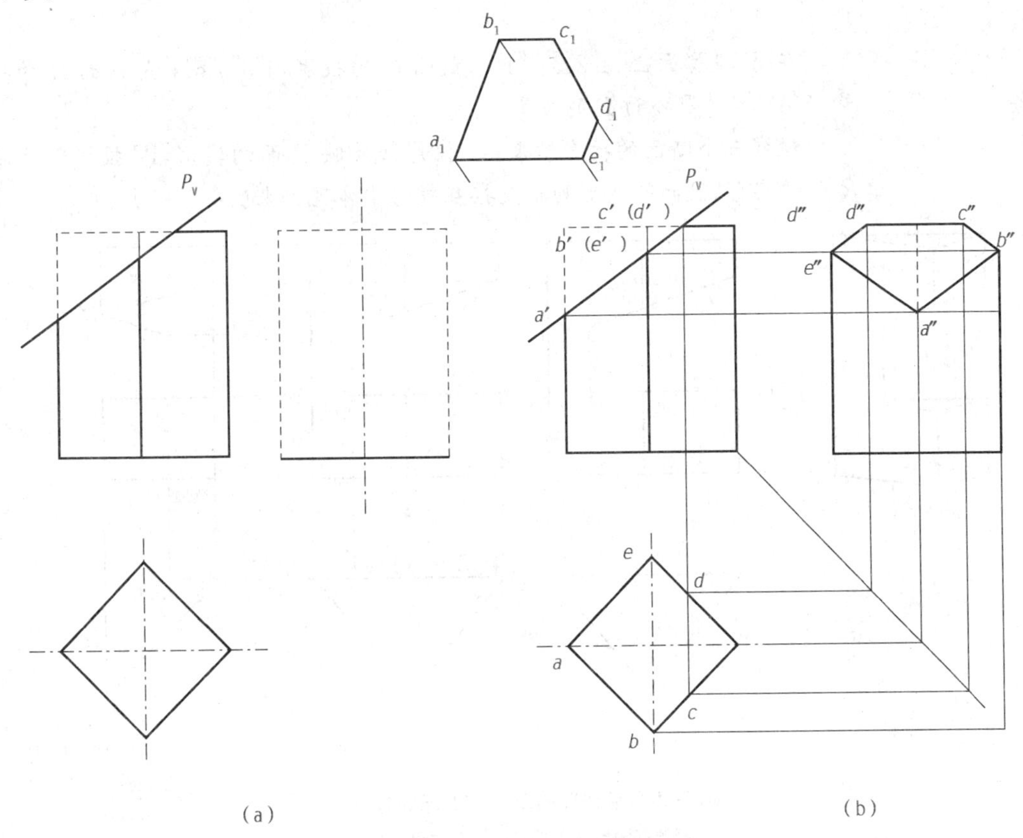

图 5-28　正四棱柱的截交线

(a)已知条件；(b)作图过程及结果

【例 5-5】 如图 5-29(a)所示，为带缺口的三棱柱被 P、Q、R 平面截切的模型，如图 5-29(b)所示，为 V 面投影和 H 面投影轮廓，要求补全这个三棱柱的 H 面的投影并求出 W 面的投影。

【解】 从已知条件可以看出，三棱柱的这个缺口是 3 个截平面 P、Q、R 截切的结果，其中 Q 为正垂面、P 为水平面、R 为侧平面。在 V 面投影中可以看到它们的积聚投影，这就可以补全 H 面投影。只要得到 H 面、V 面的投影，其 W 面的投影就会迎刃而解。

(1)仔细观察 V 面投影，将各截平面截切棱柱时在棱线和棱柱面上形成的交点编上号。

(2)各交点向 H 面引投影连线，确定各交点的 H 面投影。

(3)连接有关交点，判断其可见性，补全 H 面投影。因为三棱柱的棱面垂直于 H 面，属于三棱柱棱面上的截交线必然与三棱柱棱面的 H 面投影积聚在一起。R 面为侧平面，在 H 面投影为一条积聚线，即(r)，因为它被上部形体遮挡，所以在 H 面投影中画为虚线。

(4)根据三面投影的对应关系，不考虑缺口，绘制出 W 面的轮廓线。

(5)根据各交点得 H 面、V 面投影，求出各交点的 W 面投影。

(6)连接有关交点，判断截交线的可见性，补全 W 面投影，如图 5-29(c)所示。

在 W 投影面上，$1''2''3''4''1''$ 是截面 Q 的投影，$4''3''5''6''4''$ 是截面 R 的投影，$5''6''7''8''5''$ 是截面 P 的投影。

观察三个断面的投影结果：H 投影面反映 P 面的实形，W 投影面反映 R 面的实形，Q 面的实形则未直接在投影中体现出来。

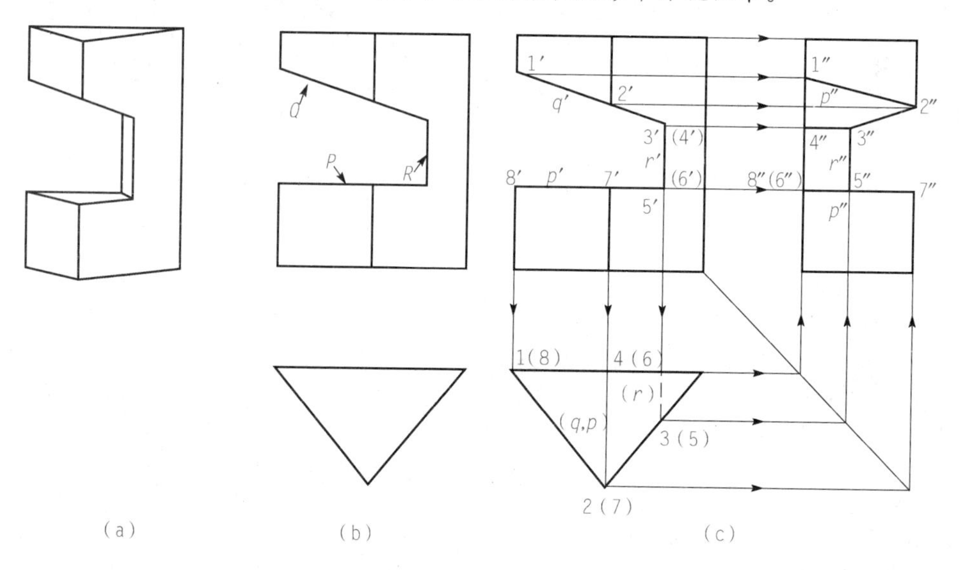

图 5-29　带缺口的三棱柱的三面投影

(a)模型；(b)已知条件；(c)作图过程及结果

(二)曲面体的截交线

曲面体被平面截切时，其截交线一般为平面曲线，特殊情况下是直线。曲面体截交线的每一点，都是截平面与曲面体表面的共有点，因此求出它们的一些共有点，并依次光滑连接，即可得到截交线的投影。截交线上的一些能确定其形状和范围的点，如最高、最低点，最左、最右点，最前、最后点，以及可见与不可见的分界点等，都是特殊点。作图时，通常先作出截交线上的特殊点，再按需要作出一些中间点即可，并要注意投影的可见性。

1. 平面截切圆柱

平面截切圆柱时，根据截平面与圆柱轴线的相对位置的不同，截交线有三种不同的形状，具体见表 5-4。

表 5-4　圆柱面上的截交线与圆柱的断面

截平面位置	垂直于圆柱的轴线	倾斜于圆柱的轴线	平行于圆柱的轴线
示意图	P	P	P
投影图	P_V　P_W	P_V	P_W　P_H
截交线	圆	椭圆	两条直线
断面	圆	椭圆	矩形

【例 5-6】 已知正圆柱被一正垂面(倾斜于圆柱轴线)截断,如图 5-30 所示,求作截交线的投影。

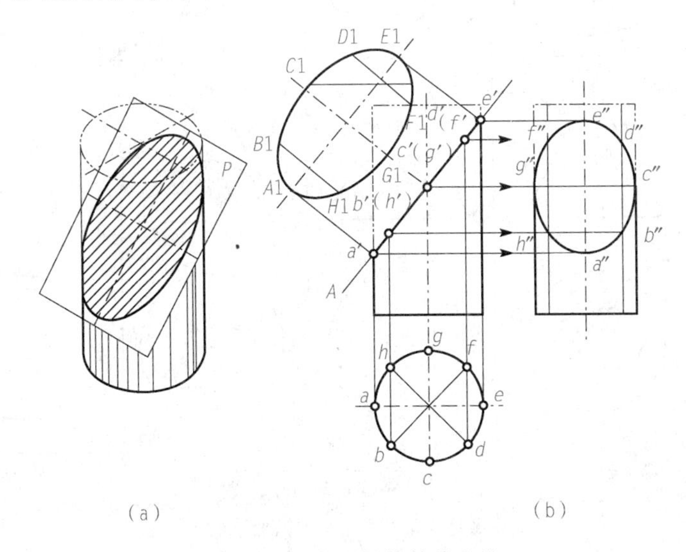

图 5-30　做圆柱体的截交线

(a)直观图;(b)投影图

【解】 (1)在圆柱表面上取若干条素线,如图 5-30(b)所示,将圆周八等分,获得八条素线。因圆柱轴线与 H 面垂直,各条素线的 H 面投影均积聚为一个点,故圆周上的八个等分点,即是截平面与各条素线交点的 H 面投影。因圆柱表面的 H 面投影具有积聚性,所以截交线的 H 面投影为一个圆,与圆柱的 H 面投影相重合。

(2)因截平面为正垂面,故 P_V 有积聚性,截交线的 V 面投影为一直线与 P_V 重合,可根据 H 面投影中各条素线的位置,直接找出截平面与各素线交点的 V 面投影 a'、b'……h'。

(3)自 a'、b'……h' 各点作水平线,与对应各素线的 W 面投影相交,得 a''、b''……h'',依次光滑地连接各点成一椭圆,即为截交线的 W 面投影。

(4)截面实形仍用变换投影面法,如图 5-30(a)所示截面实形是一椭圆,其长轴可在截交线的 V 面投影中找到,即线段 $a'e'$,短轴为该圆柱直径。按前几例中求作实形的方法,可得 A_1、B_1…、H_1 各点,依次光滑地连接起来,所得椭圆即为所求截面实形,如图 5-30(b)所示。

2. 平面截切圆锥

平面截切圆锥时,根据截平面与圆锥形相对位置的不同,其截交线有五种不同的情况,具体见表 5-5。

表 5-5 平面截切圆锥的截交线与圆锥的断面

截平面位置	垂直于圆锥的轴线	倾斜于圆锥的轴线,与素线相交	平行于一条素线	平行于两条素线	通过锥顶
示意图	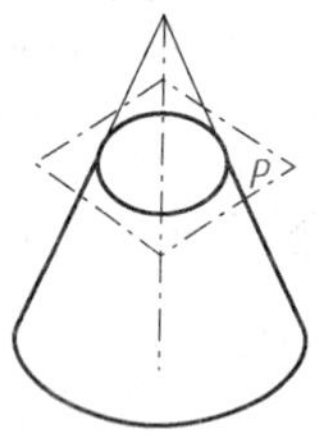 P	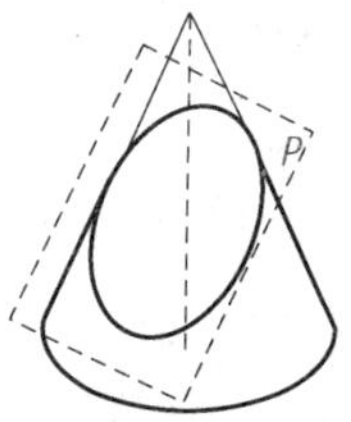 P	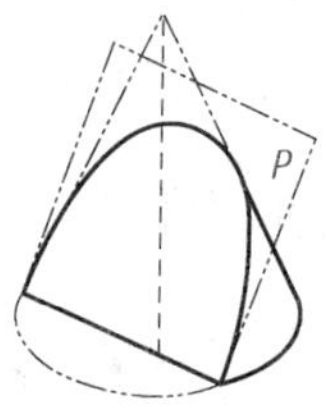 P	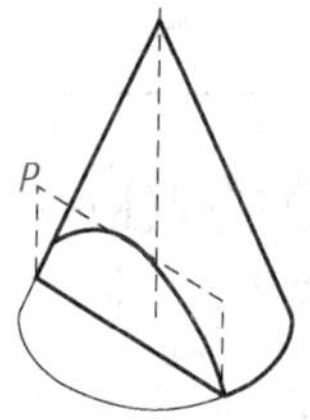 P	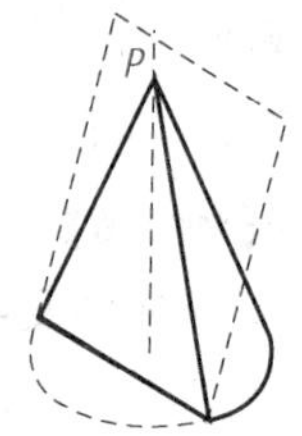 P
投影图	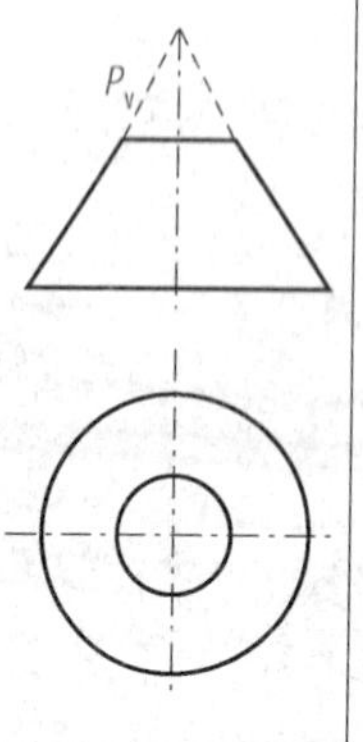 P_V	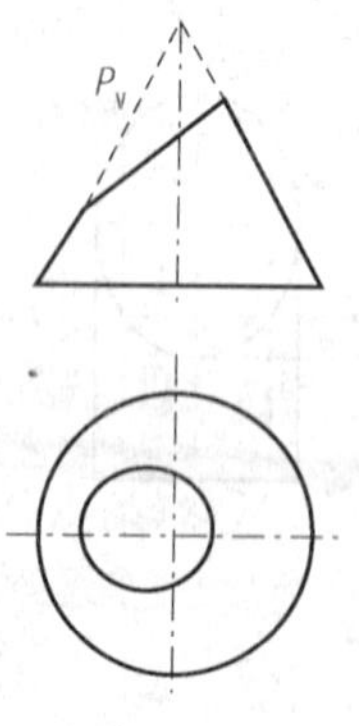 P_V	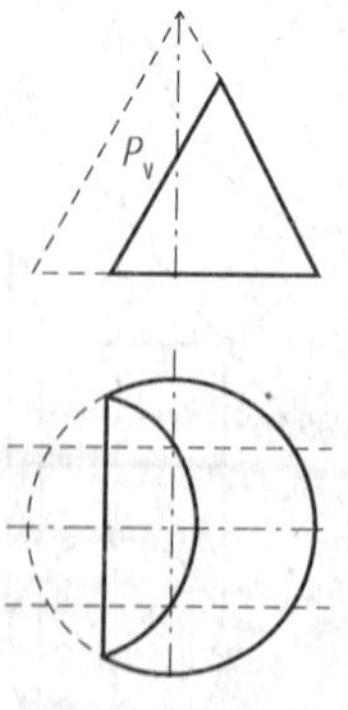 P_V	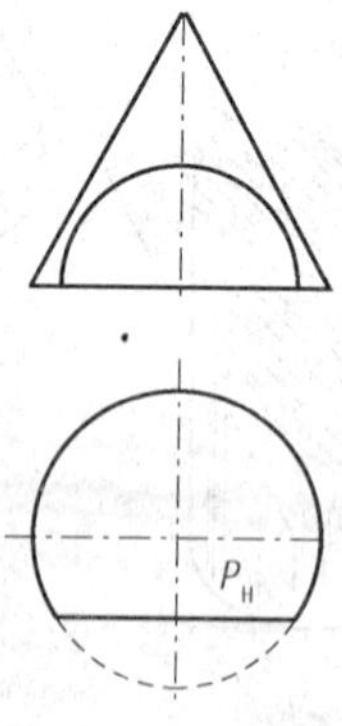 P_H	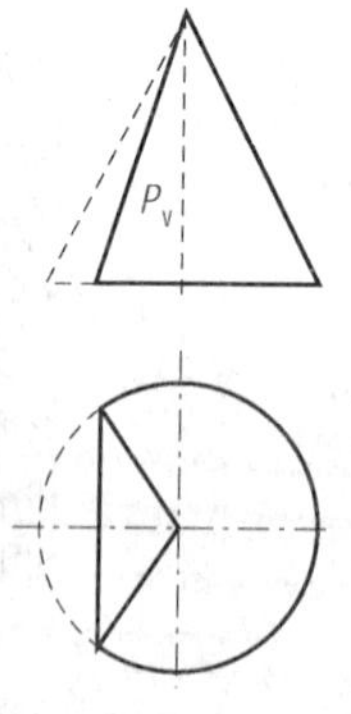 P_V
截交线	圆	椭圆	抛物线	双曲线	两条直线
断面	圆	椭圆	抛物线和直线组成的封闭的平面图形	双曲线和直线组成的封闭的平面图形	三角形

【例 5-7】 已知正圆锥被一正平面(不通过顶点)截断,如图 5-31 所示,用素线法求作截交线的投影。

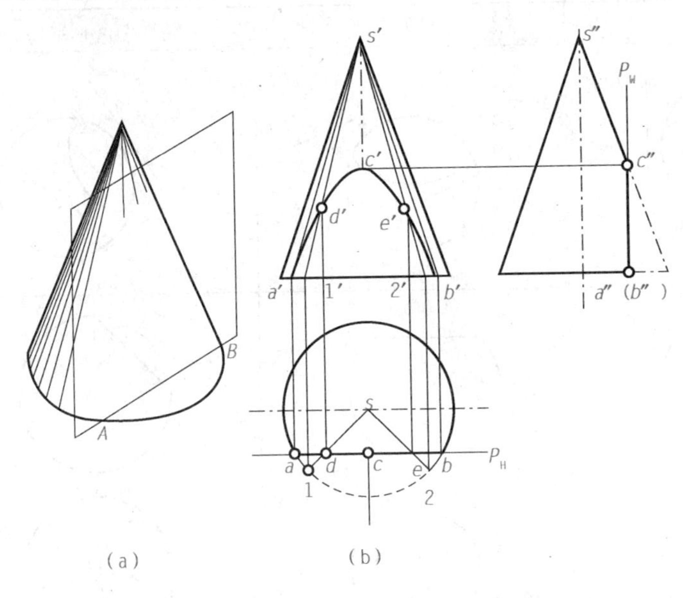

图 5-31 用素线法作正圆锥的截交线

(a)直观图;(b)投影图

【解】 由于截平面 P 为一正平面,故截交线的 H 面和 W 面投影分别与 P_H和 P_W重合,截交线的 V 面投影为一双曲线,其作法如下:

(1)求特殊点。平面 P 与圆锥最前面的一条素线的交点 C,它的 H 面投影 c 和 W 面投影 c''可直接找出。自 c''作水平线,在 V 面上可求得它的 V 面投影 c',即为双曲线上的最高一点。截平面 P 与圆锥底圆的两个交点 A 和 B,它们的 H 面和 W 面投影可在图中直接找出,它们的 V 面投影也很容易求得,a'和 b'即为双曲线最下面的两个点。

(2)求一般点。双曲线的 H 面投影为一直线与 P_H重合,首先在该直线上取 d 和 e,作为双曲线上一般点 D 和 E 的 H 面投影,连 sd 和 se 并延长,与底圆交于 1 和 2,此 $s1$ 和 $s2$ 为圆锥面上通过点 D 和 E 素线的 H 面投影。再自 1 和 2 向上引垂线,与圆锥底圆的 V 面投影相交得 $1'$及 $2'$,连 $s'1'$和 $s'2'$,再自 d 向上作垂线与素线 $s'1'$交于 d',自 e 向上作垂线与素线 $s'2'$交于 e',即为双曲线上一般点 D 和 E 的 V 面投影。

(3)连点。在圆锥的 V 面投影上依次光滑地连接 a'、d'、c'、e'、b'各点,即得双曲线的 V 面投影。显然,若能多作出一些点的 V 面投影,绘出的双曲线就会更准确些。

另外,因截平面 P 平行于 V 面,所以双曲线的 V 面投影反映截面的实形。

3. 平面截切圆球

平面与球面相交,不管截平面的位置如何,其截交线均为圆。而截交线的投影可分为三种情况,见表 5-6。

表 5-6 平面与球面相交

截平面位置	与 V 面平行	与 H 面平行	与 V 面垂直
轴测图			
投影图			
特点	V 面投影是反映实形的圆 H 面投影是反映圆的直径	H 面投影是反映实形的圆 V 面投影是反映圆的直径	V 面投影是反映圆的直径 H 面投影是椭圆

【例 5-8】 如图 5-32 所示，求正垂面截切圆球所得截交线的投影。

【解】 正垂面 P 截切圆球所得截交线为圆，因为截平面垂直于 V 面，所以截交线 V 面投影积聚为直线，H 面投影和 W 面投影均为椭圆。作图过程如下：

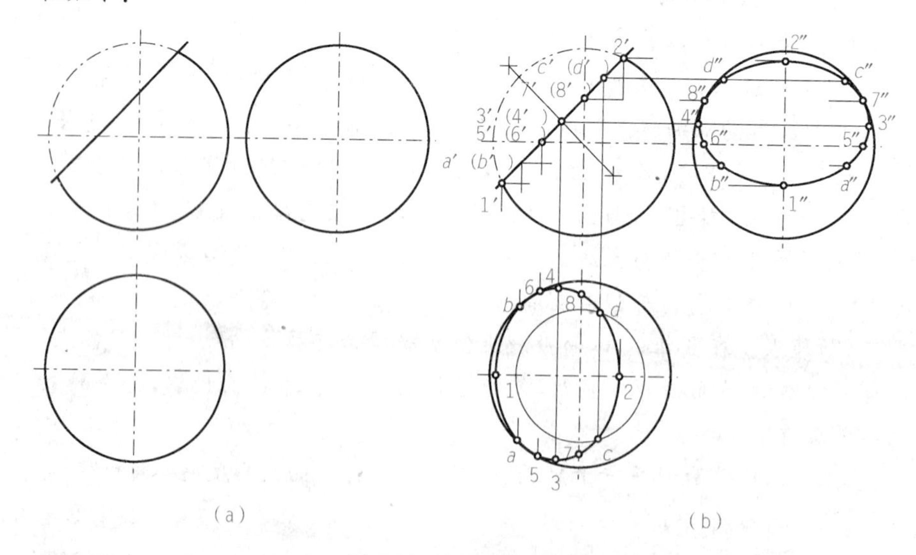

图 5-32 平面截切圆球

(a)已知条件；(b)作图过程及结果

(1)求特殊点：椭圆短轴的端点为Ⅰ、Ⅱ，并且Ⅰ、Ⅱ分别为最低点、最高点，均在球的轮廓线上。根据 V 面投影 $1'$、$2'$ 可定出 H 面、W 面投影 1、2 和 $1''$、$2''$。取 $1'$、$2'$ 的中点 $3'(4')$(作 $1'2'$ 线段的垂直平分线，求出中点)，用纬圆法求出 34 和 $3''4''$，34 和 $3''4''$ 分别为 H 面、W 面投影椭圆的长轴，Ⅲ点和Ⅳ点是截交线上的最前、最后点。另外，P 平面与球面水平投影转向轮廓线相交于 $5'(6')$ 点，可直接求出 H 面投影 5、6，并由此求出其 W 面投影 $5''$、$6''$。P 平面与球面侧面投影转向轮廓线相交于 $7'(8')$，可直接求出 W 面投影 $7''$、$8''$，并由此求出其 H 面投影 7、8。

(2)求一般点：可在截交线的 V 面投影 $1'2'$ 上插入适当数量的一般点[图 5-32(b)中 $ABCD$ 点]，用纬圆法求出其他两投影(在此不再详细作图，读者可自行试作)。

(3)光滑连接各点的 H 面投影和 W 面投影，即得截交线的投影。最后整理圆球的转向轮廓线。

二、相贯体的投影

两形体相交称为相贯，这样的形体称为相贯体，它们表面的交线称为相贯线。按相贯体表面性质不同，相贯体可分为三种情况：两平面体相贯，如图 5-33(a)所示；平面体和曲面体相贯，如图 5-33(b)所示；两曲面体相贯，如图 5-33(c)所示。

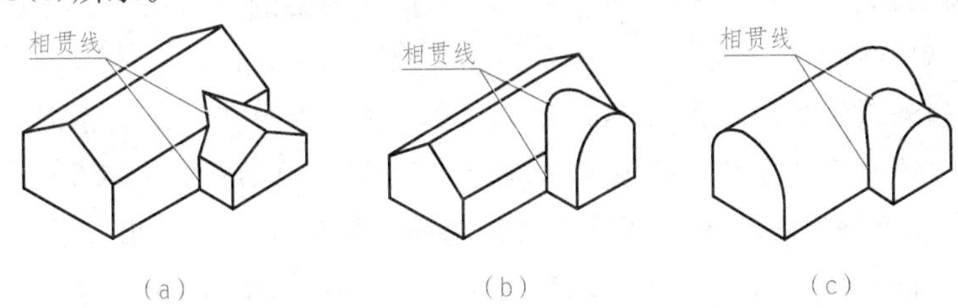

图 5-33　相贯体与相贯线

(a)两平面体相贯；(b)平面体与曲直体相贯；(c)两曲面体相贯

(一)两平面体相贯

两平面体相贯，其相贯线可能是封闭的平面折线，也可能是空间折线。折线上的各转折点为两平面体棱线相互的贯穿点，求这些贯穿点的投影并依次连接起来，即可得两平面体相贯线的投影。

平面体相贯时，每段折线是两个平面立体上有关表面的交线，折点是一个立体上的棱线与另一个立体表面的贯穿点。总之，平面体相贯实际是求直线与平面体的贯穿点问题。

【例 5-9】 如图 5-34 所示，求三棱柱和四棱柱的相贯线。其中图 5-34(a)

所示为模型图，图 5-34(b)所示为 H 面、V 面和 W 面三面投影轮廓。

【解】 如图 5-34 所示，该三棱柱与四棱柱相贯，且为全贯。三棱柱的 3 条棱都穿过四棱柱，相贯线为前后两条封闭折线。由于四棱柱的各棱面均垂直于 H 面和 V 面，三棱柱的各棱面均垂直于 W 面，所以相贯线的水平投影、正面投影和侧面投影均已知，而且前后左右均对称。因此，可利用在平面立体上定点的方法，求出各投影面的相贯线投影。

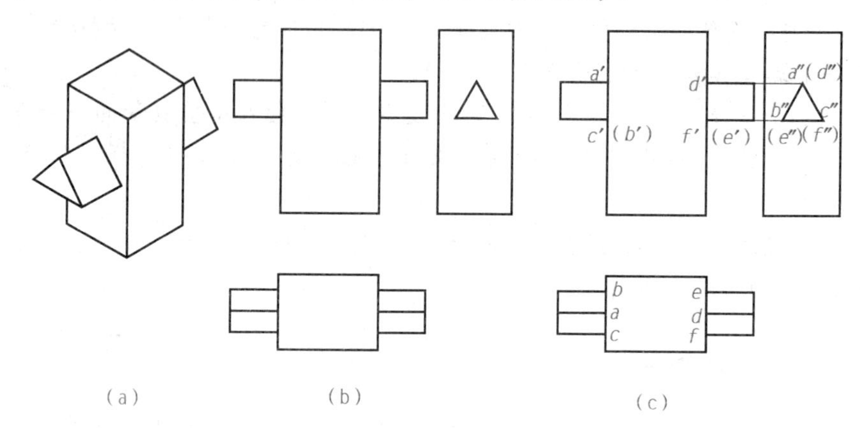

图 5-34　三棱柱与四棱柱相贯

(a)直观图；(b)已知条件；(c)作图过程及结果

【例 5-10】 如图 5-35 所示，求三棱柱和三棱锥的相贯线。其中图 5-35(a)为已知条件。

【解】 三棱柱的三条棱都穿过三棱锥，它们的相贯线是两条封闭的折线。三棱柱左面部分的水平棱面分别与三棱锥的前后棱面相交，产生两段水平交线；两个侧垂棱面各自与三棱锥的一个棱面相交。因此，左面的折线是由四段折线形成的。三棱柱右面部分的 3 个棱面都是只与三棱锥的右面相交，所以右边的折线是三角形。由于相贯线的正面投影有积聚性，所以可用求截交线活用表面上定点的方法，求得相贯线的其他投影。作图步骤如下：

(1)如图 5-35(b)所示，求三棱柱水平棱面与三棱锥的交线：扩大水平棱面 DF 为 PW_1，PW_1 面与三棱锥的交线的水平投影是一个与棱锥底面相似的三角形，在 DF 棱面范围水平投影上的线段 1—2、2—3 和 4—5 即为交线的水平投影，据此可以求出正面投影 $1'$—$2'$、$2'$—$3'$和 $4'$—$5'$。

(2)如图 5-35(c)所示，求 E 棱线与三棱锥的交点：过该棱线作水平棱面 PW_2，PW_2平面与三棱锥的交线的水平投影也是一个与棱锥面相似的三角形。棱线的水平投影和该三角形的交点 6、7，即为交点的水平投影，据此可求出正面投影 $6'$、$7'$。

(3)如图 5-35(d)所示，依次连接所求各点的同面投影。因为两个立体相交后成为一个整体，所以 $6'$—$2'$之间不能画线。

(4)判定可见性：由于 DF 棱面的水平投影不可见，所以在该棱面上交线的水平投影 1—2、2—3 和 4—5 都不可见。而三棱锥的 3 个棱面及三棱

柱的 DE、EF 棱面，其水平投影均可见，所以 1—6、4—7、5—7、3—6 均可见。

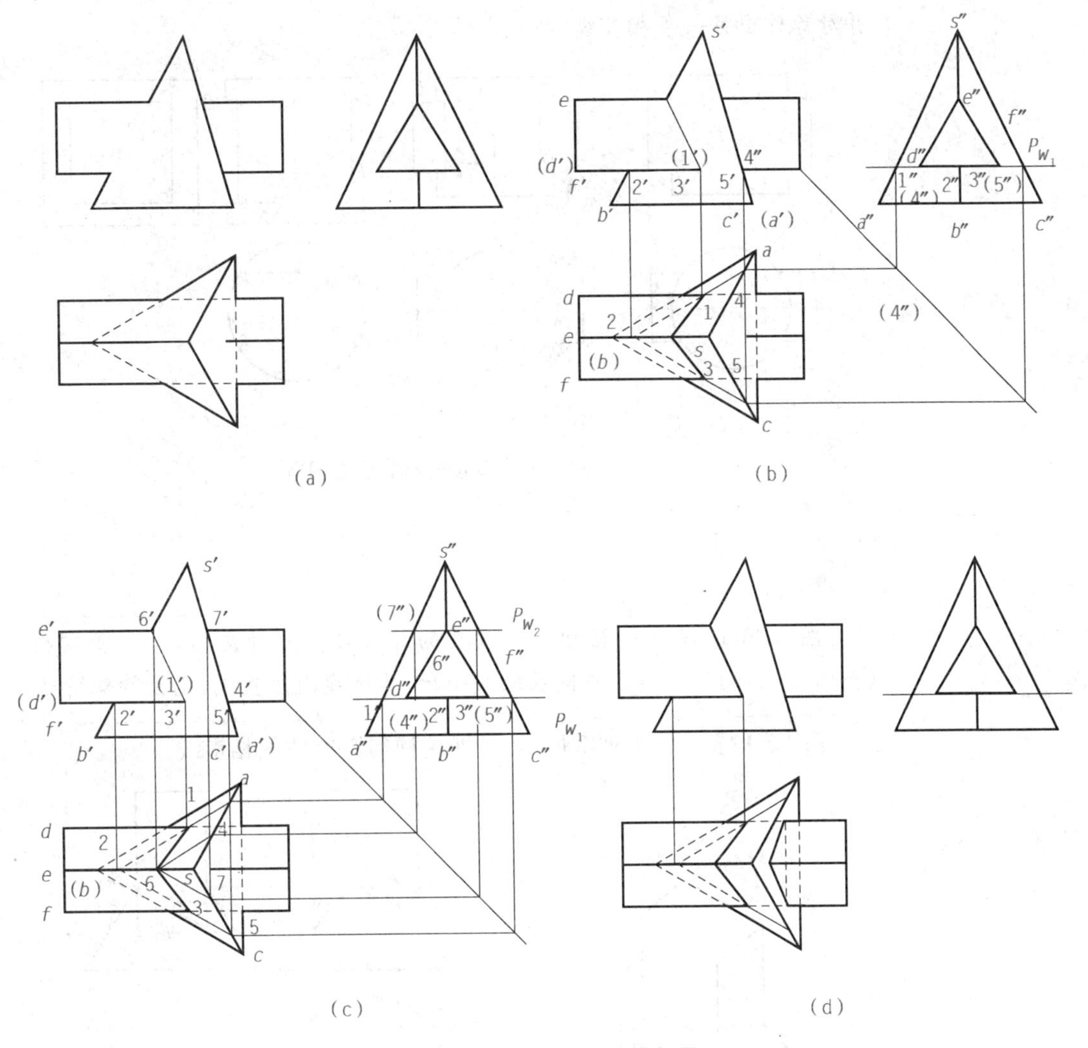

图 5-35　三棱柱与三棱锥相贯

(a)已知条件；(b)求解三棱柱下水平面与三棱锥的贯穿点；

(c)求解三棱柱上棱线与三棱锥的贯穿点；(d)求解结果

(二)平面体与曲面体相贯

平面体与曲面体相贯，其相贯线由若干段平面曲线或由若干段平面曲线和直线组成。每一段平面曲线或直线的转折点，就是平面体的棱线对曲面体表面的贯穿点，求出这些贯穿点，再求出曲线部分的一些点，并按相贯线的情况，依次连成曲线或直线，即为平面体与曲面体的相贯线。

【例 5-11】 如图 5-36 所示，求四棱柱与圆柱体的相贯线。

【解】 由图 5-36(a)可以看出，它可看成是铅垂的圆立柱被水平放置的方梁贯穿，有两条相贯线。其 H 面投影积聚在圆柱面上，W 面投影积聚在四棱柱的棱面上。

作图步骤如图 5-36(b)所示，先作出 H 面投影，并标出特殊点 1～6；后对应在V面上得$1'\sim4'$，再顺连$1'\sim4'$($5'$、$6'$因重影而略去)得一条相贯线，并对称作出另一条相贯线，即完成作图。

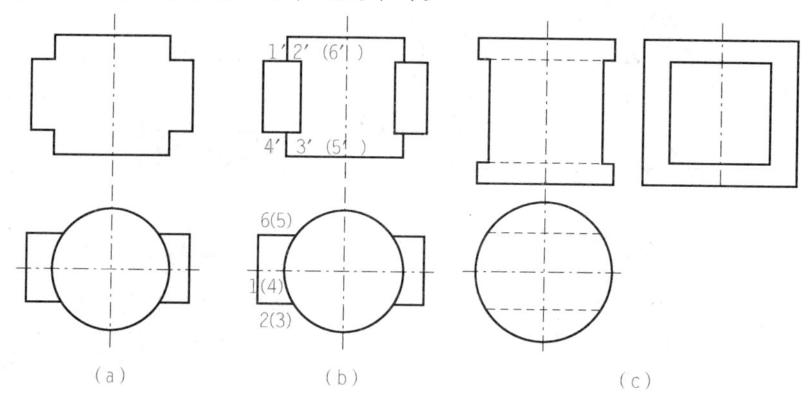

图 5-36　四棱柱与圆柱体相贯

(a)已知条件；(b)作图；(c)穿孔

图 5-36(c)显示出圆柱上穿方孔的相贯线。此外应指出，由于四棱柱(或四方孔)的两侧棱面与圆柱轴线平行，其交线段为直线，属于特殊情况。

【例 5-12】 如图 5-37 所示，求四棱柱与圆锥体的相贯线。

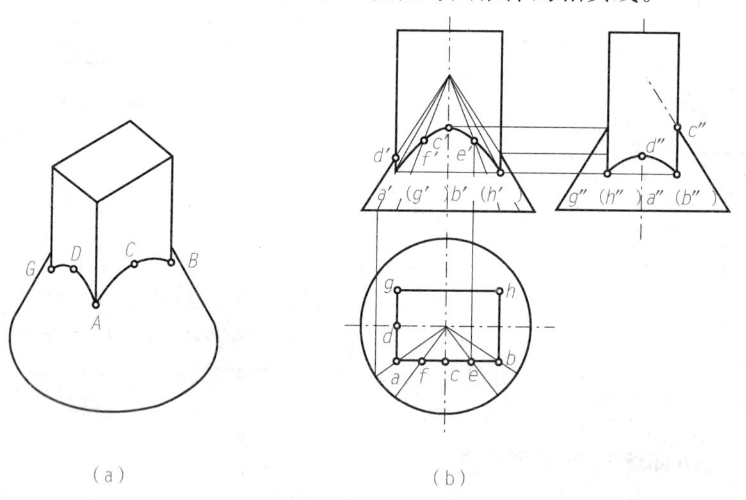

图 5-37　四棱柱与圆锥体相贯

(a)立体图；(b)投影图

【解】 四棱柱与圆锥相贯，其相贯线是四棱柱四个侧面截切圆所得的结交线，由于截交线为四段双曲线，四段双曲线的转折点，就是四棱柱的四条棱线与圆锥表面的贯穿点。由于四棱柱四个侧面垂直于H面，所以相贯线的H面投影与四棱柱的H面投影重合，只需作图求得相贯线的V面、W面投影。从立体图可看出，相贯线前后、左右对称，作图时，只需作出四棱柱的前侧面、左侧面与圆锥的截交线的投影即可，并且V面、W面投影均反映双曲线实形。作图过程如下：

(1)根据三等规律画出四棱柱和圆锥的W面投影。由于相贯体是一个实心的整体，在相贯体内部对实际上不存在的圆锥W面投影轮廓线及未确定长度的四棱柱的棱线的投影，暂对画成用细双点画线表示的假想投影线或细实线。

(2)求特殊点。先求相贯线的转折点，即四条双曲线的连接点A、B、G、H，也是双曲线的最低点。可以根据已知的H面投影，用素线法求出V面、W面投影，再求前面和左面双曲线的最高点C、D。

(3)同理，用素线法求出两个对称的一般点E、F的V面投影e'、f''。

(4)连点。V面投影连接$a' \to f' \to c' \to e' \to b'$，$W$面投影连接$a'' \to d'' \to g''$。

(5)判别可见性。相贯线的V面、W面投影都可见，相贯线的后面和右面部分的投影，与前面和左面部分重合。

(6)补全相贯体的V面、W面投影。圆锥的最左、最右素线；最前、最后素线均应画到与四棱柱的贯穿点为止。四棱柱四条棱线的V面、W面投影，也均应画到与圆锥面的贯穿点为止。

(三)两曲面体相贯

两曲面体的相贯线，一般是封闭的空间曲线。求两曲面体的相贯线，实质上是求出两曲面体上的若干共有点，然后依次光滑地连接而成。这些共有点是一个曲面体上的某些素线与另外一曲面体表面的贯穿点。

【例 5-13】 如图 5-38 所示，求作圆拱屋顶的相贯线。

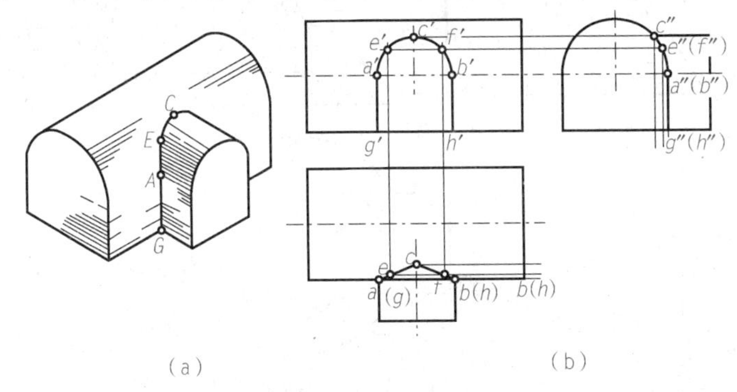

图 5-38 圆拱屋顶的相贯线

(a)直观图；(b)投影图

【解】 如图 5-38(a)所示为两个直径不同而轴线垂直相交的圆拱屋顶，它们的轴线处在同一水平面上。由于两圆拱都处于特殊位置，相贯线的V面投影与小圆拱的V面投影重合，相贯线的W面投影与大圆拱的W面投影重合，需要求作的是相贯线的H面投影。作法如下：

(1)求特殊点。由于两圆拱轴线处在同一水平面上，故它们的H面投影中的点a、b为相贯线上曲线部分的两个最低点，也是相贯线上曲线与直线的连接点。曲线最高点 C 的 H 面投影 c，可根据已知的 c' 和 c'' 按投影关系求出。

(2)求一般点。在小圆拱屋顶曲线的中间作一水平线，可得相贯线上一般点 E、F 的 V 面投影 e'、f' 和 W 面投影 e''、f''，再按投影关系求出 E、F 的 H 面投影 e、f。依次光滑地连接 $a(g)$、e、c、f、$b(h)$ 各点，即为相贯线的 H 面投影，如图 5-38(b)所示。

【例 5-14】 如图 5-39(a)所示，求圆柱与圆锥相贯线的投影。

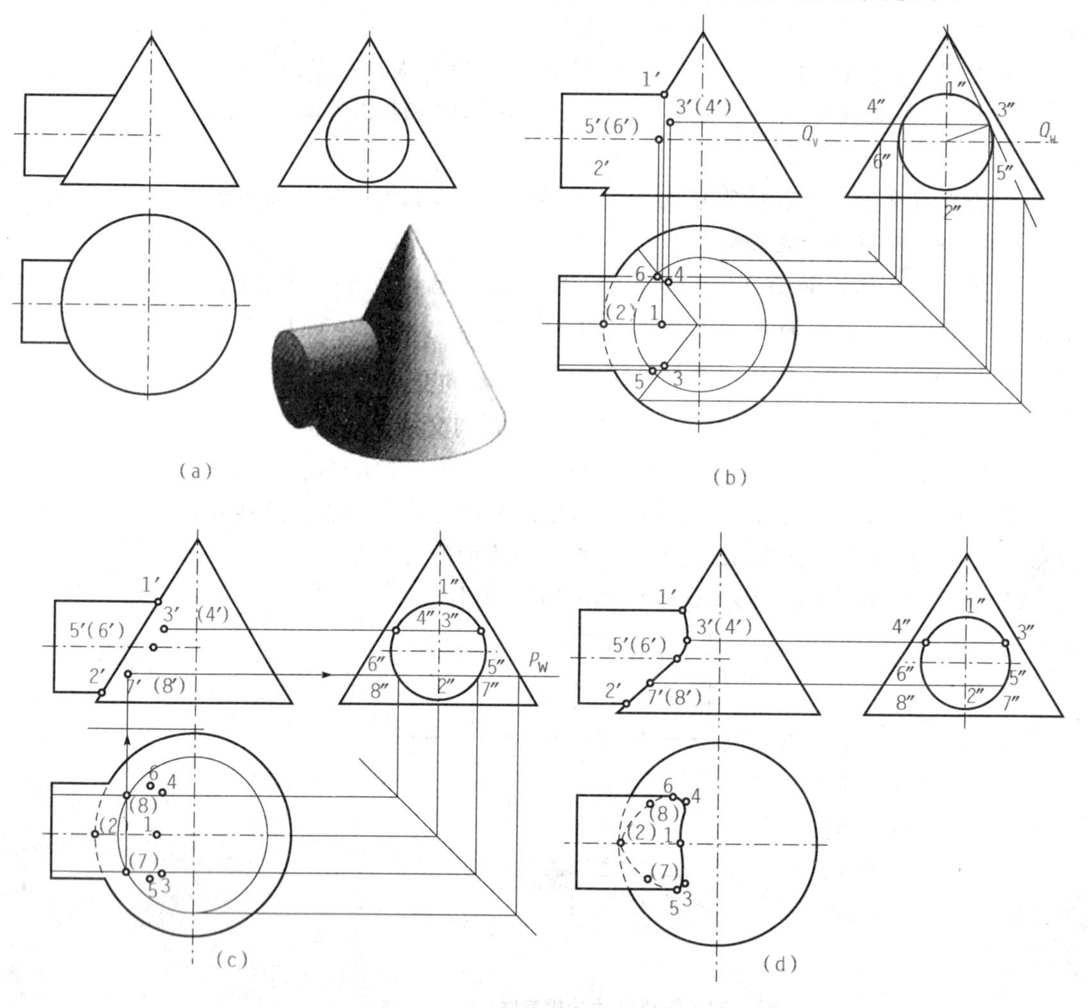

图 5-39 圆柱与圆锥相贯线的画法

(a)直观图与投影图；(b)(c)(d)作图过程及结果

【解】 圆柱与圆锥轴线垂直相交，相贯线为一条封闭的空间曲线，并且前后对称。由于圆柱的 W 面投影为圆，所以，相贯线的 W 面投影积聚在该圆上。从两形体相交的位置来分析，求一般点采用一系列与圆锥轴线垂直的水平面作为辅助平面最为方便，因为，它与圆锥面的交线是圆、与圆柱面的交线是直线，圆和直线都是简单易画的图线，如图 5-39(a)所示。

若采用过锥顶的辅助平面，辅助平面与圆锥面的交线是直线，与圆柱面的交线(或相切的切线)也是直线,如图5-39(b)、(c)所示。若用过锥顶的铅垂面作辅助平面,它与圆锥面的交线是最左、最右的转向线,与圆柱面的交线是最上、最下的转向线,其四条转向线的交点为相贯线上最上、最下的特殊点。若用正平面和侧平面作辅助平面,它们与圆锥面的交线是双曲线,双曲线不是简单易画的图线,因此,采用正平面和侧平面作辅助平面不合适。

(1)求特殊点。从 V 面投影可以看出,圆柱的上、下两条转向线和圆锥的左转向线彼此相交,其交点的 $1'$、$2'$ 是相贯线的最高点和最低点的 V 面投影,由此可求出 H 面投影1、2。由 W 面投影可知,相贯线上的最前、最后点在圆柱的最前、最后素线上,其侧面投影 $5''$、$6''$ 在 W 面上即可确定,其他两个投影可通过 $5''$、$6''$ 作一水平辅助平面 Q,在 H 面投影面上,辅助平面 Q 与圆锥面的截交线为一圆。与圆柱面的截交线为圆柱的最前、最后转向线,两交线的交点即为5、6,由5、6向上作图,可求出 V 面投影 $5'$、$(6')$。过锥顶作侧垂面与圆柱相切,切点为相贯线上的点,H 面投影3、4分别在过锥顶的两直线上,由 H 面投影3、4和 W 面投影 $3''$、$4''$ 可求出 V 面投影 $3'$、$4'$,如图5-39(b)所示。

(2)求一般点。在特殊点之间的适当位置上作一水平辅助平面 P。在 W 面上,由辅助平面 P 和圆的交点定出一般点的 W 面投影 $7''$、$8''$。在 H 面上,辅助平面 P 与圆锥、圆柱面的交线为圆和两条直线,它们的交点的 H 面投影为7、8,由此可求出 $7'$、$(8')$,如图5-39(c)所示。

(3)判断可见性。依次光滑连接各点,当两回转体表面都可见时,其上的交线才可见。按此原则,相贯线的 V 面投影前后对称,后面相贯线与前面的相贯线重合,只需按顺序光滑连接前面可见部分各点的投影,相贯线的 H 面投影以5、6两点为分界点,分界点的右段可见,用粗实线依次光滑连接;分界点的左段不可见,用虚线依次光滑连接,如图5-39(d)所示。

(4)整理轮廓线。H 面投影中,圆柱的转向线应画到相贯线为止,如图5-39(d)所示。

第六章　轴测投影

本章导读

在工程实践中，一般采用前面几章介绍的正投影图来准确表达建筑形体的形状与大小，并作为施工的依据。这是因为正投影图度量性好，绘图简便。但是正投影图中的每一个投影只能反映形体的两个向度，因而缺乏立体感，不易看懂其空间形状，而且仅凭一个投影图无法表达长、宽、高三个方向的尺寸[图 6-1(a)]。若在正投影图旁边，再绘出该形体的轴测图作为辅助图样[图 6-1(b)]，则能帮助未经读图训练的人读懂正投影图，以弥补正投影图的不足。

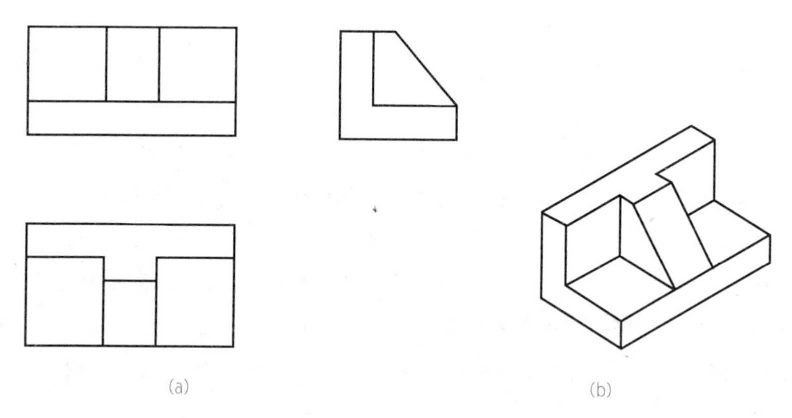

图 6-1　正投影图与轴测图的比较

第一节　轴测投影的基本知识

一、轴测投影的形成

轴测投影图也是平行投影的一种。为了分析方便，取三条反映长、宽、高三个方向的坐标轴 OX、OY、OZ 与物体上三条相互垂直的棱线重合。用一组平行投射线沿不平行于任一坐标面的某一特定方向，将物体连同其参考直角坐标系一起投射在单一投影面 P 上所得到的具有立体感的图形，称为轴测投影图，简称轴测图，如图 6-2 所示。投影面 P 称为轴测投影面。坐

标轴 OX、OY、OZ 在轴测投影面上的投影 O_1X_1、O_1Y_1、O_1Z_1 称为轴测轴。两轴测轴之间的夹角称为轴间角。

在轴测投影中平行于轴测轴 O_1X_1、O_1Y_1、O_1Z_1 的线段，与对应的空间形体上平行于坐标轴 OX、OY、OZ 的线段长度之比，即形体上线段的投影长度与其实际长度的比值，称为轴向伸缩系数，分别用 p、q、r 来表示，即：

OX 轴向伸缩系数：$p=O_1X_1/OX$

OY 轴向伸缩系数：$q=O_1Y_1/OY$

OZ 轴向伸缩系数：$r=O_1Z_1/OZ$

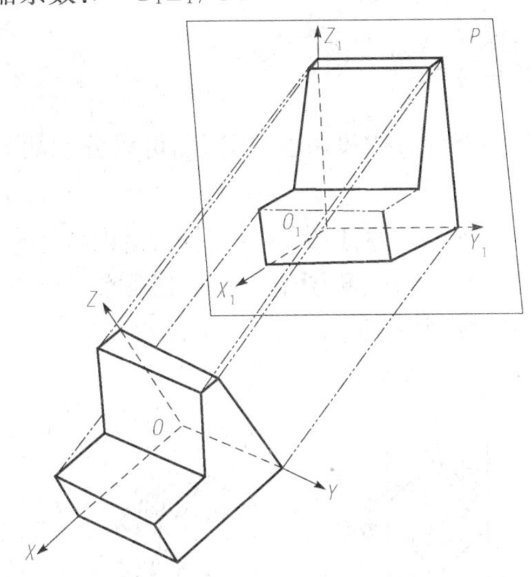

图 6-2　轴测投影图的形成

相关链接

轴测就是沿轴的方向可以测量尺寸的意思。在根据三面正投影图画轴测图时，在正投影图中沿轴向（长、宽、高）量取实际尺寸，再画到轴测图中。

二、轴测投影的特点

轴测投影是根据平行投影原理而作出的一种立体图，因此，它必定具有平行投影的一切特性。利用下面两个特性将有助于快速准确地绘制轴测投影。

(1)空间互相平行的直线，它们的轴测投影仍然互相平行。因此，形体上平行于三个坐标轴的线段，在轴测投影上都分别平行于相应的轴测轴。

(2)空间互相平行的两线段长度之比，等于它们轴测投影的长度之比。因此，形体上平行于坐标轴的线段的轴测投影与该线段的实长之比，等于相应的轴向伸缩系数。

相关链接

轴向伸缩系数与轴间角是轴测投影中的两个基本要素。在画轴测投影之前，必须首先确定这两个要素，才能确定和量出形体上平行于三个坐标轴的线段在轴测投影中的长度和方向。因此，画轴测投影时，只能沿着轴测轴或平行于轴测轴的方向，用轴向伸缩系数来确定形体的长、宽、高三个方向上的线段，也就是沿轴测轴去测量长度，因此这种投影称为轴测投影。

三、轴测投影的分类

根据投射方向是否垂直于投影面，轴测图可以分为两大类，即正轴测图和斜轴测图。

正轴测图是指投影线垂直于投影面，而形体倾斜于投影面得到的轴测投影图，如图 6-3(a)所示；斜轴测图是指投影线倾斜于投影面，而形体平行于投影面得到的轴测投影图，如图 6-3(b)所示。

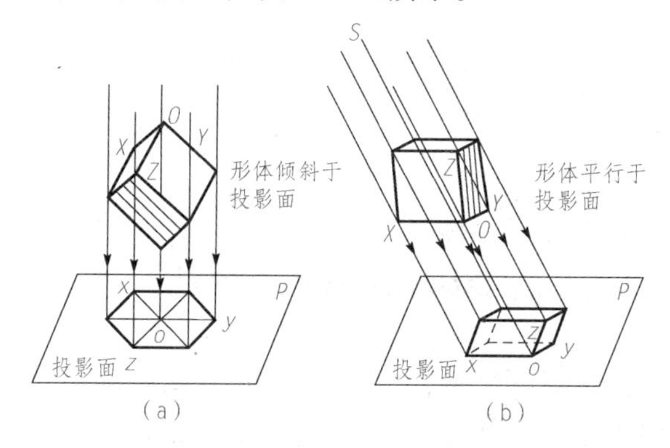

图 6-3　轴测图的分类

(a)正轴测图；(b)斜轴测图

常见的三种轴测图见表 6-1。

表 6-1　常见的三种轴测图

种类	轴间角	轴向伸缩系数	轴测投影图
正等测	Z, X, Y, O, 120°, 120°, 120°	$p=q=r=0.82$ 实际作图取简化系数 $p=q=r=1$	

续表

种类	轴间角	轴向伸缩系数	轴测投影图
正面斜二测	Z, X, Y, O, 90°, 135°, 135°	$p=r=1$ $q=0.5$	
水平斜轴测	Z, X, Y, O, 120°, 150°, 90°	$p=q=1$ $r=0.5$(水平斜二测) 或 $r=1$(水平斜等测)	

第二节　轴测图的画法

一、正等轴测图的画法

如图 6-4 所示，当物体的三个坐标轴和轴测投影面 P 的倾角均相等时，物体在 P 平面上的正投影即为物体的正等轴测图，简称正等测图。如图 6-4(a)所示，正等轴测图的三个轴间角均相等，即$\angle XOY=\angle YOZ=\angle ZOX=120°$，通常 OZ 轴总是竖直放置，而 OX 轴、OY 轴的方向可以互换。

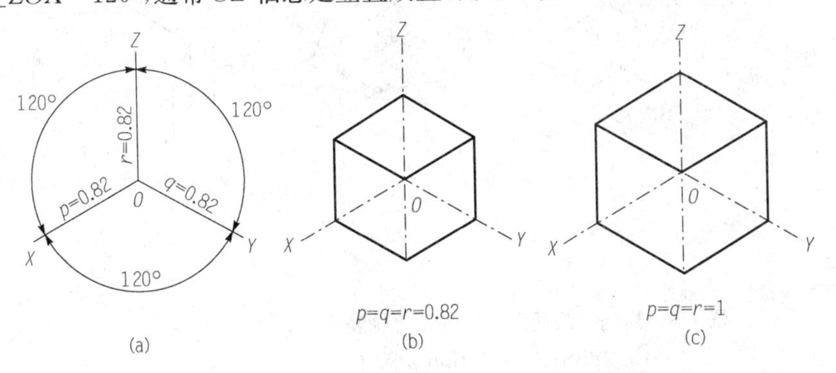

图 6-4　正等测图的轴间角和轴向变化率

由几何原理可知，正等轴测图的轴向伸缩系数也相等，即 $p=q=r=0.82$，如图 6-4(b)所示。为了简化作图，制图标准规定 $p=q=r=1$，如图 6-4(c)所示。这就意味着用此比例画出的轴测图，从视图上是理论图形的 1.22 倍，但这并不影响其对物体形状和结构的描述。

轴测图的画法很多，常用的平面体正等轴测图的画法有坐标法、叠加法、切割法与特征面法。

1. 坐标法

按物体的坐标值确定平面体上各特征点的轴测投影并连线，从而得到物体的轴测图的方法即为坐标法。

提示

坐标法是所有画轴测图方法中最基本的一种，其他方法都是以该方法为基础。在轴测投影中，一般不画虚线，作图时应特别注意。

【例 6-1】 已知某正六棱柱的正投影图，求该正六棱柱的正等轴测图。

【解】 根据六棱柱的形状特点，宜采用坐标法作图。关键是选择坐标轴和坐标原点。

由六棱柱的正投影图[图 6-5(a)]可知，六棱柱的顶面和底面均为水平的正六边形，且前后、左右对称，棱线垂直于底面，因此可取顶面的对称中心 O 作为原点，OZ 轴与棱线平行，OX、OY 轴分别与顶面对称轴线重合，其作图方法与过程如图 6-5 所示。

(1)在投影图上定坐标轴和坐标原点。

(2)画轴测轴，根据尺寸 30、24 定 1、2、3、4 四点。

(3)过 2、4 点作直线平行于 OX 轴，并在 2、4 点的两边各取 8，连接各顶点。

(4)过各顶点向下画侧棱，取尺寸 12；画底面各边；检查加深。

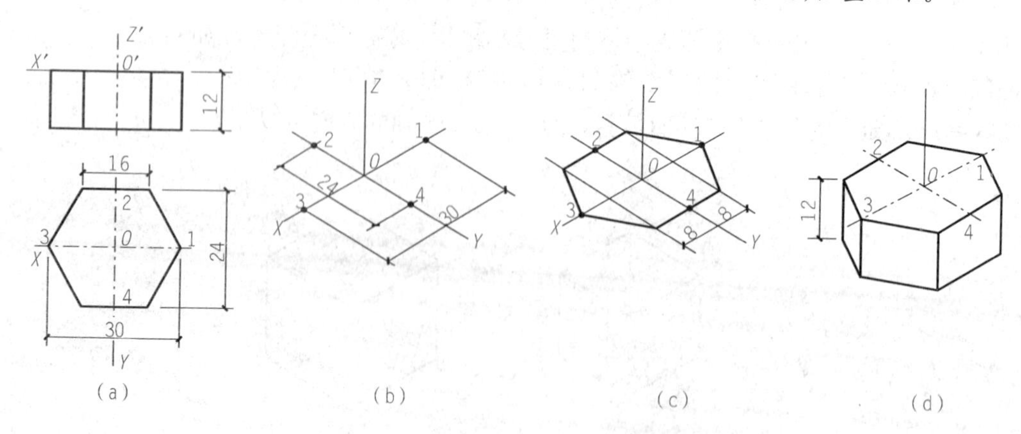

图 6-5 用坐标法画六棱柱的正等轴测图

(a)正投影图；(b)(c)(d)作图步骤

2. 叠加法

当形体是由若干个基本几何形体按叠加方式组合而成时，绘制这种形体时可按其组成顺序依次逐个绘出每一基本形体的轴测图，然后整理立体投影，加深可见线，去掉不可见线和多余图线，完成轴测图。

【例 6-2】 画出图 6-6(a)所给形体的正等轴测图。

【解】 从图 6-6(a)给出的正投影图可以看出，该形体由上、中、下三部分形体叠加而成，因此，可依次由下而上(或由上而下)逐个绘出每一组成形体的轴测图。为画图简便起见，坐标系原点应尽量选在两个立体叠加的结合面上。

采用叠加法的具体作图步骤如下：

(1)选取底部与中部两形体结合面中心 O_1 为坐标系原点，画出轴测轴。

(2)分别量取正投影图上底部形体和中部形体的长度和宽度，依次连接各点，得底部形体和中部形体结合面的轴测图。过底部轴测图各顶点向下引 O_1Z_1 轴的平行线，并截取底部形体高，画出底部长方体的轴测投影，如图 6-6(b)所示。

(3)将中部形体轴测图的各顶点向上引 O_1Z_1 轴的平行线，截取中部形体高，画出中部长方体的轴测投影，并将坐标原点由 O_1 升高到 O_2，令 O_1O_2 等于中间形体高，如图 6-6(c)所示。

(4)以 O_2 为原点画出中部形体和顶部形体结合面上的轴测轴，在其上量取长度和宽度，并将各顶点向上引 O_1Z_1 轴的平行线，截取上部形体高，形成图形。

(5)因形体的左、前、上各表面为可见表面，其上轮廓线均为可见线，加深该图线，将不可见线及轴测轴擦除，结果如图 6-6(d)所示。

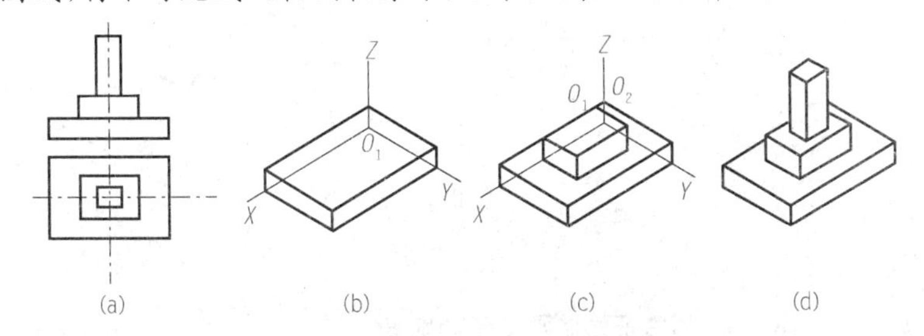

图 6-6 用叠加法作正等轴测图

(a)、(b)、(c)作图步骤；(d)成图

3. 切割法

当形体被看成由基本形体切割而成时，可先画形体的基本形体，然后再按基本形体被切割的顺序来切掉多余部分，这种画轴测图的方法称为切割法。

【例 6-3】 如图 6-7(a)所示，求作形体的正等轴测图。

【解】 (1)画出正等轴测轴，并在其上画出形体未切割时的外轮廓正等轴测图，如图 6-7(b)所示。

(2)切去三棱柱,如图 6-7(c)、(d)所示。

(3)擦去多余图线,加深图线即得所需图形,如图 6-7(e)所示。

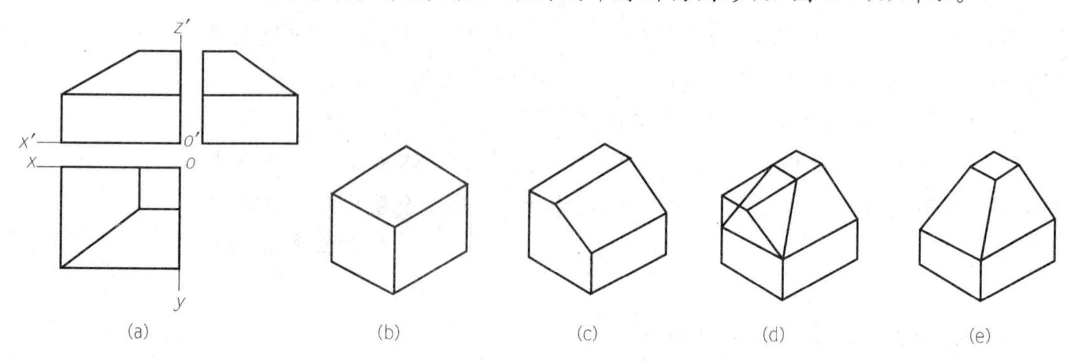

图 6-7 用切割法画正等轴测图

(a)、(b)、(c)、(d)作图步骤;(e)成图

4. 特征面法

特征面法就是当某物的某一端面较为复杂且能够反映其形状特征时,可先画出该面的正等轴测图,然后再将其"扩展"成立体图。这种方法主要适用于柱体轴测图的绘制。

【例 6-4】 已知某物体的三面正投影图,求它的正等轴测图。

【解】 图 6-8(a)所示反映了物体的形状特征,因此,画图时应先画出物体左端面的正等测图,然后向长度方向延伸。

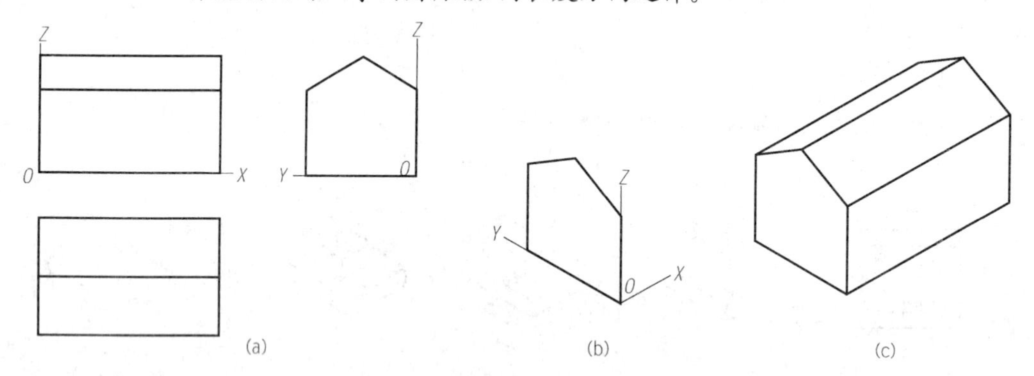

图 6-8 用特征面法画正等轴测图

(a)、(b)作图步骤;(c)成图

其作图步骤如下:

(1)先设坐标原点 O 和坐标轴,如图 6-8(a)所示。

(2)作物体左端面的正等测图,如图 6-8(b)所示。需特别注意的是,此时图中的两条斜线必须留待最后画出,其长度不能直接测量。

(3)过物体左端面上的各顶点作 X 轴的平行线,并截取物体的长度,然后顺序连接各点得物体的正等轴测图。

(4)仔细检查后,描粗可见轮廓线,得物体的正等轴测图,如图 6-8(c)所示。

二、斜轴测图

常用的斜轴测投影图有两种：正面斜二测图和水平面斜轴测图。

1. 正面斜二测图

若将物体与轴测投影面 P 平行放置，然后用斜投影法作出其投影，此投影图称为物体的斜二测图；若 P 平面平行于正立面，则此投影图称为正面斜二测图，如图 6-9 所示。

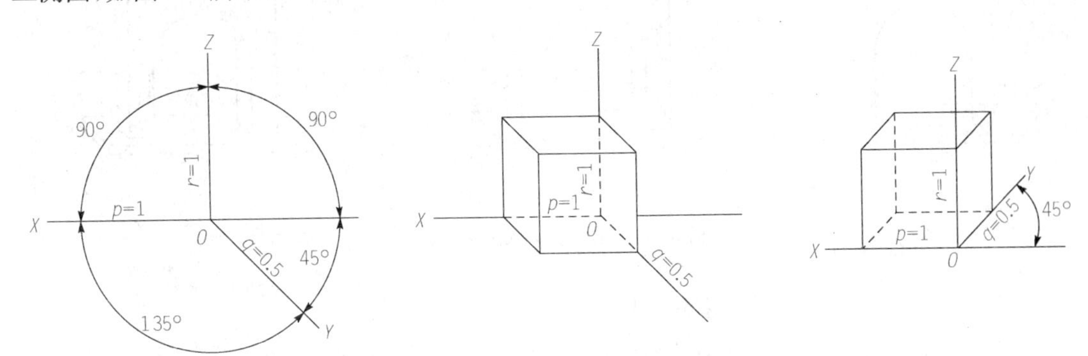

图 6-9 正面斜二测图的轴间角和轴向变化率

正面斜二测图能反映物体上与 V 面平行的外表面的实形。其轴间角为：$\angle XOZ=90°$，$\angle YOZ=\angle YOX=135°$。其轴向变化率为：$p=r=1$，$q=0.5$。

下面以拱门为例介绍正面斜二测图的绘制方法。

【例 6-5】 如图 6-10(a)所示作出拱门的正面斜二测图。

【解】 由于斜二测图能很好地反映物体正面的实形，故常被用来表达正面或侧面形状较为复杂的柱体。作图时，应使物体的特征面与轴测投影面平行，然后利用特征面法求出物体的斜二测图。如图 6-10(a)所示，拱门是由地台、门身及顶板三部分组合而成的，其中，门身的正面形状带有圆弧较复杂，故应将该面作为正面斜二测图中的特征面，然后再求出其轴测图。

拱门的正面斜二测图的作图步骤如下：

(1)先对图 6-10(a)进行分析，进而确定图 6-10(b)所示的轴测轴。

(2)作出地台的斜轴测图，然后在地台面上进一步确定拱门前墙的位置线，如图 6-10(c)所示。

(3)画出拱门的前墙面，如图 6-10(d)所示，同时还要确定 Y 方向。

(4)利用平移法完成拱门的斜轴测图，如图 6-10(e)所示，然后作出顶板。作顶板时，要特别注意顶板与拱门的相对位置，如图 6-10(f)所示。

(5)检查图稿，若无差错，应将可见的轮廓线加深描粗，以完成全图。轴测图本身作图较烦琐，如果能根据形体的特征，选择恰当的轴测图方法，既能使图形表现清晰，又能使作图简便。由于斜二测画法中，组合体的正面平行于轴测投影面，形状不变。因此，当组合体的一个表面形状较复杂，或者曲线较多时，采用斜二测画法最为简便。

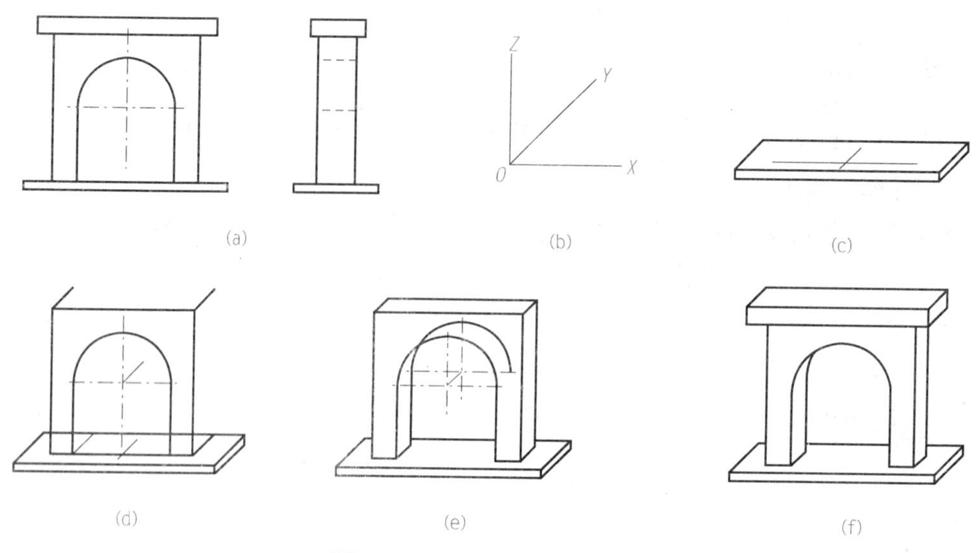

图 6-10　正面斜二测图的画法

2. 水平面斜轴测图

当坐标面 XOY（形体的水平面）平行于轴测投影面，而投影方向倾斜于轴测投影面时所得到的投影，称为水平面斜轴测投影。由该投影所得到的图就是水平面斜轴测图。

由于 OX、OY 轴都平行于轴测投影面，其投影不发生变形。所以 $\angle X_1O_1Y_1=90°$，OZ 轴的投影为一斜线，一般取 $\angle X_1O_1Z_1$ 为 120°，如图 6-11(a) 所示。为符合视觉习惯，常将 O_1Z_1 轴取为竖直线，这就相当于整个坐标逆时针旋转了 30°，如图 6-11(b) 所示。其轴向变化率为：$p=q=r=1$。

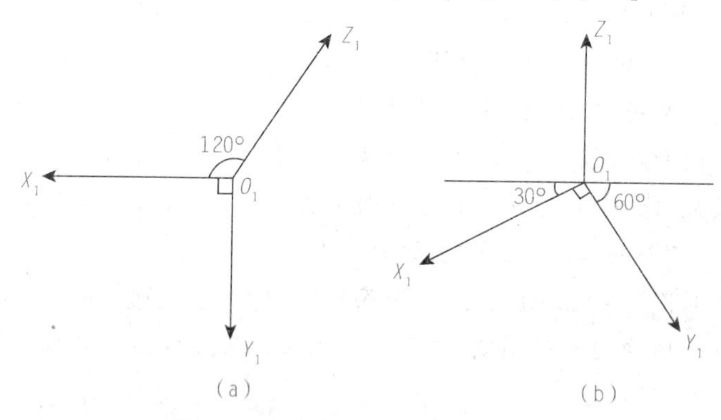

图 6-11　水平面斜轴测图的轴间角

三、圆的轴测图的画法

在平行投影中，当圆所在的平面平行于投影面时，它的投影还是圆，而当圆所在的平面倾斜于投影面时，它的投影就变成椭圆（图 6-12）。圆的轴测图与其外切正四边形轴测图形状密切相关。在轴测投影中，除斜轴测投影有一个面不发生变形外，一般情况下，正四边形的轴测投影都成了平行四边形或菱形，平面上的圆也都成了椭圆。

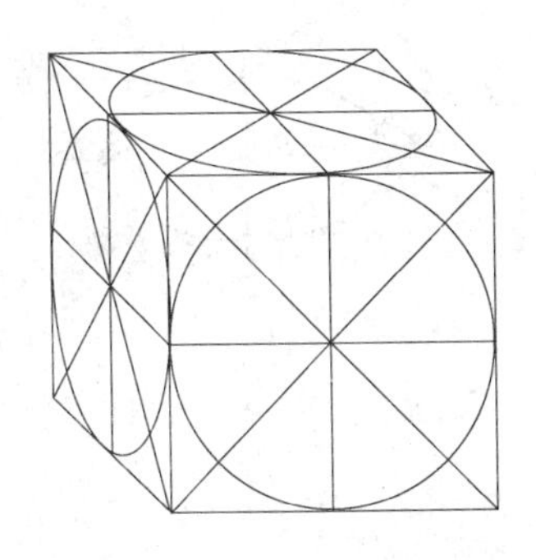

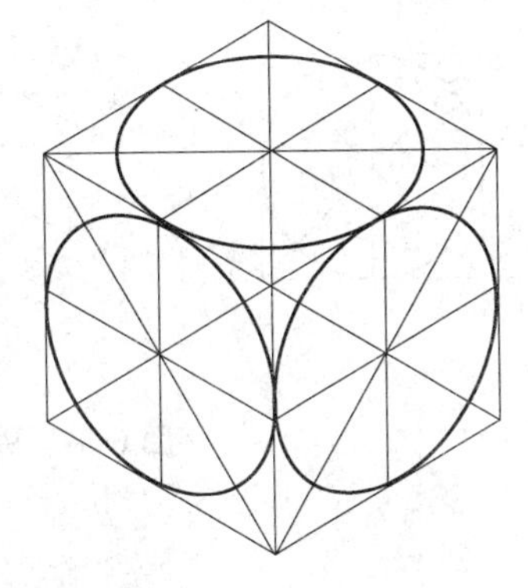

图 6-12　圆的正等轴测投影

(1)四心法作椭圆。在轴测图中，圆的正等测图(椭圆)可采用近似画法——四心圆法。

现以平行于 XOY 面的水平圆为例，其正等轴测图近似作法如下：

1)在正投影图中，定出圆周上 a、b、c、d 四点，如图 6-13(a)所示。

2)画出轴测轴及圆周上对应四点的正等轴测图，如图 6-13(b)所示。

3)以 R 为半径，分别以 A、B、C、D 四点为圆心画弧得交点 O_3、O_4，连接 O_4D 和 O_3A 得交点 O_1，连 O_4C 和 O_3B 得交点 O_2，如图 6-13(c)所示。

4)分别以 O_3、O_4 为圆心，O_3A、O_4D 为半径画弧 AB、CD，再以 O_1、O_2 为圆心，O_1D、O_2C 为半径画弧 AD、BC，4 段弧光滑连接即为水平圆的正等轴测图，如图 6-13(d)所示。

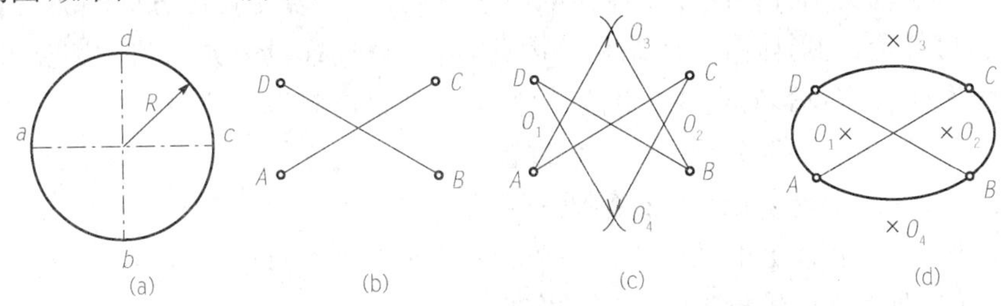

图 6-13　用四心圆法作水平圆的正等轴测图

(a)定四点；(b)画四点正等轴测图；(c)求 O_1 和 O_2，O_3 和 O_4；(d)画正等轴测图

平行于 YOZ、XOZ 坐标面的圆的正等轴测图的作法与平行于面的圆的正等轴测图的作法相同，只是 3 个方向的椭圆的长短轴方向不同。

(2)八点法作椭圆。

1)根据轴测轴和轴向伸缩系数，先画出圆外切正四边形的轴测图，如图 6-14(b)所示。图中 a_1c_1 和 b_1d_1 为平面上圆的中心线的轴测投影，端点 a_1、b_1、c_1、d_1 即为圆直径的 4 个点，如图 6-14(a)所示。

2)以 b_1f_1 为斜边作一等腰直角三角形 $b_1e_1f_1$，以 b_1 为圆心、b_1e_1 长为半径作弧，与该边交于 k_1 和 g_1 两点。分别过 k_1 和 g_1 作 b_1d_1 的平行线与平行四边形的对角线交于 4 个点，得圆与对角线的 4 个交点的轴测图 1、2、3、4，如图 6-14(c)所示。

用曲线板圆滑连接 a_1、1、b_1、2、c_1、3、d_1、4 这 8 个点，即得椭圆。

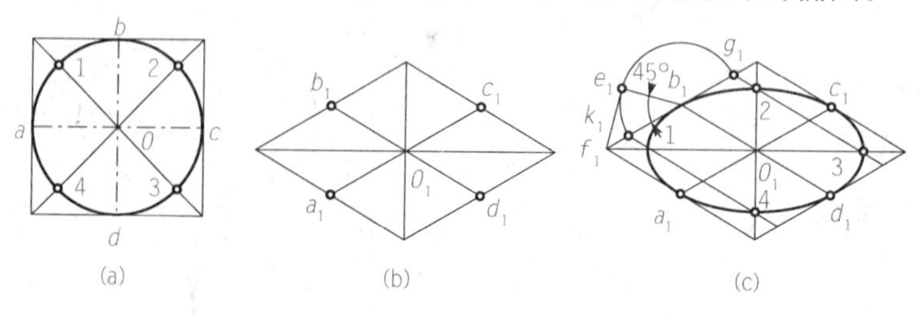

图 6-14 用八点法作圆轴测图

第三节 轴测图的选择

一、选择轴测图的原则

轴测图的种类有很多，究竟选择哪种轴测图来表达一个形体最为合适，应从两个方面来考虑：一是直观性好，立体感强，且尽可能地表达清楚物体的形状结构；二是作图简便，能较为简捷地画出这个形体的轴测投影。

二、轴测图的直观性和立体感分析

影响轴测图直观性和立体感的因素有两个：①轴测投影方向与各形体的相对位置；②形体自身的结构。因此，应注意选择投影方向和轴测类型，避免影响轴测投影的直观性和立体感，其主要措施有以下几种：

(1)避免较多部分或主要部分被遮挡。

(2)要避免转角处交线投影成一直线。

(3)避免物体上的某个或某些平面表面积聚成直线。

(4)避免平面体投影成左右对称的图形。

(5)合理选择轴测投射方向。

正等轴测投影，由于其三个轴间角和三个轴向伸缩系数相同，而且在各平行于坐标面的平面上的圆的轴测投影形状又都相同，所以作图较简便。斜轴测投影，由于有一个坐标面平行于轴测投影面，平行于该坐标面的图形在轴测投影中反映实形，所以如果物体上某一方面较为复杂或具有较多的圆或其他曲线，采用这种类型的轴测投影就较为有利。

第七章　剖面图和断面图

本章导读

在投影图中，形体的可见轮廓线用实线表示，形体内容不可见的孔洞以及被外部遮挡的轮廓线用虚线表示。当形体比较简单时，只用投影图表达是可以的，当物体的内部结构复杂或遮挡的部分较多时，图上就会出现较多的虚线，形成图面虚、实线交错而混淆不清的情况，既不便于标注尺寸，又容易产生差错。为了解决这样的问题，工程上常用剖面图、断面图图样的表达形式来解决这个问题。

第一节　剖面图和断面图的形成

一、剖面图的形成

假想用一个剖切平面在形体的适当位置将形体剖切，移去介于观察者和剖切平面之间的部分，对剩余部分向投影面所作的正投影图，称为剖切面，简称剖面。

下面以某台阶剖面图来说明剖面图的形成。如假想用一平行于 W 面的剖切平面 P 剖切此台阶(图 7-1)，并移走左半部分，将剩下的右半部分向 W 面投射，即可得到该台阶的剖面图。为了在剖面图上明显地表示出形体的内部形状，根据规定，在剖切断面上应画出建筑材料符号，以区分断面(剖到的)与非断面(未剖到的)。图 7-2 所示的断面上是混凝土材料。在不需指明材料时，可以用平行且等距的 45°细斜线来表示断面。

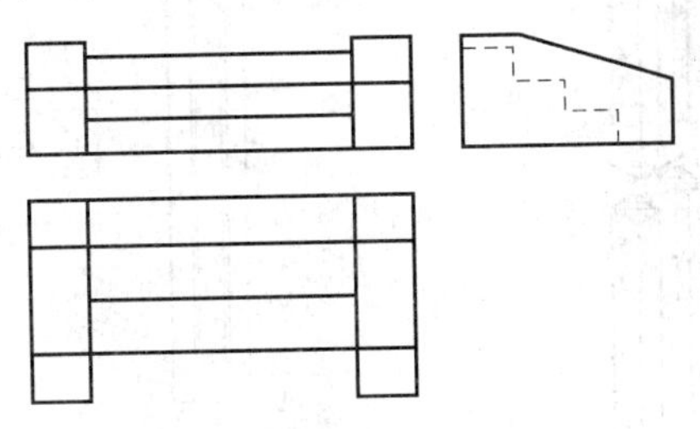

图 7-1　台阶的三视图

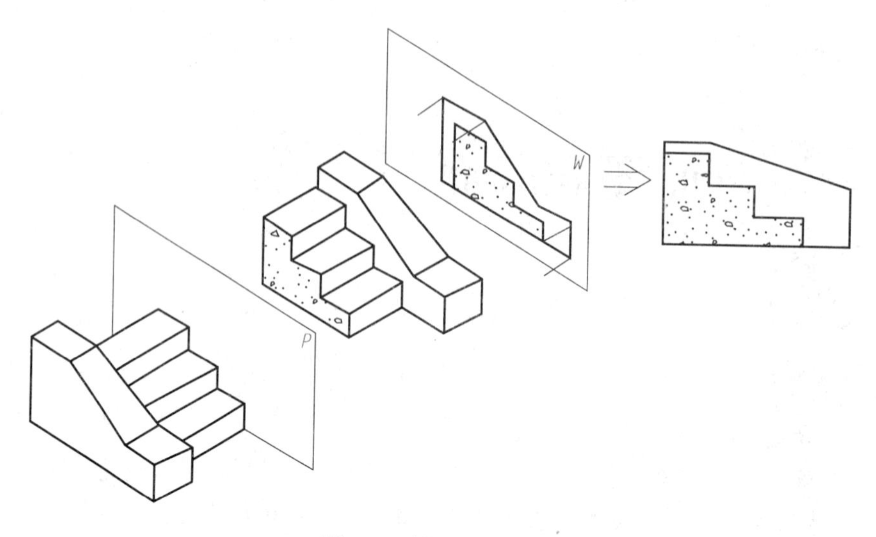

图 7-2　剖面图的形成

提示

从剖面图的识读过程中可以看出，形体被剖切移去部分后，其内部结构就先露出来，于是在制图中表示出内部结构的虚线在剖面图中变成可见的实线。

二、断面图的形成

用一个剖切平面将形体剖开之后，剖切平面与形体接触的部位称为断面，如果把这个断面投射到与它平行的投影面上，所得到的投影就是断面图(图 7-3)。断面图用来表示形体的内部形状，能很好地表示出断面的实形。

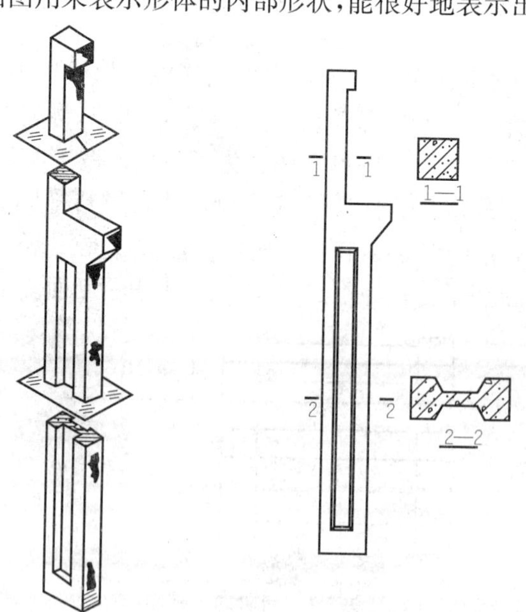

图 7-3　断面图的形成

第二节　剖面图和断面图的标注

一、剖面图的标注

为了方便读图，需要用剖切符号把所画的剖面图剖切位置和投射方向在投影图上表示出来，并对剖切符号进行编号，以免混乱。

(1)剖切符号。剖视的剖切符号应由剖切位置线及剖视方向线组成，均应以粗实线绘制。剖切位置线的长度宜为 6～10 mm；剖视方向线应垂直于剖切位置线，长度应短于剖切位置线，宜为 4～6 mm(图 7-4)，也可采用国际统一和常用的剖视方法，如图 7-5 所示。绘制时，剖视剖切符号不应与其他图线相接触。

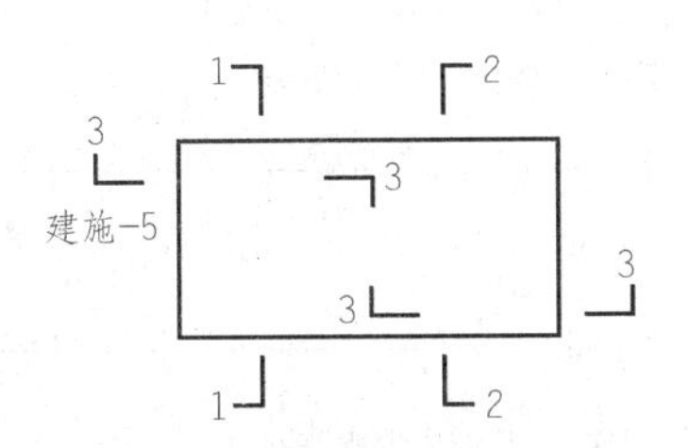

图 7-4　剖视的剖切符号(1)

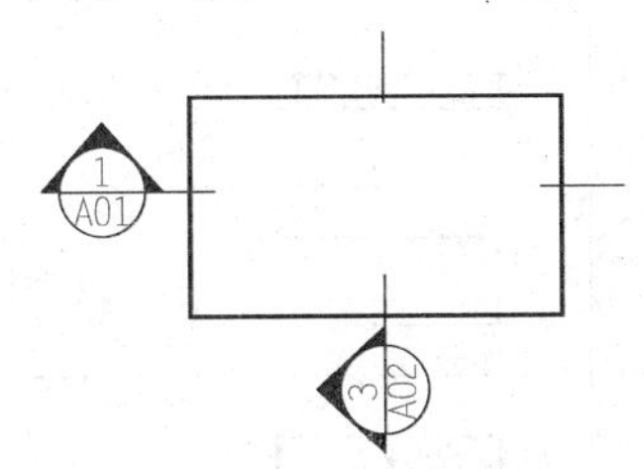

图 7-5　剖视的剖切符号(2)

(2)注写编号。剖视剖切符号的编号宜采用粗阿拉伯数字，按剖切顺序由左至右、由下向上连续编排，并应注写在剖视方向线的端部；需要转折的剖切位置线，应在转角的外侧加注与该符号相同的编号；建(构)筑物剖面图的剖切符号应注在±0.000 标高的平面图或首层平面图上；局部剖面图(不含首层)的剖切符号应注在包含剖切部位的最下面一层的平面图上。

(3)剖切图的图例及编号。为了明显地表达出物体的内部构造，在画剖面图时，要求把剖切平面与物体的接触部分绘制相应的材料图例。常用的建筑材料断面符号见表 7-1。在未指明材料类别时，剖面图中的材料图例一律画成方向一致、间隔均匀的 45°细实线，即采用通用材料图例来表示。

表 7-1　常用建筑材料断面符号

序号	名　称	图　例	备　注
1	自然土壤		包括各种自然土壤
2	夯实土壤		
3	砂、灰土		靠近轮廓线绘较密的点
4	砂砾石、碎砖三合土		

续表

序号	名　称	图　例	备　注
5	石材	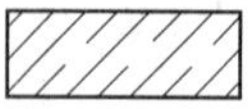	
6	毛石	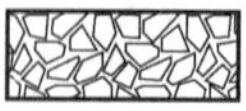	
7	普通砖	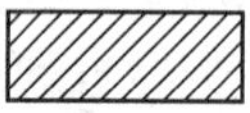	包括实心砖、多孔砖、砌块等砌体，断面较窄、不易绘出图例线时，可涂红，并在图纸备注中加注说明，画出该材料图例
8	耐火砖	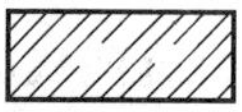	包括耐酸砖等砌体
9	空心砖		指非承重砖砌体
10	饰面砖	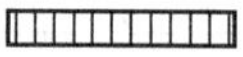	包括铺地砖、马赛克、陶瓷锦砖、人造大理石等
11	焦渣、矿渣	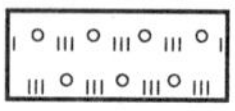	包括水泥、石灰等混合而成的材料
12	混凝土	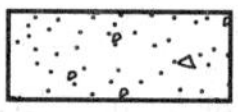	(1)本图例指能承重的混凝土及钢筋混凝土 (2)包括各种强度等级、集料、添加剂的混凝土 (3)在剖面图上画出钢筋时，不画图例线 (4)断面图形小、不易画出图例时，可涂黑
13	钢筋混凝土	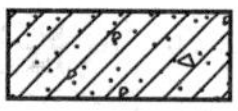	
14	多孔材料	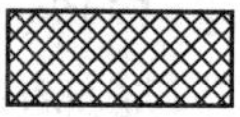	包括水泥珍珠岩、沥青珍珠岩、泡沫混凝土、非承重加气混凝土、软木、蛭石制品等
15	纤维材料		包括棉矿、岩棉、玻璃棉、麻丝、木丝板、纤维板等
16	泡沫塑料、材料	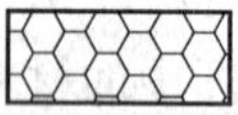	包括聚苯乙烯、聚乙烯、聚氨酯等多孔聚合物类材料

二、断面图的标注

断面图的标注与剖面图的标注有所不同，断面图也用两段粗实线表示剖切位置，但不再画表示投射方向的粗实线，而是用表示编号的数字所处位置来说明投射方向。断面剖切符号的编号宜采用阿拉伯数字，按顺序连续编排，并应注写在剖切位置线的一侧；编号所在的一侧应为该断面的剖视方向（图 7-6）。

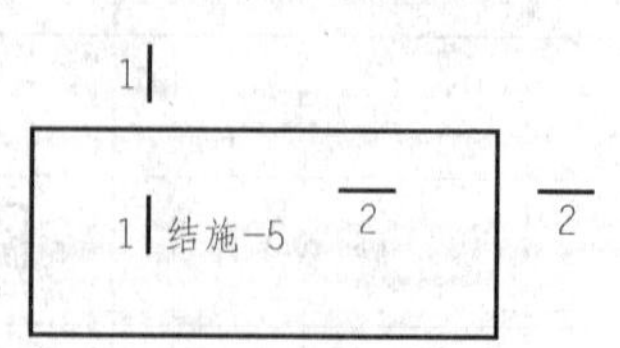

图 7-6　断面的剖切符号

第三节　剖面图和断面图的分类

一、剖面图的分类

1. 全剖面图

用剖切面把形体完全切开后向某一投影面投影所得到的剖面图称为全剖面图，简称全剖。如图 7-7 所示桥台的 1—1 剖面图即采用了全剖面图。对于不对称的工程形体，或虽然对称但外形比较简单，或外形在其他投影中已表达清楚时可采用全剖面图。

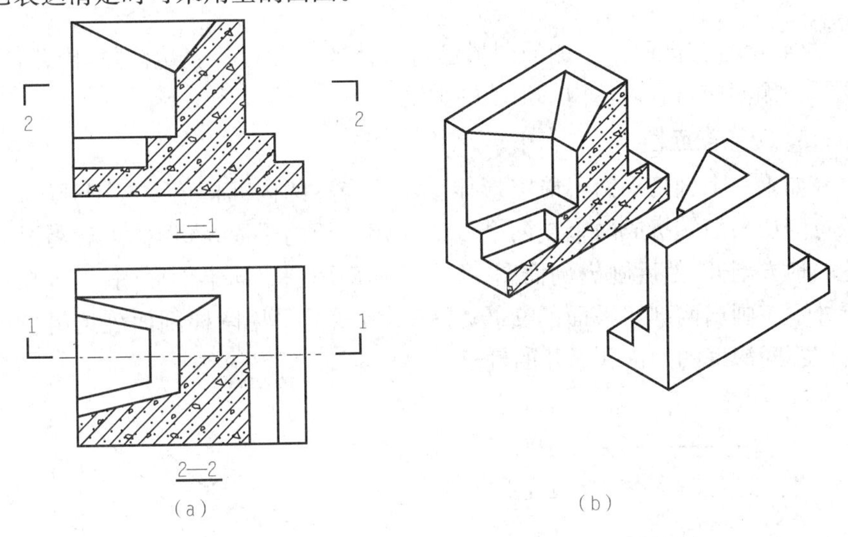

图 7-7　全剖面图

2. 半剖面图

当形体的内、外部形状均较复杂，且在某个方向上的视图为对称图形时，可以在该方向的视图上一半画未剖切的外部形状，另一半画剖切开后的内部形状，此时得到的剖面图称为半剖面图。图 7-8 所示为一个杯形基础的半剖面图。在正面投影和侧面投影中，都采用了半剖面图的画法，以表示基础的外部形状和内部构造。

半剖面图绘制时应注意以下事项：

(1)半剖面图一般应画在水平对称轴线的下侧或竖直对称轴线的右侧。一般不画剖切符号和编号，图名沿用原投影图的图名。

(2)对于同一图形来说，所有剖面图的建筑材料图例要一致。

(3)半剖面图和半外形图应以对称面或对称线为界，对称面或对称线画成细单点长画线。

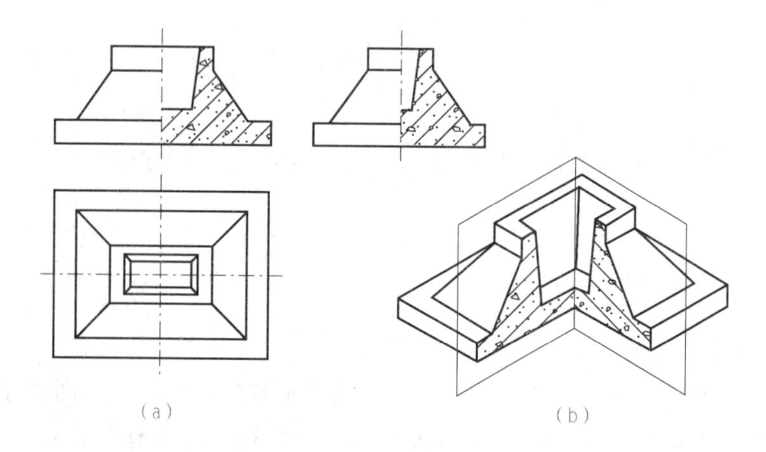

图 7-8　杯形基础的半剖面图

(a)正面投影半剖面图;(b)侧面投影半剖面图

(4)由于在剖面图一侧的图形已将形体的内部形状表达清楚,因此,在视图一侧不应再画表达内部形状的虚线。

3. 阶梯剖面图

如果一个剖切平面不能将形体上需要表达的内部构造一起剖开时,可以将剖切平面转折成两个或两个以上互相平行的平面,将形体沿着需要表达的地方剖开,然后画出剖面图,称为阶梯剖面图。同半剖面图一样,在转折处不应画出两剖切平面的交线,图 7-9 所示是采用阶梯剖面表达组合体内部不同深度的凹槽和通孔的例子。

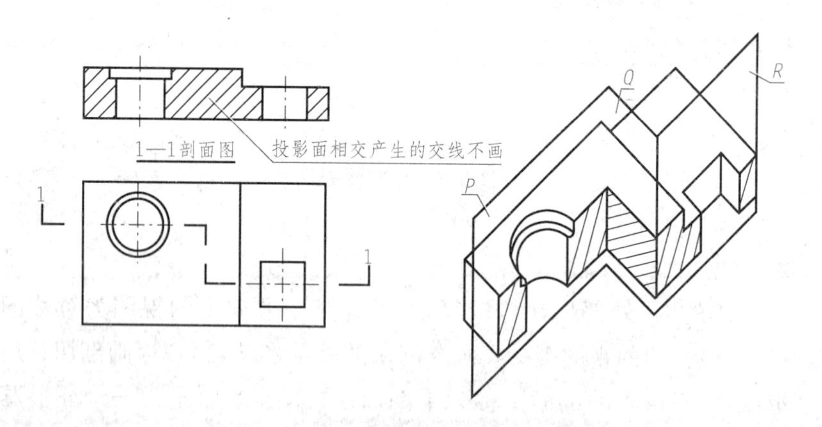

图 7-9　阶梯剖面图剖切凹槽和通孔

提示

画阶梯剖面图时,在剖切平面的起始及转折处,均要用粗短线表示剖切位置和投射方向,同时注上剖面名称。如不与其他图线混淆时,直角转折可以不注写编号。另外,由于剖切面是假想的,因此,两个剖切面的转折处不应划分界线。同时注意,阶梯剖面图中不应出现不完整要素。

4. 展开剖面图

当形体有不规则的转折或有孔洞槽，但采用以上三种剖切方法都不能解决时，可以用两个相交剖切平面将形体剖切开，得到的剖面图经旋转展开，平行于某个基本投影面后再进行的正投影，称为展开剖面图。

图 7-10 所示为一个楼梯的展开剖面图。由于楼梯的两个梯段间在水平投影图上成一定夹角，如果用一个或两个平行的剖切平面无法将楼梯表示清楚时，可以用两个相交的剖切平面进行剖切，然后移去剖切平面和观察者之间的部分，将剩余楼梯的右面部分旋转至正立投影面平行后，即可得到其展开剖面图，如图 7-10(a)所示。

在绘制展开剖面图时，剖切符号的画法如图 7-10(a)所示，转折处用粗实线表示，每段长度为 4～6 mm。

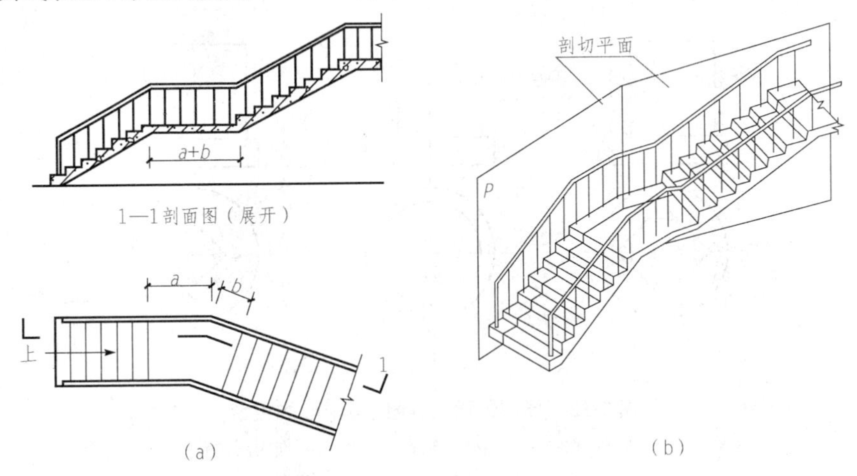

图 7-10 楼梯的展开剖面图

(a)两投影和展开剖切符号；(b)直观图

提示

剖面图绘制完成后，可在图名后面加上“展开”二字，并加上圆括号。

5. 局部剖面图

当形体某一局部的内部形状需要表达，但又没必要作全剖或不适合作半剖时，可以保留原视图的大部分，用剖切平面将形体的局部剖切开而得到的剖面图，称为局部剖面图。如图 7-11 所示杯形基础，其正立剖面图为局部剖面图，在断面上详细表达了钢筋的配置，所以在画俯视图时，保留了该基础的大部分外形，仅将其一角画成剖面图，反映内部的配筋情况。

画剖面图时，局部剖面图与视图之间要用波浪线隔开，且一般不需标注剖切符号和编号。图名沿用原投影图的名称。表示断裂处的波浪线不应和图样上的其他图线相重合，如遇孔、槽等空腔，波浪线不能穿空而过，也不能超出视图的轮廓线，如图 7-12 所示。

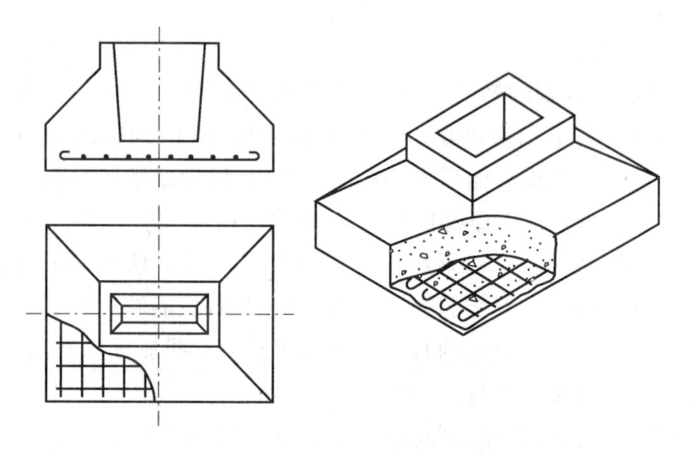

图 7-11　杯形基础的局部剖面图

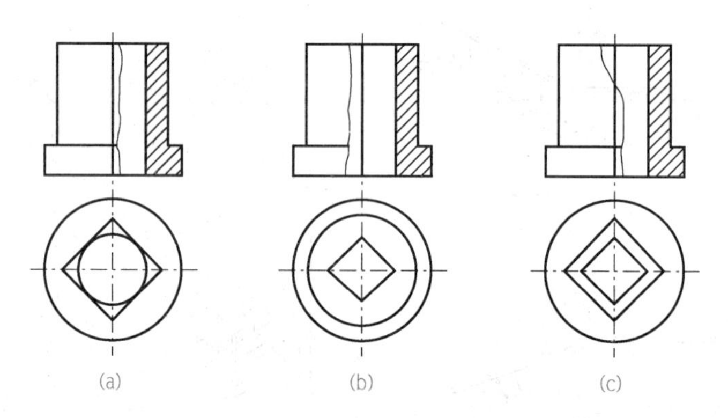

图 7-12　局部剖面图(棱线与中心线重合)

(a)对称中心线与外轮廓重合时的局部剖面图;

(b)对称中心线与内轮廓重合时的局部剖面图;

(c)对称中心线同时与内、外轮廓重合时的局部剖面图

提示

画图时波浪线应是细线，且与图样轮廓线相交，注意不要画成图线的延长线。

6. 分层剖面图

对一些具有分层构造的工程形体，可按实际情况用分层剖开的方法得到其剖面图，称为分层剖面图。

图 7-13 所示为分层局部剖面图，反映地面各层所用的材料和构造的做法，多用来表达房屋的楼面、地面、墙面和屋面等处的构造。

提示

分层局部剖面图应按层次以波浪线将各层分开，波浪线不应与任何图线重合。

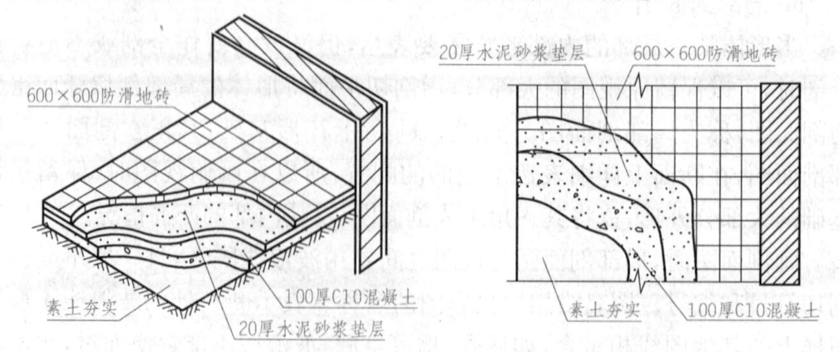

图 7-13　分层局部剖面图

图 7-14 所示为木地板的分层构造剖面图，将剖切的地面一层一层地剥离开来，在剖切的范围中画出材料图例，有时还加注文字说明。

总之，剖面图是工程中应用最多的图样，必须掌握其画图方法，能准确理解和识读各种剖面图，提高识图能力。

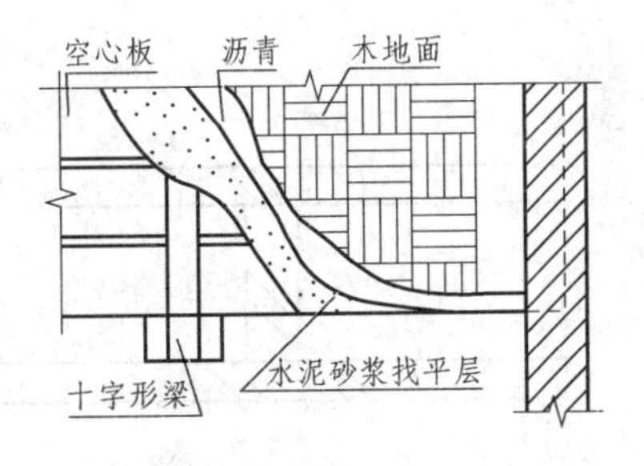

图 7-14　木地板的分层构造剖面图

二、断面图的分类

断面图主要用于表达形体或构件的断面形状，根据其安放位置的不同，一般可分为移出断面图、重合断面图和中断断面图三种形式。

1. 移出断面图

移出断面图一般画在投影图的轮廓外面，其轮廓线为粗实线。杆件的断面图可画在靠近构件的一侧或端部，并按顺序依次排列，如图 7-15(a)所示；也可画在杆件的中断处，省去剖切符号标注，如图 7-15(b)所示。

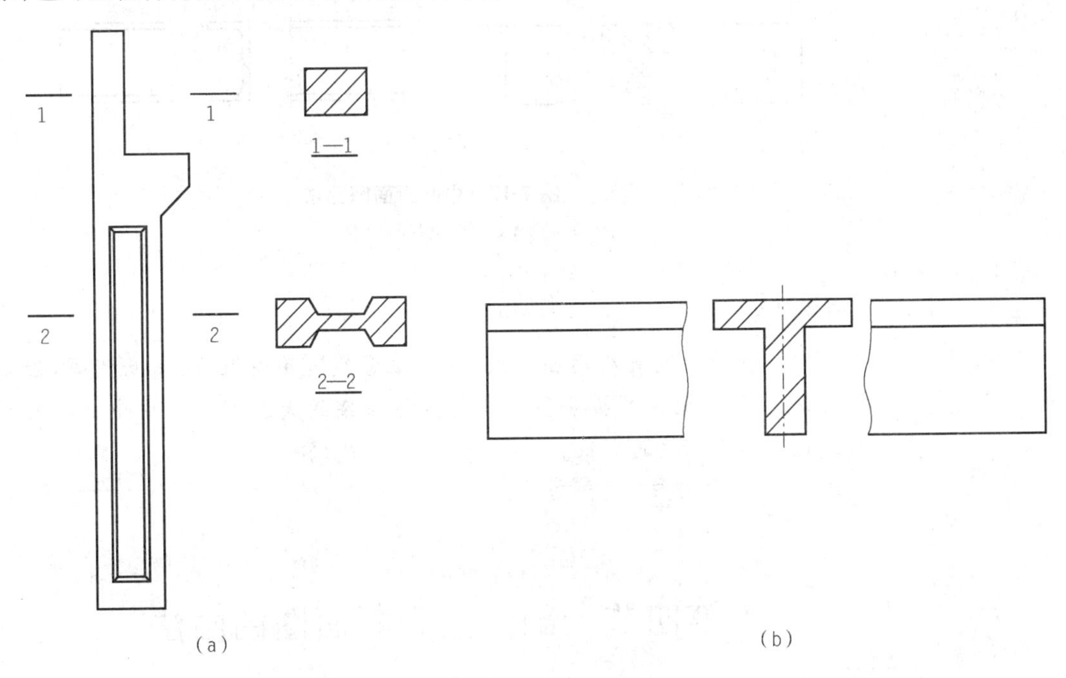

图 7-15　移出断面图画法

2. 重合断面图

断面图直接画在投影图轮廓线内，即为重合断面。重合断面图的轮廓线一般为细实线。当断面轮廓和投影图轮廓重合时，投影图轮廓要连续画出，不能间断，如图 7-16(a)所示。当图形不对称时，需标出剖切位置线，并注写数字来表示投影方向，如图 7-16(b)所示。但在房屋建筑图中，在表达建筑立面装饰线脚时，其重合断面的轮廓用粗实线画出。

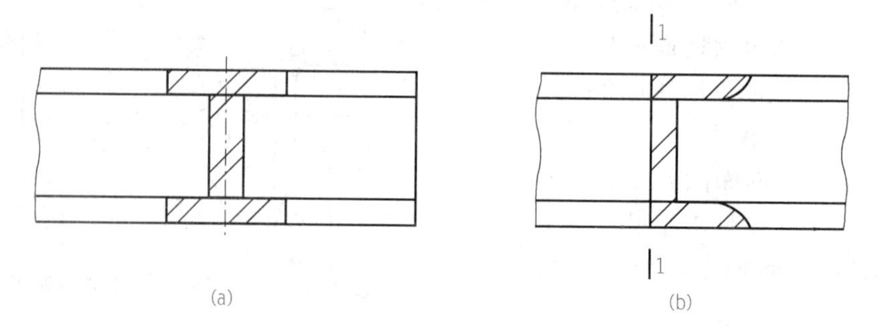

图 7-16　重合断面图画法

(a)断面轮廓与投影图轮廓重合;(b)1—1 断面图

3. 中断断面图

如形体较长且断面没有变化时,可以将断面图画在视图中间断开处,称为中断断面图。如图 7-17(a)所示,在 T 形梁的断开处画出梁的断面,以表示梁的断面形状,这样的断面图既不需要标注,也不需要画剖切符号。

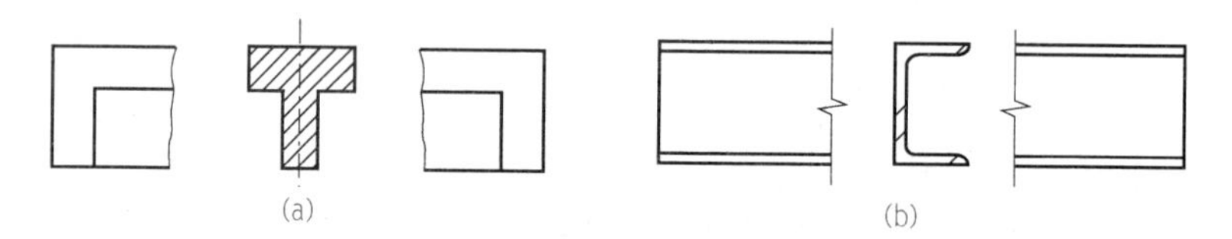

图 7-17　中断断面图画法

(a)T 形梁;(b)槽钢

中断断面的轮廓线用粗实线,断开位置线可用波浪线、折断线等,但必须为细线,图名沿用原投影图的名称。钢屋架的大样图常采用中断断面的形式表达其各杆件的形状。

第四节　剖面图和断面图的画法

一、剖面图的画法

1. 确定剖切平面的位置和投射方向

剖切平面一般应平行于某一投影面。剖切平面位置的选择,要根据所绘形体的特征,力求通过形体的对称平面,或通过形体的孔、洞、槽等隐蔽部位的中心线。

剖面图的剖切平面的位置和投射方向由剖切符号决定。

2. 作形体剩下部分的投影图——剖面图

将剖切平面和形体相交的截交面(断面)的轮廓线用粗实线绘制,没有被剖切到,但投射时仍能见到的其他可见轮廓线用中实线画出,不可见的不画。

3. 在断面上画出建筑材料图例

建筑材料的图例必须遵照国家标准规定的画法,当不指明材料种类时,可用图例线表示。

4. 标注剖面图图名

剖面图的图名一般以剖切符号的编号来命名。

【例 7-1】 如图 7-18(a)所示,已知三视图,试将立面图和侧面图改画成适当的剖面图。

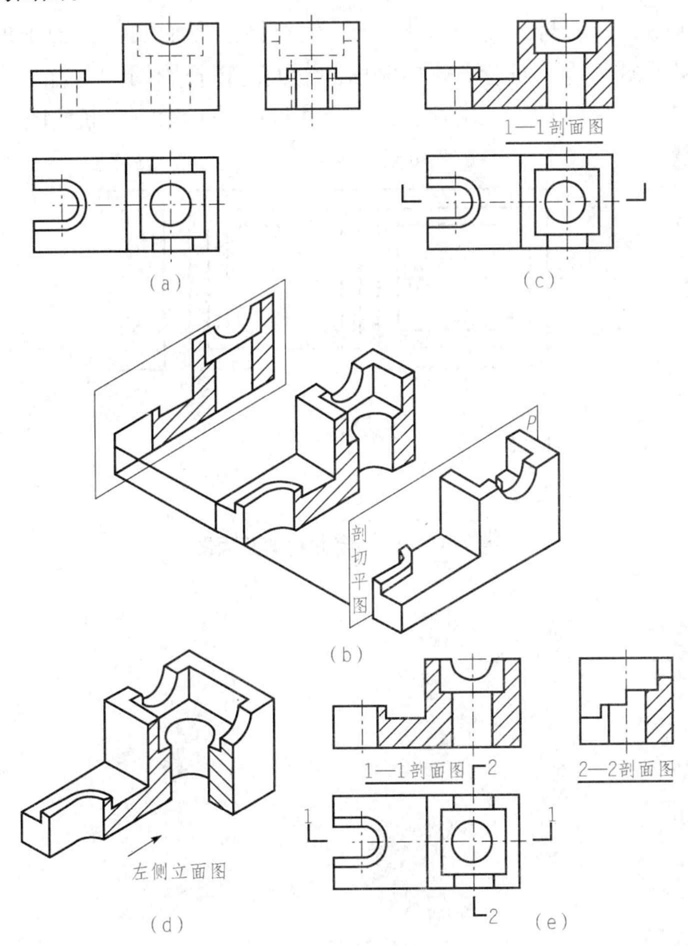

图 7-18 剖面图的画法示例

(a)已知三视图;(b)全剖面图的剖切过程;(c)全剖面图;(d)半剖面图的形成;(e)半剖面图

【解】 由图 7-18(a)所示的三视图分析形体的内、外形状。首先按形体分析可知,形体是前后对称的,主体为底板和方柱左右对齐摆放,底板左侧叠加放置一 U 形台,并向下开出 U 形槽;方柱自上而下做出由方孔和圆柱孔组成的阶梯孔，并在前后壁上做出半径一致的半圆孔。

作图步骤如下：

由于形体左右不对称，且内部结构可用一个剖切平面剖切完成，因此，立面图改画成全剖面图，剖切过程如图 7-18(b)所示，假想在形体的前后对称面上加一个剖切平面，把留下的部分进行正投影，得到如图 7-18(c)所示的立面投影，即改画成的 1—1 剖面图。如图 7-18(d)所示，由于形体前后对称，所以，以对称面为边界，用过阶梯孔前后轮廓线处的剖切平面剖切形体前半部分，剖到对称中心面为止，把左前角 1/4 部分移走，留下部分进行侧面投影，得到如图 7-18(e)所示的侧面投影改画的 2—2 剖面图。

二、断面图的画法

断面图的画法与剖面图基本一致，但要注意断面图与剖面图的区别是断面图仅画出剖切平面与形体接触面的断面的正投影图。

【例 7-2】 画出图 7-19 所示地下窨井框的 1—1、2—2 断面图。

【解】 1—1、2—2 断面图如图 7-19 所示。

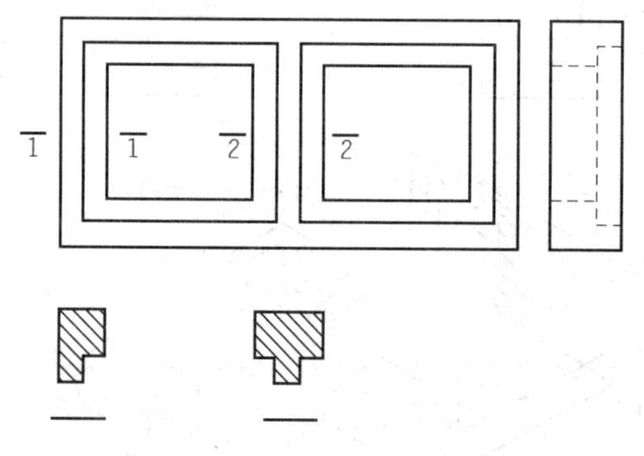

图 7-19 地下窨井框的断面图

第八章　建筑工程图概述

本章导读

建筑工程图是进行建筑规划、设计和施工必不可少的工具之一，它不仅能准确地表达工程技术人员的设计思想与意图，建筑物的形状、尺寸和技术要求等，还能具体地了解施工人员的现场工作情况，所以被称为工程界的“技术语言”。

在实际工程中，一套完整的建筑工程图包括了各专业的施工图样，如建筑施工图、结构施工图、设备施工图等，少则十几张，多则百余张。当使用一套建筑工程图时，应该如何入手，如何分类，怎么开始读图直至看懂呢？这些都是本章要解决的问题。

第一节　建筑工程图的设计程序和分类

一、建筑工程图的设计程序

房屋的建造一般经过设计和施工两个过程，而设计工作一般又分为三个阶段：初步设计、技术设计和施工设计。

1. 初步设计

初步设计是指设计人员根据建设单位的要求，调查研究，收集资料，进行初步设计，作出方案图，包括总平面图、建筑平面图、剖面图、立面图和建筑总说明，以及各项技术经济指标、总概算等报有关部门审批。

2. 技术设计

技术设计是经初步设计建设单位同意和主管部门批准后，进一步去解决构件的选型、布置以及建筑、结构、设备等各工种之间的配合等技术问题，从而对方案做进一步的修改。技术设计是初步设计具体化的阶段，也是各种技术问题的定案阶段。对一些技术上复杂而又缺乏设计经验的工程，更应重视此阶段的设计工作。为了协调各工种的矛盾和绘制施工图的准备，技术设计图应报有关部门审批。

3. 施工图设计

施工图设计是在技术设计的基础上，按建筑、结构、设备（水、暖、点）各专业分别完整详细地绘制所设计的全套房屋施工图，将施工中所需的具体要求，都明确地反映到这套图纸中。房屋施工图是施工单位的施工依据，整套图纸应完整统一、尺寸齐全、正确无误。

二、建筑工程图的分类

一套完整的建筑工程图除了图纸目录、设计总说明外，还应包括以下图纸：

1. 建筑施工图（简称建施图）

建筑施工图主要表明建筑物的外部形状、内部布置、装饰、构造、施工要求等。它包括首页图、建筑总平面图、建筑平面图、立面图、剖面图和建筑详图（楼梯、墙身、门窗详图）等。

2. 结构施工图（简称结施图）

结构施工图主要表明建筑物的承重结构构件的布置和构造情况。它包括基础结构图、楼（屋）盖结构图、构件详图等。

3. 设备施工图（简称设施图）

设备施工图包括给水排水施工图、采暖通风施工图、电气照明（设备）施工图等。一般都由平面图、系统图和详图等组成。

相关链接

整套房屋施工图的编排顺序是首页图（包括图纸目录、设计总说明、汇总表等）、建筑施工图、结构施工图、设备施工图。

各专业施工图的编排顺序是：基本图在前、详图在后；总体图在前、局部图在后；主要部分在前、次要部分在后；先施工的图在前、后施工的图在后等。

（1）建筑施工图的编排顺序。建筑施工图的基本图纸一般按如下顺序编排：总平面图、平面图、立面图、剖面图、墙身剖面图、其他详图（包括楼梯、门、窗、厕所、浴室及各种装修、构造的详细做法）等。

（2）结构施工图的编排顺序。结构施工图的基本图纸一般按如下顺序编排：基础图、柱网布置图、楼层结构布置图、屋顶结构布置图、构件图（包括柱、梁、板、楼梯、雨篷）等。

第二节　房屋建筑制图国家标准

建筑工程图是标准化、规范化的图纸，绘图时必须严格遵守国家标准中的有关规定。我国现行的建筑制图规定主要有《房屋建筑制图统一标准》（GB/T 50001—2010）、《总图制图标准》（GB/T 50103—2010）、《建筑制图标准》(GB/T 50104—2010)、《建筑结构制图标准》(GB/T 50105—2010)等。这些标准旨在统一制图表达,提高制图和识图的效率,便于阅读及交流。

为方便学习,现对建筑施工图中的常用规定和表示方法做简单介绍。

一、图线

在建筑工程图中,为了表明不同的内容并使层次分明,须采用不同线型和线宽的图线来绘制。图线的线型和线宽的选用见表 8-1。

表 8-1 图线的线型、线宽及用途

名称	线宽	用途
粗实线	b	(1)平、剖面图中被剖切的主要建筑构造(包括构配件)的轮廓线; (2)建筑立面图或室内立面图的外轮廓线; (3)建筑构造详图中被剖切的主要部分的轮廓线; (4)建筑构配件详图中的外轮廓线; (5)平、立、剖面图的剖切符号
中实线	$0.5b$	(1)平、剖面图中剖切的次要建筑构造(包括构配件)的轮廓线; (2)建筑平、立、剖面图中建筑构配件的轮廓线; (3)建筑构造详图及建筑构配件详图中的一般轮廓线
细实线	$0.25b$	小于 $0.5b$ 的图形线、尺寸线、尺寸界限、图例线、索引符号、标高符号、详图材料做法、引出线等
中虚线	$0.5b$	(1)建筑构造及建筑构配件不可见的轮廓线; (2)平面图中的起重机(吊车)轮廓线; (3)拟扩建的建筑物轮廓线
细虚线	$0.25b$	图例线、小于 $0.5b$ 的不可见轮廓线
粗单点长画线	b	起重机(吊车)轨道线
细单点长画线	$0.25b$	中心线、对称线、定位轴线等
折断线	$0.25b$	不需画全的断开界线
波浪线	$0.25b$	不需画全的断开界线、构造层次的断开界线
注:地平线的线宽可用 $1.4b$。		

二、定位轴线

定位轴线是用来确定建筑物主要承重结构或构件位置及其标志尺寸的基准线。在建筑工程图中，凡承重墙、柱、梁或屋架等主要承重构件都必须画出其定位轴线。

定位轴线应用细单点长画线绘制。定位轴线应编号，编号应注写在轴线端部的圆内。圆应用细实线绘制，直径为 8～10 mm。定位轴线圆的圆心应在定位轴线的延长线上或延长线的折线上。

组合较复杂的平面图中，定位轴线也可采用分区编号，如图 8-1 所示。编号的注写形式应为“分区号－该分区编号”。“分区号－该分区编号”采用阿拉伯数字或大写拉丁字母表示。除较复杂的需采用分区编号或圆形、折线形外，平面图上定位轴线的编号，宜标注在图样的下方或左侧。横向编号应用阿拉伯数字，从左至右顺序编写；竖向编号应用大写拉丁字母，从下至上顺序编写，如图 8-2 所示。

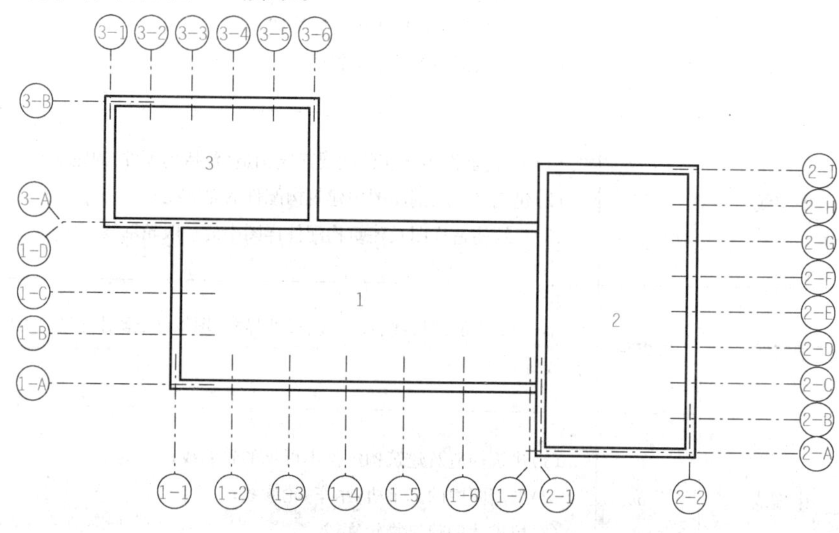

图 8-1 定位轴线的分区编号

拉丁字母作为轴线编号时，应全部采用大写字母，不应用同一个字母的大小写来区分轴线号。拉丁字母的 I、O、Z 不得用作轴线编号。当字母数量不够使用时，可增用双字母或单字母加数字注脚。

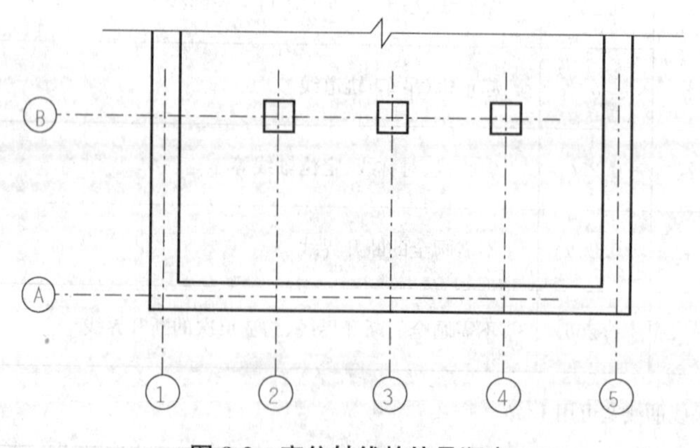

图 8-2 定位轴线的编号顺序

一些特殊定位轴线的编号见表 8-2。

表 8-2　特殊定位轴线的编号

名称	轴线编号	说明
附加定位轴线编号	1/2	表示②号轴线之后附加的第一根轴线
	3/C	表示Ⓒ号轴线之后附加的第三根轴线
	1/01	表示①号轴线之前附加的第一根轴线
	3/0A	表示Ⓐ号轴线之前附加的第三根轴线
详图的轴线编号	① ③；① ③	适用于 2 根轴线时
	① 3,6,…	适用于 3 根或 3 根以上轴线时
	① ~ ⑮	适用于 3 根以上连续编号的轴线时
圆形与弧形的定位轴线的编号	⑤ ④ ⑥ ③ Ⓑ Ⓐ ① ②；⑤ Ⓒ Ⓑ Ⓐ ④ ① ② ③	圆形与弧形平面图中的定位轴线，其径向轴线应以角度进行定位，其编号宜用阿拉伯数字表示，从左下角或－90°(若径向轴线很密，角度间隔很小)开始，按逆时针顺序编写；其环向轴线宜用大写阿拉伯字母表示，从外向内顺序编写

三、索引符号和详图符号

建筑工程中，有时会因为比例问题而无法表达清楚某一局部，为方便施工需另画详图。一般用索引符号注明画出详图的位置、详图的编号以及详图所在的图纸编号。索引符号和详图符号内的详图编号与图纸编号两者对应一致。

索引符号的圆和引出线均应以细实线绘制，圆直径为 10 mm。引出线应对准圆心，圆内过圆心画一水平线，上半圆中用阿拉伯数字注明该详图的编号，下半圆中用阿拉伯数字注明该详图所在图纸的图纸号。如果详图与被索引的图样在同一张图纸内，则在下半圆中间画一水平细实线。索引出的详图如采用标准图，应在索引符号水平直径的延长线上加注该标准图册的编号。当索引符号用于索引剖面详图时，应在被剖切的部位绘制剖切位置线。引出线所在一侧应为投射方向。

详图符号用一粗实线圆绘制，直径为 14 mm。详图与被索引的图样同在一张图纸内时，应在符号内用阿拉伯数字注明详图编号。如不在同一张图纸内，可用细实线在符号内画一水平直径，在上半圆中注明详图编号，在下半圆中注明被索引图纸号，见表 8-3。

表 8-3 索引符号与详图符号

名称	符号	说明
详图的索引符号	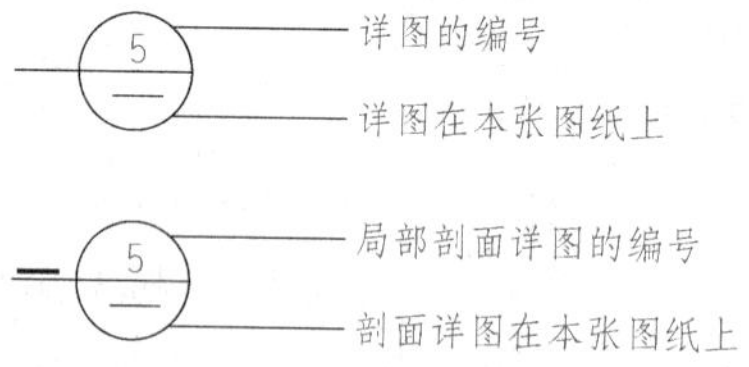 5 / — 详图的编号 详图在本张图纸上 5 / — 局部剖面详图的编号 剖面详图在本张图纸上	细实线单圆圈直径应为 10 mm 详图在本张图纸上 剖开后从上往下投影
	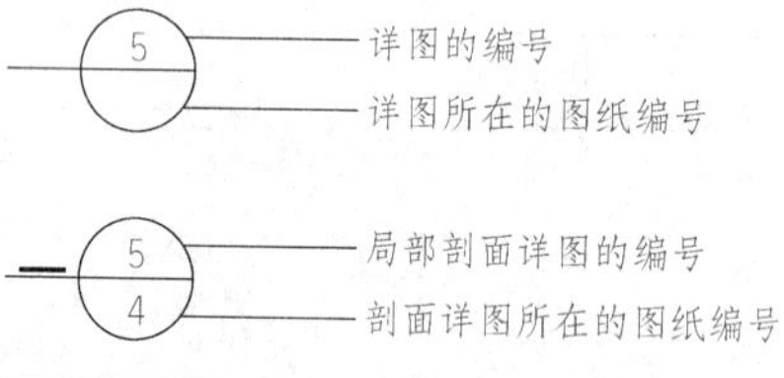 5 详图的编号 详图所在的图纸编号 5 / 4 局部剖面详图的编号 剖面详图所在的图纸编号	详图不在本张图纸上 剖开后从下往上投影
	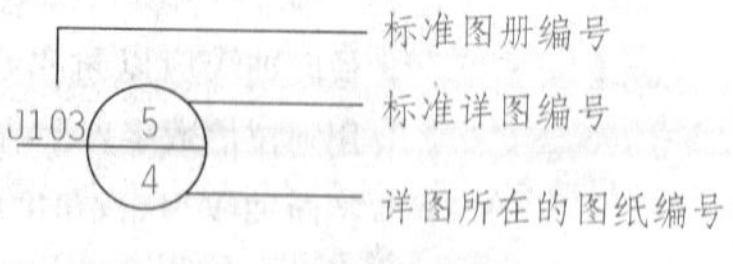 J103 5 / 4 标准图册编号 标准详图编号 详图所在的图纸编号	标准详图
详图的符号	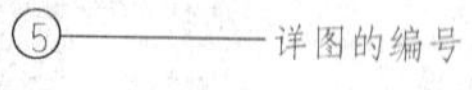 5 详图的编号	粗实线单圆圈直径应为 14 mm 被索引的在本张图纸上
	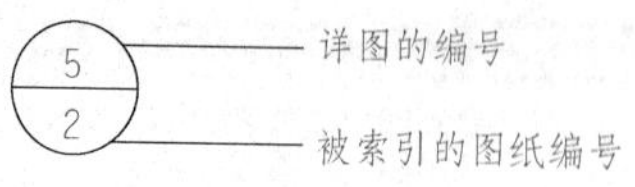 5 / 2 详图的编号 被索引的图纸编号	被索引的不在本张图纸上

四、标高

在总平面图、平面图、立面图、剖面图上，常用标高符号表示某一部位的高度。标高符号应以直角等腰三角形表示，用细实线绘制。标高符号的尖端可以向上也可以向下，但均应指到被注高度平面。同一张图样上的标高符号应大小相等并尽量对齐。表 8-4 列出了各种标高的符号。

表 8-4　标高符号

名称	符号	说明
总平面图标高	≈3 mm 45°	用涂黑的等腰三角形表示
平面图标高	≈3 mm 45°	用细实线绘制的等腰三角形表示
立面图、剖面图标高	≈3 mm 45° 所注部位的引出线	引出线可在左侧或右侧
标高的指向	5.250 5.250	标高符号的尖端一般向上，也可向下
用同一位置注写多个标高	(9.600) (6.400) 3.700	零点标高应注写成±0.000，正数标高不注“＋”，负数标高应注“－”
特殊标高	*l* *h* ≈3 mm 45°	*l*——取适当长度注写标高数字； *h*——根据需要取适当长度

相关链接

1. 绝对标高和相对标高

我国把青岛附近黄海的平均海平面定为绝对标高的零点，其他各地的标高都以它作为基准。建筑工程图中，一般只有总平面图中的室外地坪标高为绝对标高；凡标高的基准面(即零点标高±0.000)是根据工程需要而各自选定的标高称为相对标高。通常把新建建筑物的底层室内地面作为相对标高的基准面。

2. 建筑标高和结构标高

标注在建筑物装饰面层处的标高为建筑标高，标注在梁底、板底等处的标高为结构标高，如图 8-3 所示。

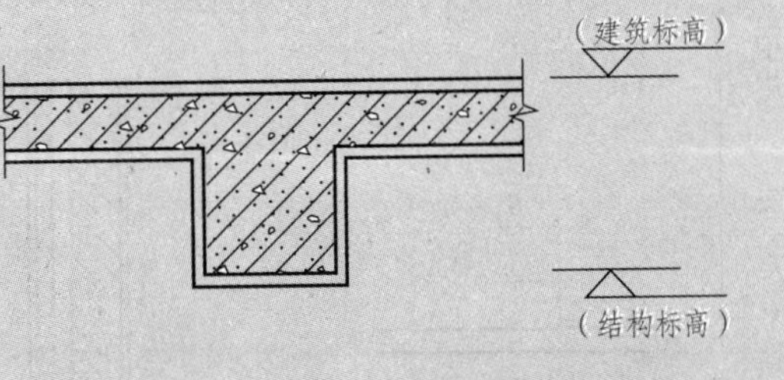

图 8-3　建筑标高和结构标高

五、引出线

在建筑工程图中，某些部位需要用文字或详图加以说明的，可用引出线从该部位引出，具体见表 8-5。

表 8-5　引出线

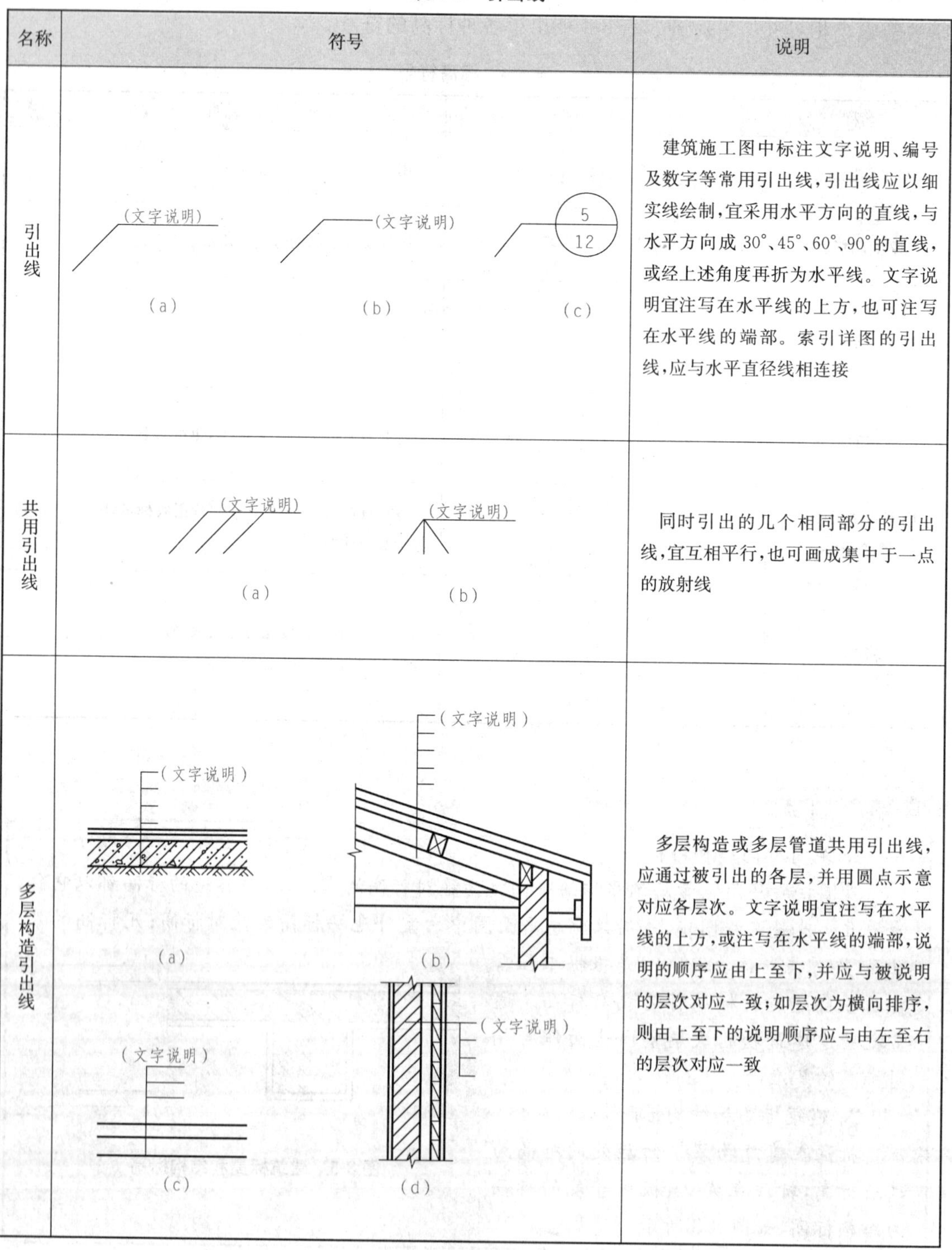

名称	符号	说明
引出线	(文字说明) (a)　(文字说明) (b)　5 12 (c)	建筑施工图中标注文字说明、编号及数字等常用引出线，引出线应以细实线绘制，宜采用水平方向的直线，与水平方向成 30°、45°、60°、90°的直线，或经上述角度再折为水平线。文字说明宜注写在水平线的上方，也可注写在水平线的端部。索引详图的引出线，应与水平直径线相连接
共用引出线	(文字说明) (a)　(文字说明) (b)	同时引出的几个相同部分的引出线，宜互相平行，也可画成集中于一点的放射线
多层构造引出线	(文字说明) (a)　(文字说明) (b)　(文字说明) (c)　(文字说明) (d)	多层构造或多层管道共用引出线，应通过被引出的各层，并用圆点示意对应各层次。文字说明宜注写在水平线的上方，或注写在水平线的端部，说明的顺序应由上至下，并应与被说明的层次对应一致；如层次为横向排序，则由上至下的说明顺序应与由左至右的层次对应一致

六、其他符号

其他符号见表 8-6。

表 8-6　其他符号

名称	符号	编号
对称符号		对称符号由对称线和两端的两对平行线组成。对称线用细单点长画线绘制；平行线用细实线绘制，其长度宜为 6～10 mm，每对的间距宜为 2～3 mm；对称线垂直平分于两对平行线，两端超出平行线宜为 2～3 mm
连接符号	A A A A A—连接编号	连接符号应以折断线表示需连接的部位。两部位相距过远时，折断线两端靠图样一侧应标注大写拉丁字母表示连接编号。两个被连接的图样应用相同的字母编号
指北针	北	圆的直径宜为 24 mm，用细实线绘制；指针尾部的宽度宜为 3 mm，指针头部应注“北”或“N”字。需用较大直径绘制指北针时，指针尾部的宽度宜为直径的 1/8
变更云线	1	对图纸中局部变更部分宜采用云线，并宜注明修改版次

第九章 建筑施工图识读

本章导读

建筑物是供人们生活、生产、工作、学习和娱乐的场所，与人们关系密切。将一幢拟建建筑物的内外形状和大小，以及各部分的结构、构造、装饰、设备等内容，按照有关规范的规定，用正投影方法，详细准确地画出图样，用以指导施工，这些图样就是建筑施工图。建筑施工图是表示建筑物的总体布局、外部造型、内部布置、细部构造做法、内外装饰、固定设施和施工要求的图样，是房屋施工放线、砌筑、安装门窗、室内外装修和编制施工概预算及施工组织计划的主要依据。本章将对建筑施工图的组成、图示内容等进行系统、详细的阐述。

第一节 首页图和建筑总平面图

一、首页图

首页图是一套建筑施工图的第一页图纸，其内容包括图纸目录、建筑设计总说明、工程做法、门窗表等，有时还将建筑总平面图也放在首页图中。

1. 图纸目录

图纸目录如同一本书的目录，起编排图纸顺序的作用，说明该项工程是由哪几个工种的图样所组成的，一般设置为表格形式，每一项工程少则几十张图纸，多则上百张图纸，为便于查找图样，应统计各工程图纸的名称、张数和幅面大小，进行顺序编号，并编制图纸目录，以方便了解该工程的图纸内容以及相对应的图纸号。有时图纸大小也反映在图纸目录中。表 1-4 即为某工程的图纸目录。

2. 建筑设计总说明

建筑设计总说明是建筑专业施工图的主要文字部分。设计总说明主要是对建筑施工图中未能详细表达或不易用图形表达的内容等采用文字或图表形式加以说明。建筑设计总说明反映该工程的工程概况及总体施工要求。建筑设计总说明对于指导整个施工至关重要。

建筑设计总说明中的内容一般包括:施工图的主要设计依据;工程概况(如工程名称、建设地点、建筑面积、建筑层数、工程地质条件、设计使用年限、抗震设防烈度、耐火等级、屋面防水等级、本项目的相对标高与总图绝对标高的对应关系等);结构类型,主要结构的施工方法;室内室外的用料说明、装修及做法(必要时可单独列成装修表);采用新材料、新技术的做法说明;施工项目的技术要求;对图样上未能详细注写的用料、做法或需要统一说明的问题进行详细说明;构件使用或套用标准图的图集代号等。其中设计依据一般指该项目工程施工图设计的依据性文件、上级批文和相关设计规范。

3. 工程做法

工程做法表是对建筑物各部位构造、做法、层次、选材、尺寸、施工要求等的备注说明,是现场施工和备料、施工监理、工程预决算的重要技术文件(表 9-1)。若采用标准图集中的做法,应注明标准图集的代号,以便查找。

表 9-1　工程做法表(部分)

编号	名称		施工部位	做法	备注
1	外墙面	涂料墙面	见立面图	98J1 外 14	颜色由甲方定
2	外墙面	瓷砖墙面	厨房、卫生间、阳台	98J1 内 43	颜色及规格由甲方定
3	踢脚	水泥砂浆踢脚	卫生间不做	98J1 踢 1	
4	楼面	水泥砂浆楼面	仅用于楼梯间	98J1 楼 1	
		地砖楼面	客厅、餐厅、卧室	98J1 楼 12	颜色及规格由甲方定
		地砖楼面	厨房、卫生间	98J1 楼 14	颜色及规格由甲方定
5	顶棚	乳胶漆顶棚	所有	98J1 棚 7	
6	油漆		木件	98J1 油 6	
			铁件	98J1 油 22	
7	散水			98J1 散 3	宽度 1 500 mm

4. 门窗表

门窗表是对建筑物上所有不同类型的门窗的统计表格,作为施工及预算的依据。门窗表应反映门窗的编号、类型、尺寸、数量、选用的标准图集编号等见表 9-2。

表 9-2　门窗表(部分)

类别	编号	名称	洞口尺寸/mm		数量	图集编号	备注
			宽	高			
门	M—1	塑钢门	2 400	2 700	2	98J4(一)-51-2PM-59	现场
	M—2	木门	1 000	2 400	25	98J4(一)-6-1M-37	
	⋮	⋮	⋮	⋮	⋮	⋮	
窗	C—1	塑钢窗	1 800	2 100	2	98J4(一)-39-1TC-76	
	C—2	塑钢窗	1 200	1 800	16	98J4(一)-39-1TC-46	
	⋮	⋮	⋮	⋮	⋮	⋮	

二、建筑总平面图

1. 建筑总平面图的形成和作用

将新建工程四周一定范围内的新建、扩建、原有和拆除的建筑物、构筑物连同其周围的地形、地物状况用水平投影的方法和相应的图例所画出的图样,即建筑总平面图。

建筑总平面图是表明新建房屋基地所在范围内总体布置的图样,主要表达新建房屋的位置和朝向,与原有建筑物的关系,周围道路、绿化布置及地形地貌等内容。建筑总平面图是新建房屋定位、土方施工以及绘制水、暖、电等管线总平面图和施工总平面图的依据。

2. 建筑总平面图的内容

建筑总平面图应包括以下内容:

(1)保留的地形和地物。

(2)测量坐标网、坐标值,场地范围的测量坐标(或定位尺寸),道路红线、建筑控制线、用地红线。

(3)场地四邻原有及规划的道路、绿化带等的位置(主要坐标或定位尺寸)和主要建筑物及构筑物的位置、名称、层数、间距。

(4)建筑物、构筑物的位置(人防工程、地下车库、油库、储水池)等隐蔽工程用虚线表示。

(5)与各类控制线的距离,其中主要建筑物、构筑物应标注坐标(或定位尺寸)、与相邻建筑物之间的距离及建筑物总尺寸、名称(或编号)、层数。

(6)道路、广场的主要坐标(或定位尺寸),停车场及停车位、消防车道及高层建筑消防扑救场地的布置,必要时加绘交通流线示意。

(7)绿化、景观及休闲设施的布置示意,并标示护坡、挡土墙、排水沟等。

(8)指北针或风玫瑰图。

(9)主要技术经济指标表。

(10)说明栏内注写:尺寸单位、比例,地形图的测绘单位、日期,坐标及高程系统名称(如为场地建筑坐标网时,应说明其与测量坐标网的换算关系),补充图例及其他必要的说明等。

3. 建筑总平面图的识读

(1)首先看清总平面图所用的比例、图例及有关文字说明。总平面图由于所绘区域范围比较大,所以一般绘制时采用较小的比例。常用的比例有 1∶500、1∶1 000、1∶2 000 等。总平面图中的尺寸(如标高、距离、坐标等)宜以米(m)为单位,并应至少取至小数点后两位,不足时以"0"补齐。

总平面图中所使用的图例应采用《总图制图标准》(GB/T 50103—2010)中的相应的图例(表 9-3)绘制而成。

表 9-3 总平面图例

名称	图例	说明	名称	图例	说明
新建建筑物	X= Y= ① 12F/2D H=59.00 m	新建建筑物以粗实线表示与室外地坪相接处±0.00外墙定位轮廓线。 建筑物一般以±0.00高度处的外墙定位轴线交叉点坐标定位。轴线用细实线表示,并标明轴线号。 根据不同设计阶段标注建筑编号,地上、地下层数,建筑高度,建筑出入口位置(两种表示方法均可,但同一图纸采用一种表示方法)。 地下建筑物以粗虚线表示其轮廓。 建筑上部(±0.00以上)外挑建筑用细实线表示。 建筑物上部连廊用细虚线表示并标注位置	新建的道路	0.3% 100.00 R=6.00 107.50	"R8"表示道路转弯半径为 8 m;"50.00"为路面中心控制点标高;"5"表示 5%,为纵向坡度;"45.00"表示变坡点间距离
原有的建筑物		用细实线表示	原有的道路		
计划扩建的预留地或建筑物		用中粗虚线表示	计划扩建的道路		

续表

名称	图例	说明	名称	图例	说明
拆除的建筑物		用细实线表示	拆除的道路		
坐标	(1) X=105.00 Y=425.00 (2) A=105.00 B=425.00	(1)表示地形测量坐标系。 (2)表示自设坐标系。 坐标数字平行于建筑标注	桥梁		用于旱桥时应注明 上图为公路桥，下图为铁路桥
围墙及大门		上图表示实体性质的围墙，下图表示通透性质的围墙，如仅表示围墙时不画大门	护坡		(1)边坡较长时，可在一端或两端局部表示 (2)下边线为虚线时，表示填方
		—	填挖边坡		—
台阶及无障碍坡道	(1) (2)	(1)表示台阶(级数仅为示意)。 (2)表示无障碍坡道	挡土墙	5.00 1.50	挡土墙根据不同设计阶段的需要标注 墙顶标高 墙底标高
铺砌场地			挡土墙上设围墙		—

(2)了解新建工程的性质和总体布局，如各种建筑物及构筑物的位置、道路和绿化的布置等。由于总平面图的比例较小，各有关物体均不能按照投影关系如实反映出来，只能用图例的形式进行绘制。要读懂总平面图，必须熟悉总平面图中常用的各种图例。

在总平面图中，为了说明房屋的用途，在房屋的图例内应标注出名称。当图样比例小或图面无足够位置时，也可编号列表编注在图内。当图形过小时，可标注在图形外侧附近。同时，还要在图形的右上角标注房屋的层数符号，一般以数字表示，如 14 表示该房屋为 14 层，当层数不多时，也可用小圆点数量来表示，如“∶∶”表示为 4 层。

(3)看新建房屋的定位尺寸。新建房屋的定位方式基本上有两种。一种是以周围其他建筑物或构筑物为参照物，实际绘图时，标明新建房屋与其相邻的原有建筑物或道路中心线的相对位置尺寸；另一种是以坐标表示新建筑物或构筑物的位置。

当新建建筑区域所在地形较为复杂时，为了保证施工放线的准确，常用坐标定位。坐标定位分为测量坐标和建筑坐标两种：

1)测量坐标。在地形图上用细实线画成交叉十字线的坐标网，南北方向的轴线为 X，东西方向的轴线为 Y，这样的坐标称为测量坐标。坐标网常采用 100 m×100 m 或 50 m×50 m 的方格网。一般建筑物的定位宜注写其三个角的坐标，如建筑物与坐标轴平行，可注写其对角坐标，如图 9-1 所示。

2)建筑坐标。建筑坐标就是将建设地区的某一点定为"0"，采用 100 m×100 m 或 50 m×50 m 的方格网，沿建筑物主轴方向用细实线画成方格网通线，竖直方向为 A 轴，水平方向为 B 轴，适用于房屋朝向与测量坐标方向不一致的情况，其标注形式如图 9-2 所示。

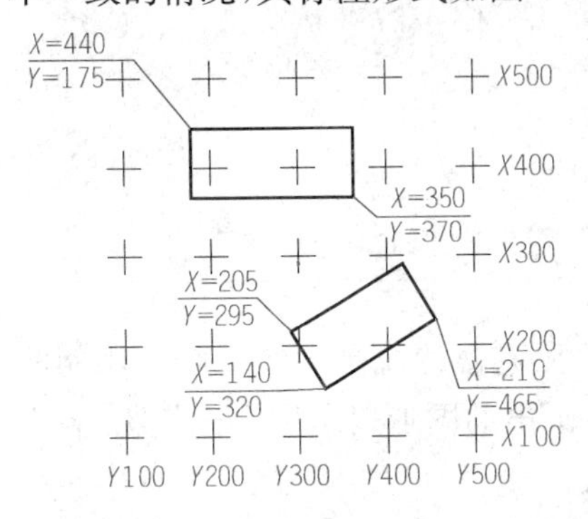

图 9-1　测量坐标定位

A=120
B=285
B300
A=265
B=215
B200
A=420
B=125
B100
A=270
B=75
B0
A0
A100
A200
A300
A400

图 9-2　建筑坐标定位

(4)了解新建建筑附近的室外地面标高，明确室内外高差。总平面图中的标高均为绝对标高，如标注相对标高，则应注明相对标高与绝对标高的换算关系。建筑物室内地坪，标注建筑图中±0.000 处的标高，对不同高度的地坪分别标注其标高，如图 9-3 所示。

(5)看总平面图中的指北针，明确建筑物及构筑物的朝向；有时还要画上风向频率玫瑰图，用来表示该地区的常年风向频率。风向频率玫瑰图的画法如图 9-4 所示。风向频率玫瑰图用于反映建筑场地范围内常年的主导风向和六、七、八月的主导风向(用虚线表示)，共有 16 个方向。风向是指从外侧刮向中心。刮风次数多的风，在图上离中心远，称为主导风。

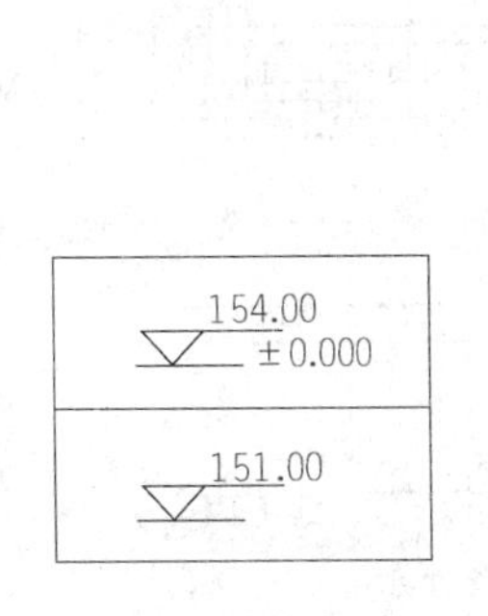

图 9-3　标高注写法

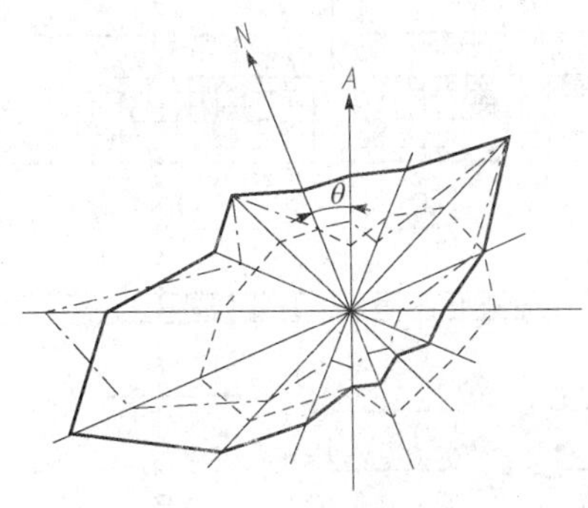

图 9-4　风向频率玫瑰图的画法

明确风向有助于建筑构造的选用及材料的堆场，如有粉尘污染的材料应堆放在下风向等。

相关链接

风玫瑰图是根据当地多年的风向资料将全年365天中各不同风向的天数用同一比例绘在东、南、西、北、东南、东北、西北、西南等8个方位线上，并用实线连接成多边形。在风玫瑰图中实线围成的折线图表示全年的风向频率，离中心点最远的风向表示常年中该风向的刮风天数最多，称为当地的常年主导风向。用虚线围成的封闭折线表示当地夏季6、7、8三个月的风向频率，如图9-5所示。

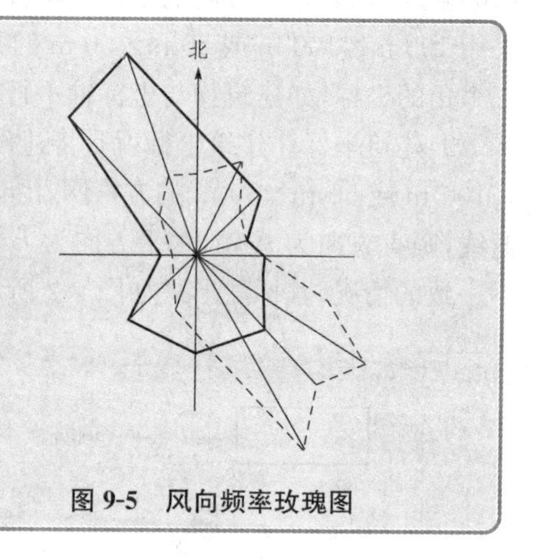

图9-5 风向频率玫瑰图

【例9-1】 图9-6是某学校拟建教师住宅楼的总平面图。图中用粗实线画出的图形表示新建住宅楼，用中实线画出的图形表示原有建筑物，各个平面图形内的小黑点数表示房屋的层数。

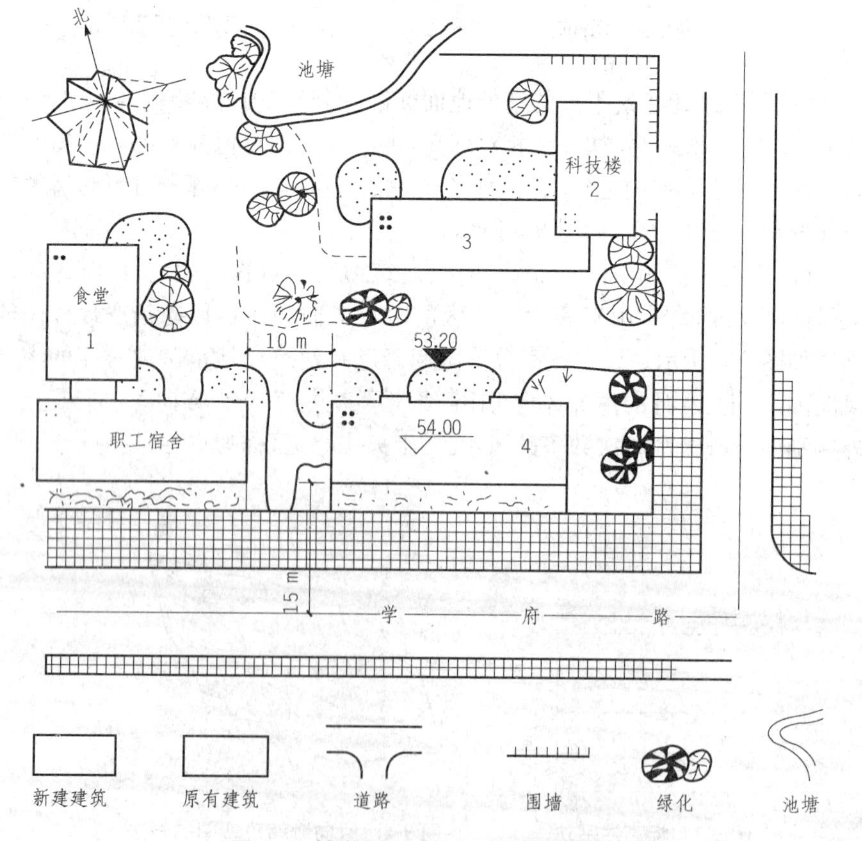

图9-6 某学校拟建教师住宅总平面图

第二节　建筑平面图

一、建筑平面图的形成与用途

假想用一水平的剖切面沿门窗洞的位置将房屋剖切后，将留下的部分按俯视方向在水平投影面上作正投影所得到的图样，主要用来表示房屋的平面布置情况，即为建筑平面图，简称为平面图，如图 9-7 所示。它主要反映出房屋的平面形状、大小和房间的布置，墙或柱的位置、大小、厚度和材料，门窗的类型和位置等情况。建筑平面图在施工过程中是放线、砌墙、安装门窗及编制概预算的依据。施工备料、施工组织都要用到平面图。

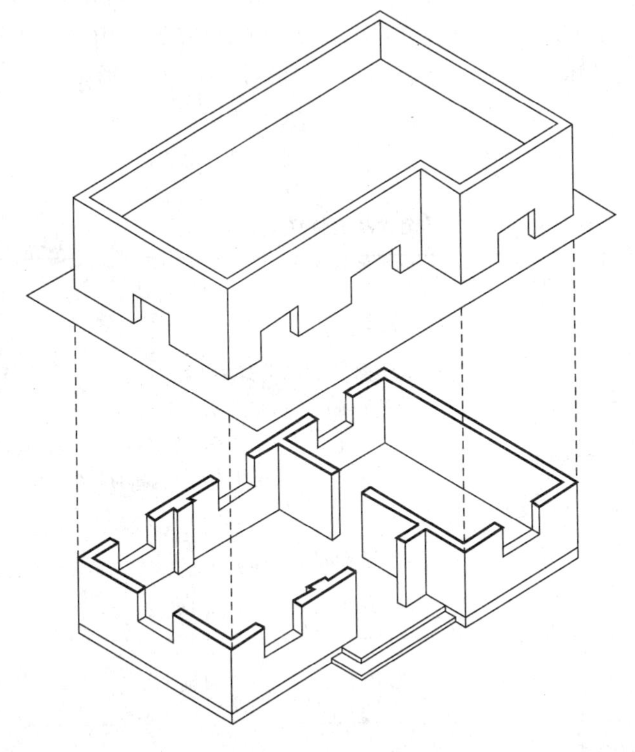

图 9-7　平面图的形成

一般来讲，房屋有几层就应画几个平面图，并在图的下方标注相应的图名，如底层平面图、二层平面图…顶层平面图、屋顶平面图。高层及多层建筑中存在着许多平面布局相同的楼层，它们可用一个平面图来表达，称为“标准层平面图”或“×～×层平面图”。

在底层平面图（一层平面图或首层平面图）中要画出室外台阶（坡道）、花池、散水、雨水管的形状及位置、室外地坪标高、建筑剖面图的剖切符号及指北针，而其他各层平面图不用表示。在二层平面图（或标准层平面图）中表示出雨篷。

因建筑平面图是水平剖面图，因此在绘图时，应按剖面图的方法绘制，凡被剖切到的墙、柱断面轮廓线用粗实线画出，没有剖到的可在轮廓线用中实线或细实线画出。尺寸线、尺寸界线、引出线、图例线、索引符号、标高符号等用细实线画出，轴线用细单点长画线画出。

二、建筑平面图的图示内容

1. 比例、图线、图例

建筑平面图的比例一般根据房屋的大小和复杂程度采用 1∶50、1∶100、1∶200。

建筑平面图中的图形，一般来说，剖切的墙、柱断面用粗实线画；没有剖切到的可见轮廓线用中实线画；尺寸线、标高符号用细实线画；定位轴线用细单点长画线画。

由于绘制建筑平面的比例较小，因此某些内容无法用真实投影绘制，如门、窗等一些尺度较小的建筑构配件，可以使用图例来表示。图例应按《建筑制图标准》(GB/T 50104—2010)中的规定绘制。表 9-4 给出了常用建筑构造及配件图例。

表 9-4 常用建筑构造及配件图例

序号	名称	图 例	备 注
1	墙体		(1)上图为外墙，下图为内墙。 (2)外墙细线表示有保温层或有幕墙。 (3)应加注文字或涂色或图案填充表示各种材料的墙体。 (4)在各层平面图中防火墙宜着重以特殊图案填充表示
2	隔断		(1)加注文字或涂色或图案填充表示各种材料的轻质隔断。 (2)适用于到顶与不到顶隔断
3	玻璃幕墙		幕墙龙骨是否表示由项目设计决定
4	栏杆		—
5	楼梯	下 下 上 上	(1)上图为顶层楼梯平面，中图为中间层楼梯平面，下图为底层楼梯平面。 (2)需设置靠墙扶手或中间扶手时，应在图中表示

续表

序号	名称	图　例	备　注
6	坡道	下	长坡道
		下 下 下	上图为两侧垂直的门口坡道，中图为有挡墙的门口坡道，下图为两侧找坡的门口坡道
7	台阶	下	—
8	平面高差	×× ××	用于高差小的地面或楼面交接处，并应与门的开启方向协调
9	检查口		左图为可见检查口，右图为不可见检查口
10	孔洞		阴影部分可填充灰度或涂色代替
11	坑槽		—
12	墙预留洞、槽	宽×高或ϕ 标高 宽×高或ϕ×深 标高	(1)上图为预留洞，下图为预留槽。 (2)平面以洞(槽)中心定位。 (3)标高以洞(槽)底或中心定位。 (4)宜以涂色区别墙体和预留洞(槽)
13	地沟		上图为有盖板地沟，下图为无盖板明沟

续表

序号	名称	图例	备注
14	烟道		(1)阴影部分亦可填充灰度或涂色代替。 (2)烟道、风道与墙体为相同材料,其相接处墙身线应连通。 (3)烟道、风道根据需要增加不同材料的内衬
15	风道		
16	新建的墙和窗		—
17	改建时保留的墙和窗		只更换窗,应加粗窗的轮廓线
18	拆除的墙		—
19	改建时在原有墙或楼板新开的洞		—
20	在原有墙或楼板洞旁扩大的洞		图示为洞口向左边扩大
21	在原有墙或楼板上全部填塞的洞		全部填塞的洞; 图中立面填充灰度或涂色

序号	名称	图　例	备　注
22	在原有墙或楼板上局部填塞的洞	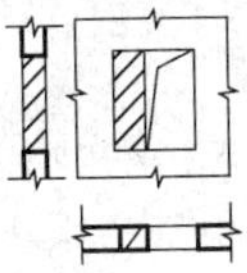	左侧为局部填塞的洞； 图中立面填充灰度或涂色
23	空门洞	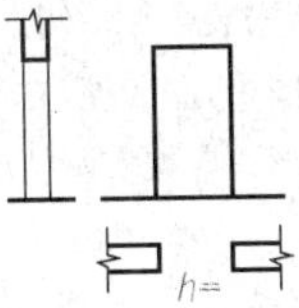	h 为门洞高度
24	单面开启单扇门（包括平开或单面弹簧）	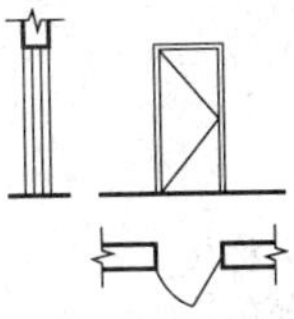	（1）门的名称代号用 M 表示。 （2）平面图中，下为外，上为内。门开启线为 90°、60°或 45°，开启弧线宜绘出。 （3）立面图中，开启线实线为外开，虚线为内开。开启线交角的一侧为安装合页一侧。开启线在建筑立面图中可不表示，在立面大样图中可根据需要绘出。 （4）剖面图中，左为外，右为内。 （5）附加纱扇应以文字说明，在平、立、剖面图中均不表示。 （6）立面形式应按实际情况绘制
	双面开启单扇门（包括双面平开或双面弹簧）	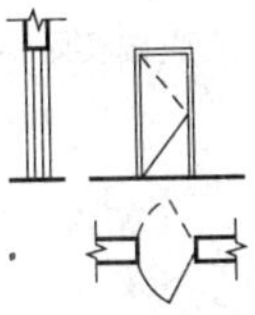	
	双层单扇平开门	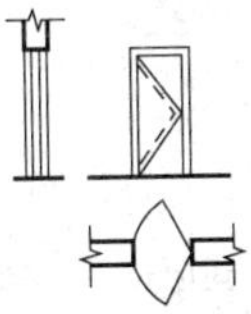	
25	单面开启双扇门（包括平开或单面弹簧）	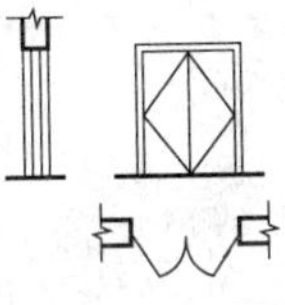	
	双面开启双扇门（包括双面平开或双面弹簧）	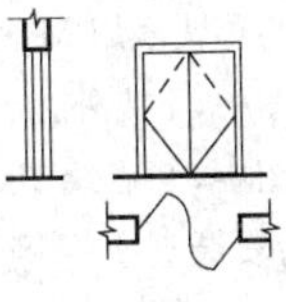	
	双层双扇平开门	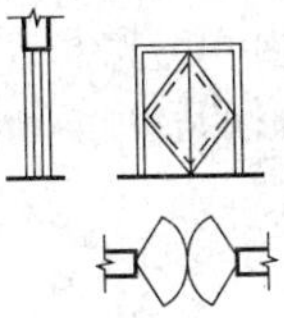	

续表

<table>
<tr><th>序号</th><th>名称</th><th>图　　例</th><th>备　　注</th></tr>
<tr><td rowspan="2">26</td><td>折叠门</td><td> 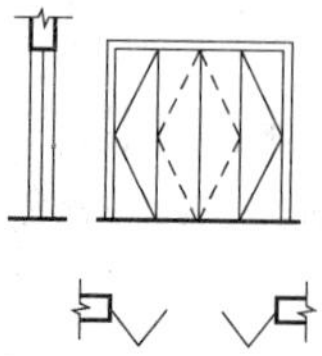</td><td rowspan="2">(1)门的名称代号用 M 表示。
(2)平面图中,下为外,上为内。
(3)立面图中,开启线实线为外开,虚线为内开。开启线交角的一侧为安装合页一侧。
(4)剖面图中,左为外,右为内。
(5)立面形式应按实际情况绘制</td></tr>
<tr><td>推拉
折叠门</td><td></td></tr>
<tr><td rowspan="4">27</td><td>墙洞外单
扇推拉门</td><td> 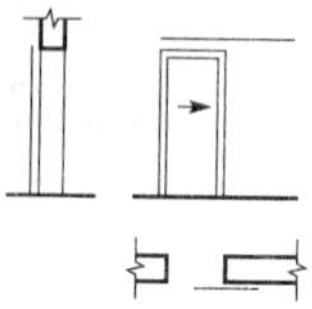</td><td rowspan="2">(1)门的名称代号用 M 表示。
(2)平面图中,下为外,上为内。
(3)剖面图中,左为外,右为内。
(4)立面形式应按实际情况绘制</td></tr>
<tr><td>墙洞外双
扇推拉门</td><td></td></tr>
<tr><td>墙中单扇
推拉门</td><td> 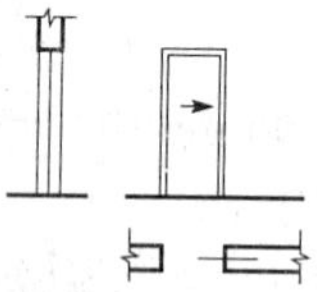</td><td rowspan="2">(1)门的名称代号用 M 表示。
(2)立面形式应按实际情况绘制</td></tr>
<tr><td>墙中双扇
推拉门</td><td></td></tr>
<tr><td>28</td><td>推杠门</td><td> 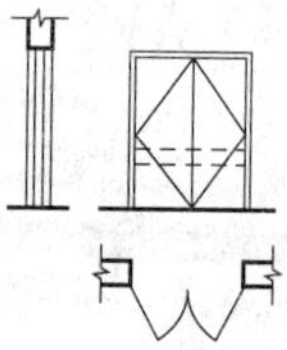</td><td rowspan="2">(1)门的名称代号用 M 表示。
(2)平面图中,下为外,上为内。门开启线为 90°、60°或 45°。
(3)立面图中,开启线实线为外开,虚线为内开。开启线交角的一侧为安装合页一侧。开启线在建筑立面图中可不表示,在室内设计门窗立面大样图中需绘出。
(4)剖面图中,左为外,右为内。
(5)立面形式应按实际情况绘制</td></tr>
<tr><td>29</td><td>门连窗</td><td></td></tr>
</table>

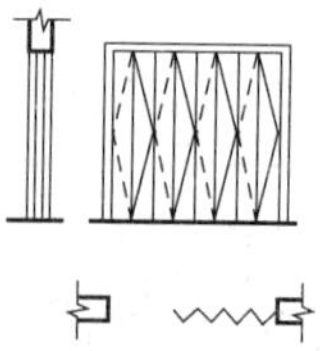

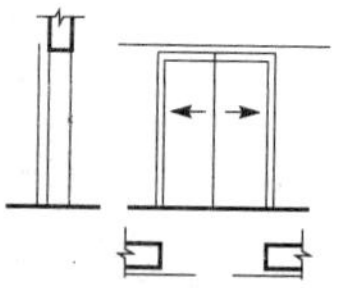

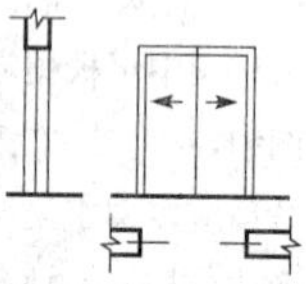

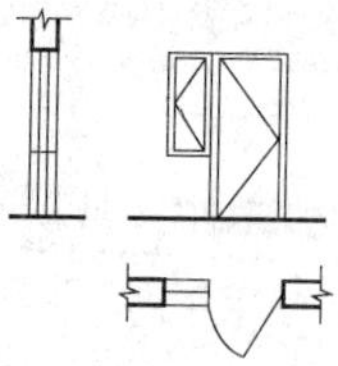

续表

<table>
<tr><th>序号</th><th>名称</th><th>图　例</th><th>备　注</th></tr>
<tr><td rowspan="2">30</td><td>旋转门</td><td> 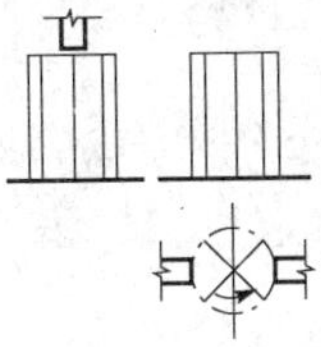</td><td rowspan="3">(1)门的名称代号用 M 表示。
(2)立面形式应按实际情况绘制</td></tr>
<tr><td>两翼智能旋转门</td><td></td></tr>
<tr><td>31</td><td>自动门</td><td></td></tr>
<tr><td>32</td><td>折叠上翻门</td><td> 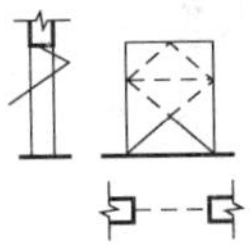</td><td>(1)门的名称代号用 M 表示。
(2)平面图中,下为外,上为内。
(3)剖面图中,左为外,右为内。
(4)立面形式应按实际情况绘制</td></tr>
<tr><td>33</td><td>提升门</td><td> 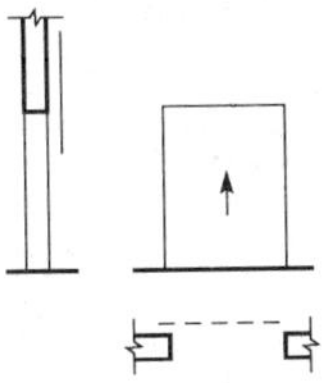</td><td rowspan="2">(1)门的名称代号用 M 表示。
(2)立面形式应按实际情况绘制</td></tr>
<tr><td>34</td><td>分节提升门</td><td></td></tr>
<tr><td rowspan="2">35</td><td>人防单扇防护密闭门</td><td> 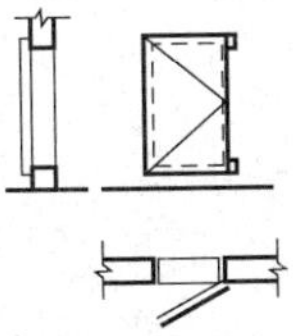</td><td rowspan="2">(1)门的名称代号按人防要求表示。
(2)立面形式应按实际情况绘制</td></tr>
<tr><td>人防单扇密闭门</td><td></td></tr>
</table>

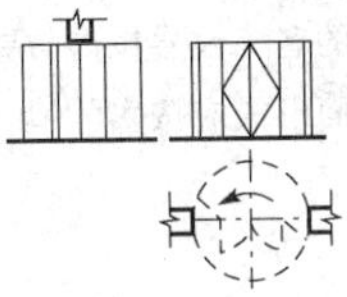

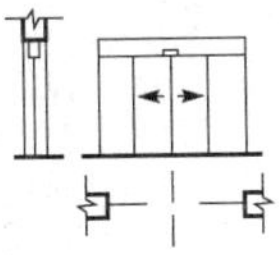

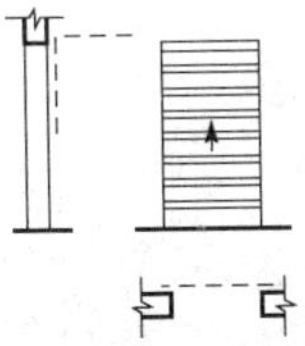

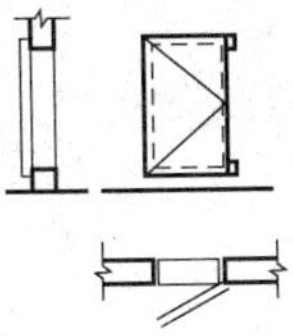

续表

序号	名称	图 例	备 注
36	人防双扇防护密闭门	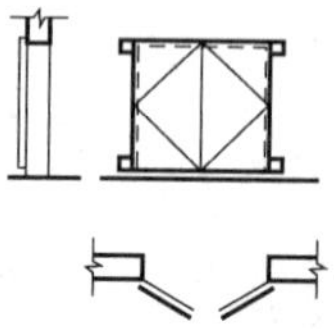	(1)门的名称代号按人防要求表示。 (2)立面形式应按实际情况绘制
	人防双扇密闭门	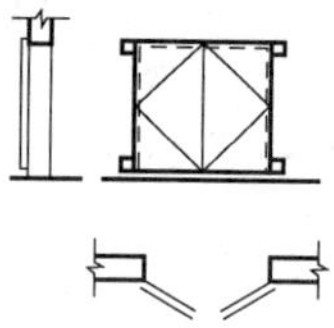	
37	横向卷帘门	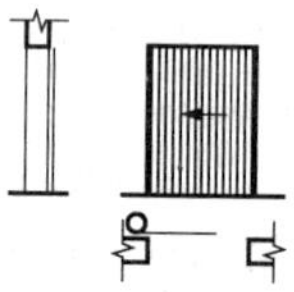	
	竖向卷帘门	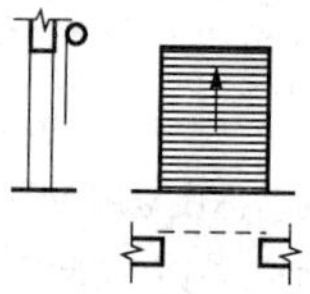	
	单侧双层卷帘门	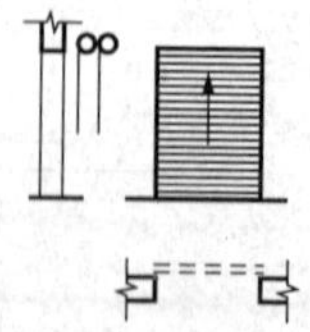	
	双侧单层卷帘门	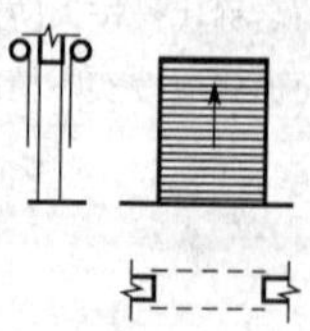	

续表

序号	名称	图例	备注
38	固定窗	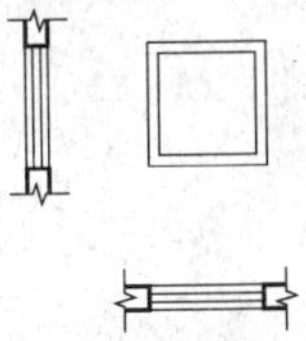	(1)窗的名称代号用C表示。 (2)平面图中,下为外,上为内。 (3)立面图中,开启线实线为外开,虚线为内开。开启线交角的一侧为安装合页一侧。开启线在建筑立面图中可不表示,在门窗立面大样图中需绘出。 (4)剖面图中,左为外、右为内。虚线仅表示开启方向,项目设计不表示。 (5)附加纱窗应以文字说明,在平、立、剖面图中均不表示。 (6)立面形式应按实际情况绘制
39	上悬窗	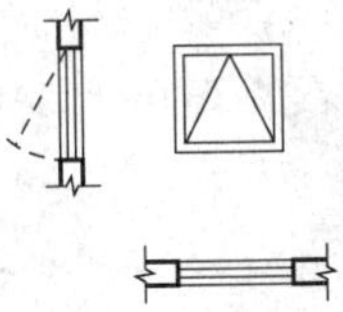	
	中悬窗	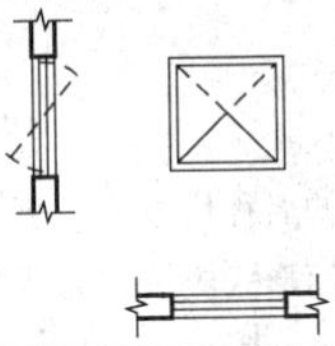	
40	下悬窗	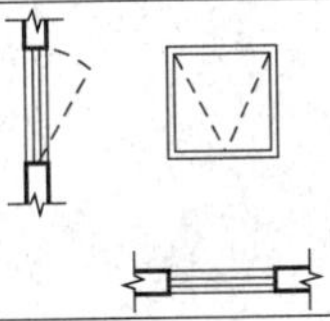	
41	立转窗	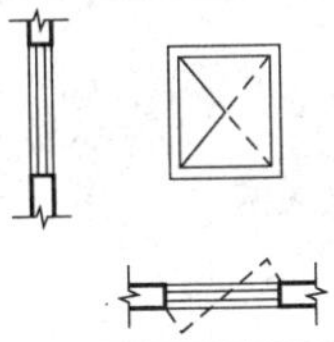	
42	内开平开内倾窗	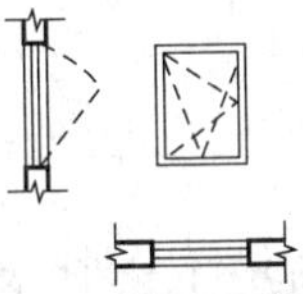	
43	单层外开平开窗	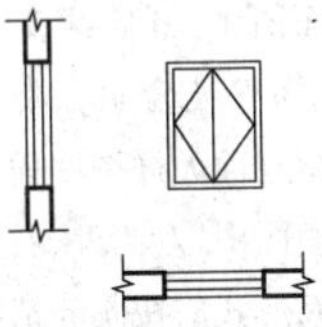	
	单层内开平开窗	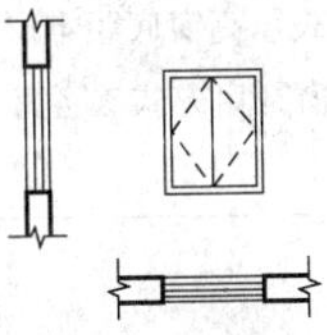	
	双层内外开平开窗	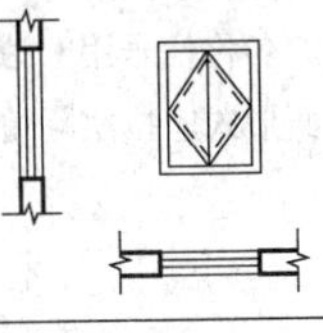	

续表

<table>
<tr><th>序号</th><th>名称</th><th>图　例</th><th>备　注</th></tr>
<tr><td rowspan="2">44</td><td>单层推拉窗</td><td> 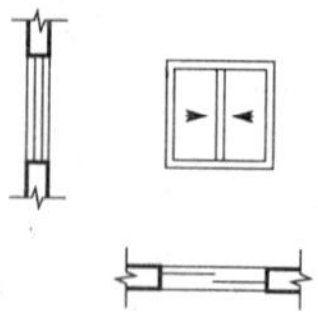</td><td rowspan="4">(1)窗的名称代号用C表示。
(2)立面形式应按实际情况绘制</td></tr>
<tr><td>双层推拉窗</td><td> 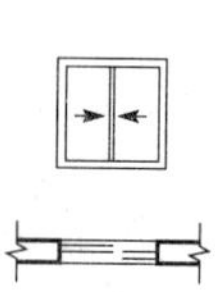</td></tr>
<tr><td>45</td><td>上推窗</td><td> 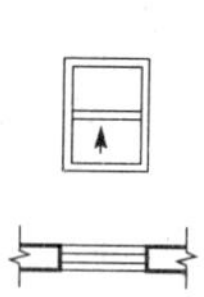</td></tr>
<tr><td>46</td><td>百叶窗</td><td> 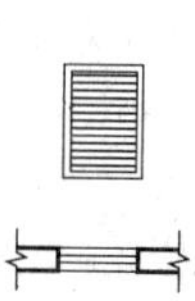</td></tr>
<tr><td>47</td><td>高窗</td><td> 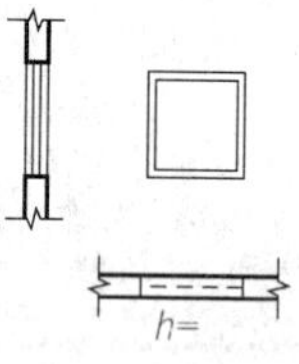h=</td><td>(1)窗的名称代号用C表示。
(2)立面图中,开启线实线为外开,虚线为内开。开启线交角的一侧为安装合页一侧。开启线在建筑立面图中可不表示,在门窗立面大样图中需绘出。
(3)剖面图中,左为外、右为内。
(4)立面形式应按实际情况绘制。
(5) h 表示高窗底距本层地面高度。
(6)高窗开启方式参考其他窗型</td></tr>
<tr><td>48</td><td>平推窗</td><td> 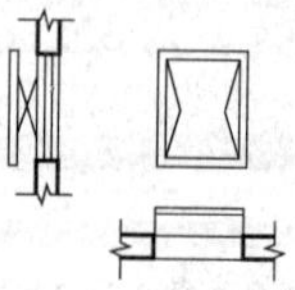</td><td>(1)窗的名称代号用C表示。
(2)立面形式应按实际情况绘制</td></tr>
</table>

2. 定位轴线及其编号

在建筑平面图中应画有定位轴线，用它们来确定墙、柱、梁等承重构件的位置和房间的大小，并作为标注定位尺寸的基线。定位轴线的标注应符合《房屋建筑制图统一标准》(GB/T 50001—2010)的规定。

3. 朝向和平面布置

根据底层平面图上的指北针可以知道建筑物的朝向。建筑平面图可以反映出建筑物的平面形状和室内各个房间的布置、用途，还有出入口、走道、门窗、楼梯等的平面位置、数量、尺寸，以及墙、柱等承重构件的组成和材料等情况。除此之外，在底层平面图中还能看出建筑物的出入口、室外台阶、散水、明沟、雨水管、花坛等的布置及尺寸。

4. 尺寸标注与标高

建筑平面图一般在左方及下方标注三道尺寸。

第一道尺寸：表示外轮廓的总尺寸，即房屋两端外墙面的总长、总宽尺寸。

第二道尺寸：表示轴线间的距离，表明开间及进深尺寸。

第三道尺寸：表示细部位置及大小，如门和窗洞的宽度、位置以及墙柱的大小和位置等。

标注出室内外地面、楼面、卫生间、厨房、阳台等的标高，底层地面标高为±0.000，其他楼层标高以此为基准，标注相对标高，标高以米为单位。

5. 门窗的位置和编号

平面图中的门窗按规定的图例绘制并写上编号。门代号为 M，窗代号为 C，代号后写上编号，如 M1、M2、C1、C2 等。设计图首页中一般附有门窗表，表中列出门窗编号、尺寸、数量及所选的标准图集。

6. 剖切符号和索引符号

当平面图上某一部分需用详图表示时，要画上索引符号。

7. 楼梯的布置

在建筑平面图中反映了楼梯的数量和布置情况，关于楼梯的具体内容另有楼梯详图表示。

8. 室内的装修做法

一般简单的装修可在平面图中直接用文字注明，复杂的工程需要另列材料做法或另外绘制装修图。

9. 各种设备的布置

建筑物内的各种设备(如电表箱、消火栓、吊柜、通风道、烟道等)，卫生设备(如鱼缸、洗脸盆、大便器等)的位置、尺寸、规格、型号等在建筑平面图中都有表示，它与专业设备施工图相配合可供施工等用。

10. 屋顶平面图

在屋顶平面图中反映了屋面处的水箱、屋面出入口、烟囱、女儿墙及屋面变形缝等设施的布置情况和尺寸，以及屋面的排水分区、排水方向、排水坡度、檐沟、泛水等的位置、尺寸、材料以及构造情况。

三、建筑平面图的识读要点

一个建筑物有多个平面图，应逐层识读，注意各层的联系和区别。识读步骤如下：

(1)看图名、比例及有关文字说明。

(2)了解建筑物的朝向、纵横定位轴线及编号。

(3)分析总体情况：包括建筑物的平面形状、总长、总宽、各房间的位置和用途。

(4)了解门窗的布置、数量及型号。

(5)分析定位轴线，了解房屋的开间、进深、细部尺寸和墙柱的位置及尺寸。

(6)了解各层楼或地面以及室外地坪、其他平台、板面的标高。

(7)阅读细部，详细了解建筑构配件及各种设施的位置及尺寸，并查看索引符号。

某别墅平面图的识读实例如图 9-8～图 9-12 所示。

图 9-8　别墅效果图(南立面)

1. 一层平面图

(1)首先，主要尺寸线有三道。①轴线总长尺寸，横向为 20 800 mm，在建筑工程施工图中，尺寸以毫米计，标高以米计，那么横向的总长为 20 800 mm，它的纵向尺寸为 14 850 mm。②轴间尺寸，轴间尺寸主要反映房子的开间与进深，从一层平面图可知佣人卧室的开间 3 900 mm，进深 4 500 mm；车库开间 3 600 mm，进深 5 500 mm；厨房开间 3 000 mm，进深 3 600 mm；餐厅开间 4 500 mm，进深 5 850 mm；客厅开间 6 600 mm，进深 7 500 mm

等。③细部尺寸，它主要反映的是门窗洞口、墙垛尺寸和分段尺寸。

(2)轴的编号，墙身厚度与轴线的关系，内外门窗的编号，门的开启方向，还有指北针以及汽车坡道、散水等。

下面介绍该别墅的布局及它的使用功能。如图 9-8 所示为别墅效果图。

小别墅的门厅设置在该楼中段的南面，由门厅进入大厅，大厅西侧为佣人卧室，卧室北侧是车库，车库与大厅高差 300 mm，由两步台阶连接。大厅北楼梯间，利用休息平台空间设置卫生间一间，紧挨楼梯间有一小过道，过道北为别墅的后门。由此出了后门下三步台阶，可进入别墅的后花园，在三步台阶这里有一个索引符号建施详图(二)($\frac{4}{42}$)，它表示该处做法有一个详图，详图编号为 4，在建筑施工图 42。大厅的东侧是客厅，客厅与大厅高差 450 mm，由三步通长台阶连接；客厅北侧是厨房餐厅。其具体尺寸与布置如图 9-9 所示。

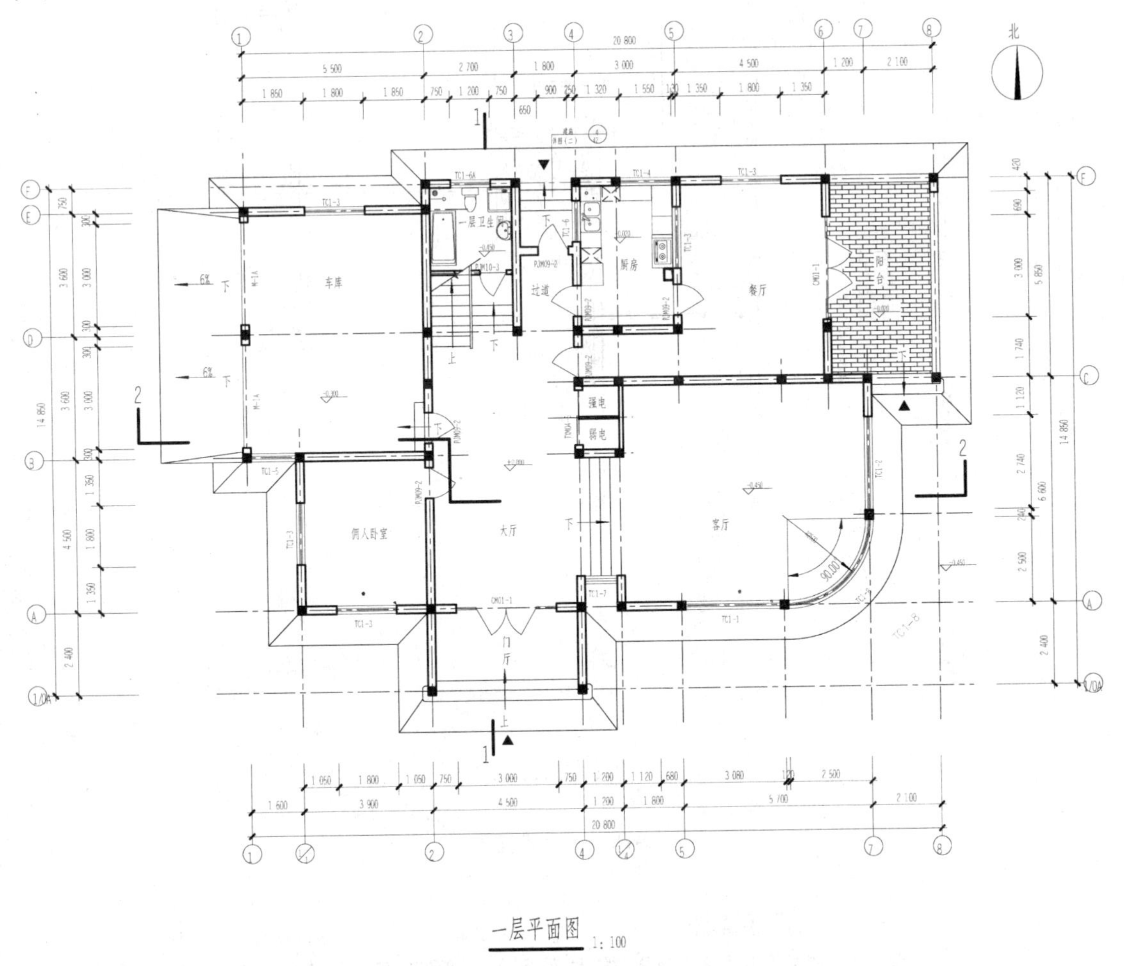

图 9-9　一层平面图

2. 二层平面图

二层平面图的识读方法与步骤同一层平面图。

二层平面，从楼梯间进入二层大厅，首先看到的是书房，它的西侧是老人套房，东侧是儿童套房及主人套房。地面标高 3.300 m。卫生间和有水源的房间地面标高比同层的地面标高低 20 mm，平台的地面标高比同层的地面标高低 120 mm，在Ⓐ轴与Ⓑ轴间设有一个雨水口，它的排水方向坡度可在屋面平面图中找到。

其具体尺寸及门窗、平台等布置如图 9-10 所示。

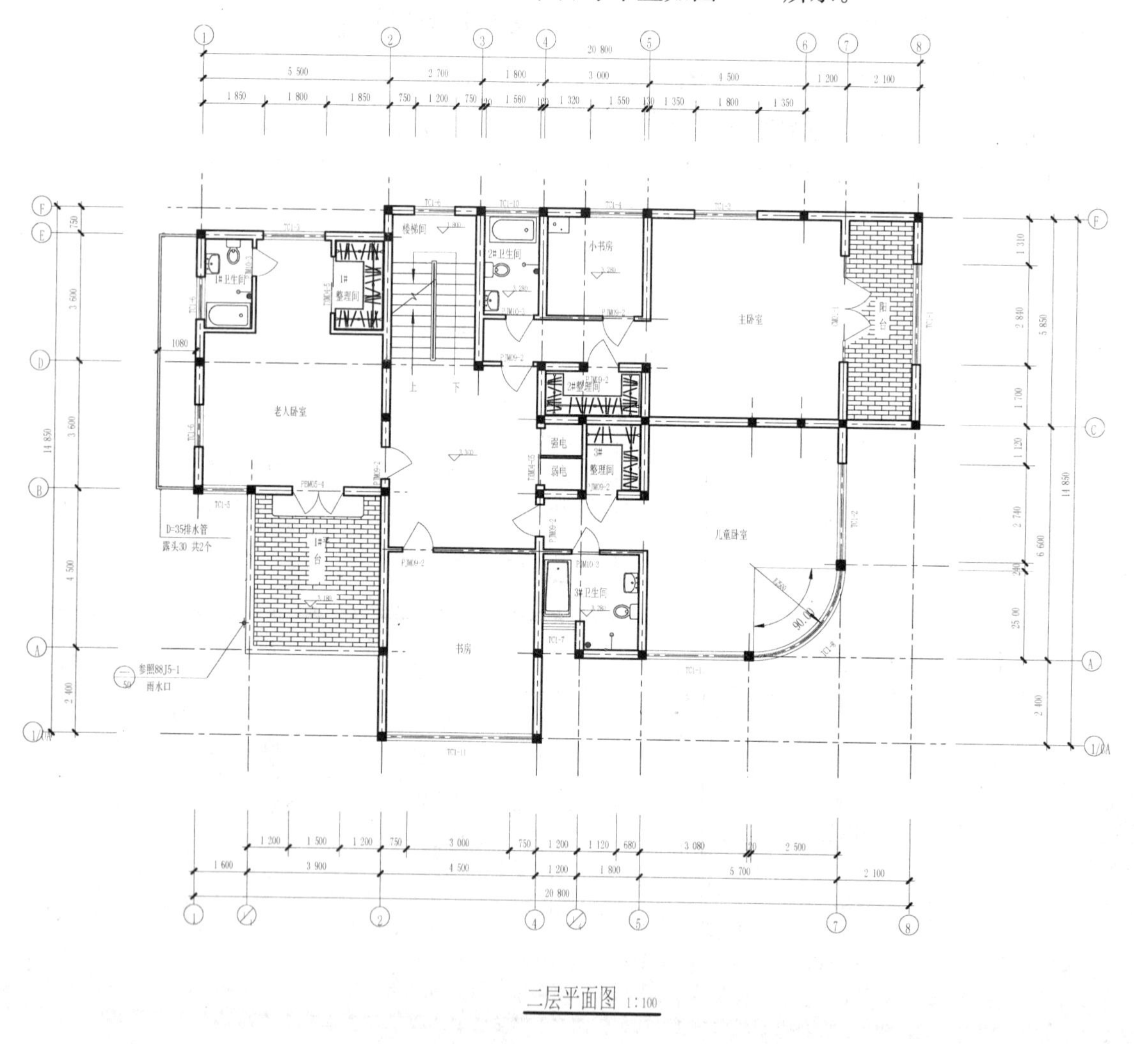

图 9-10 二层平面图

3. 三层平面图

从楼梯间进入三层，首先看到的是活动室及西侧的 2＃平台，活动室内配有 3＃平台，东侧为洗衣房、健身房、储藏室等。三层地面标为 6.300 m，卫生间及有水源房间的地面比同层地面低 20 mm，平台的地面标高比室内地坪标高低 120 mm，且两个平台均设有一个雨水口，排水方向在屋面平面图中可找到。其具体尺寸及门窗平台等布置如图 9-11 所示。

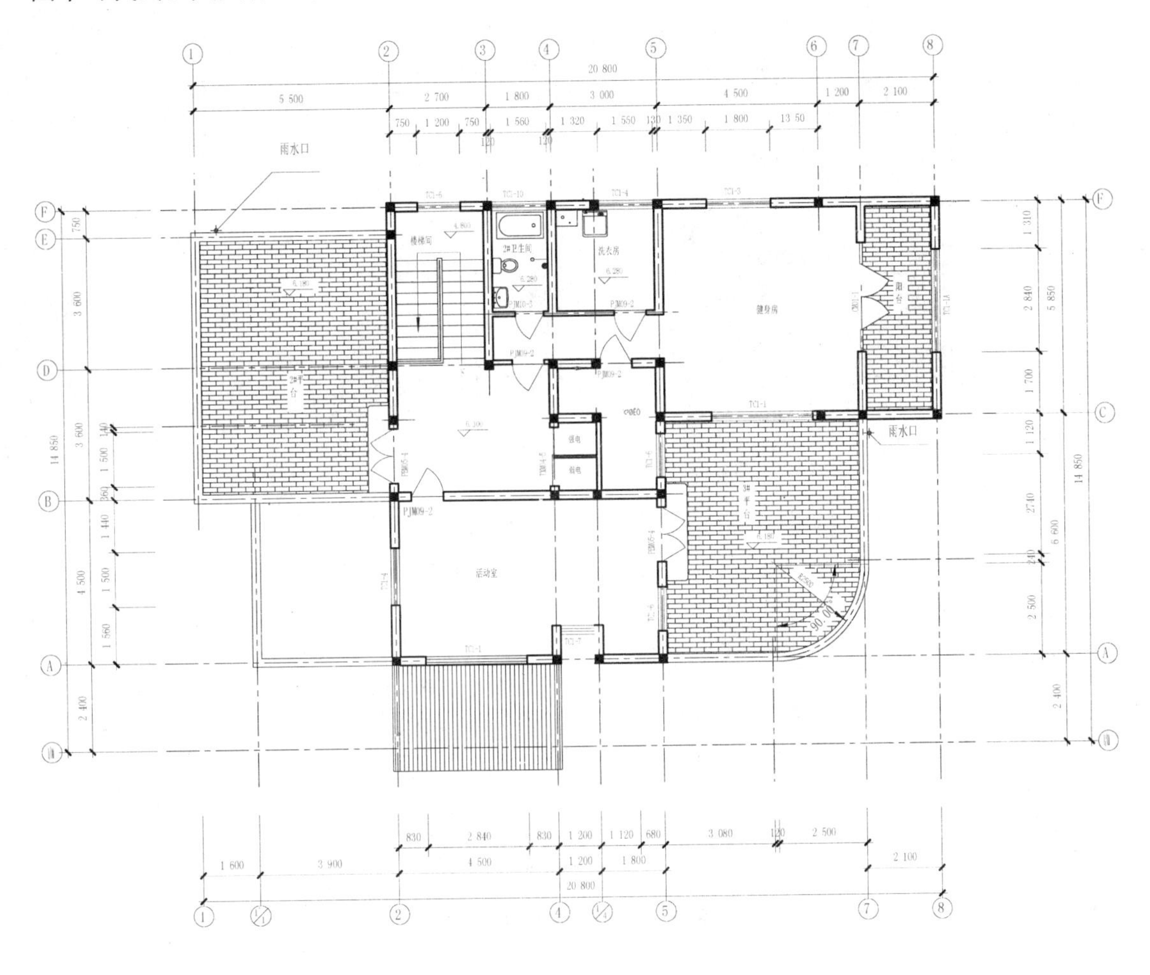

图 9-11　三层平面图

4. 屋面平面图

屋面平面图给出了屋顶的形状和尺寸，屋面排水情况，排水分区，屋脊、天沟，屋面排水的方向，以及屋面排水坡度和雨水口，还有引出的详图等，具体内容如图 9-12 所示。

四、建筑平面图的绘制

房屋建筑图是施工的依据，图上一条线、一个字的错误，都会影响基本建设的速度，甚至给国家带来极大的损失，所以，应采取认真的态度和负责的精神来绘制好房屋建筑图，使图纸清晰、正确，尺寸齐全，阅读方便，便于施工。

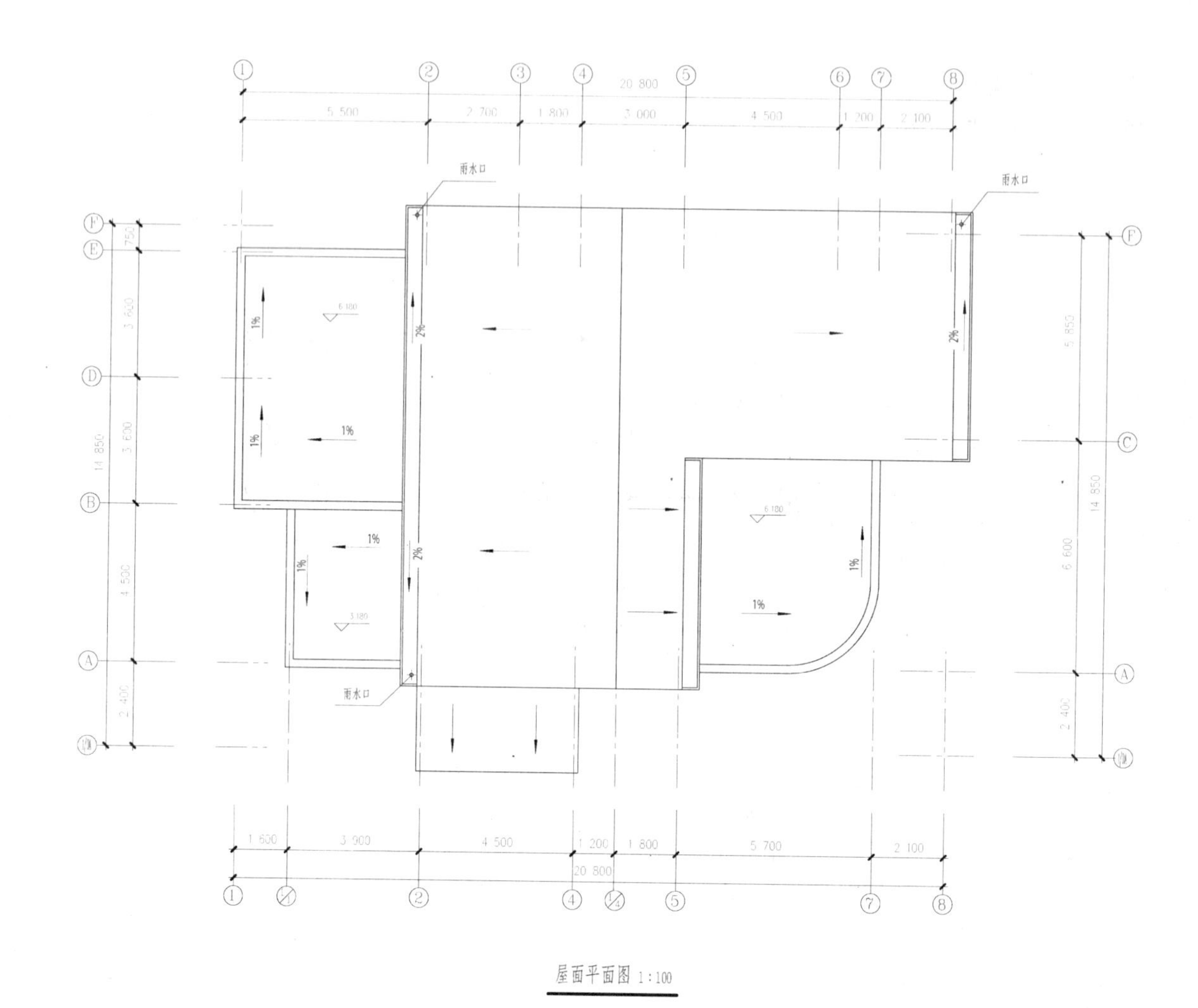

图 9-12　别墅屋面平面图

修建一幢房屋需要很多图纸，其中平、立、剖面图是房屋的基本图样。规模较大、层次较多的房屋，常常需要若干平、立、剖面图和构造详图才能表达清楚。对于规模较小、结构简单的房屋，图样的数量自然少些。在画图前，首先要考虑画哪些图样。在决定画哪些图样时，要尽可能以较少量的图样将房屋表达清楚。其次，要考虑选择适当的比例，决定图幅的大小。有了图样的数量和大小，最后考虑图样的布置，在一张图纸上，图样布局要匀称、合理。布置图样时，应考虑标注尺寸的位置。上述三个步骤完成以后，便可开始绘图。

(1)画墙柱的定位轴线[图 9-13(a)]。

(2)画墙厚、柱子截面，定门窗位置[图 9-13(b)]。

(3)画台阶、窗台、楼梯(本图无楼梯)等细部位置[图 9-13(c)]。

(4)画尺寸线、标高符号[图 9-13(d)]。

(5)检查无误后，按要求加深各种曲线并标注尺寸数字，书写文字说明[图 9-13(d)]。

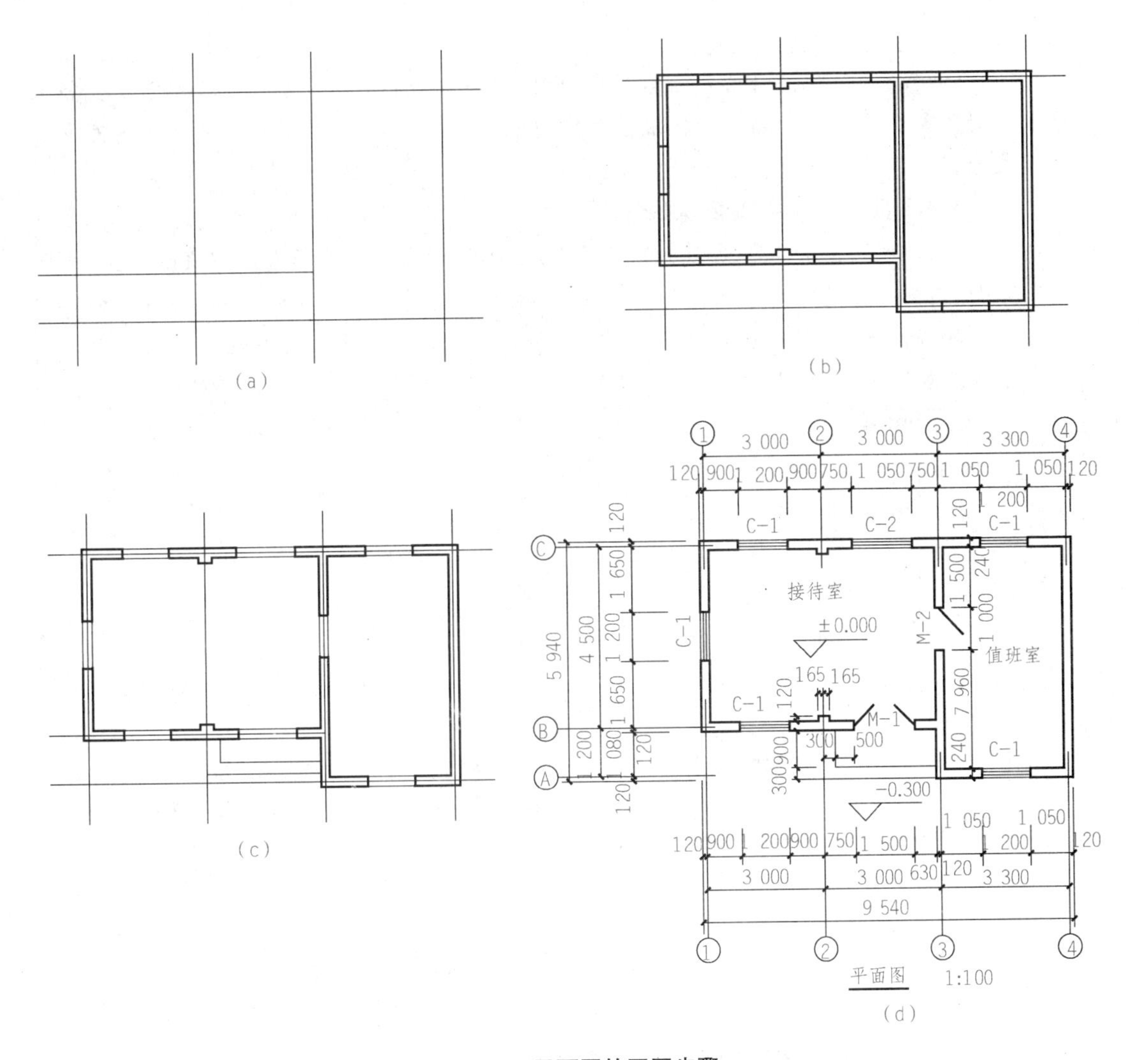

图 9-13 平面图的画图步骤

相关链接

建筑平面图的绘制要求

(1)平面图的方向宜与总图方向一致。平面图的长边宜与横式幅面图纸的长边一致。

(2)在同一张图纸上绘制多于一层的平面图时,各层平面图宜按层数由低向高的顺序从左至右或从下至上布置。

(3)除顶棚平面图外,各种平面图应按正投影法绘制。

(4)建筑物平面图应在建筑物的门窗洞口处水平剖切俯视(屋顶平面图应在屋面以上俯视),图内应包括剖切面及投影方向可见的建筑构造,以及必要的尺寸、标高等,如需表示高窗、洞口、通气孔、槽、地沟及起重机等不可见部分,则应以虚线绘制。

(5)建筑物平面图应注写房间的名称或编号。编号注写在直径为 6 mm 细实线绘制的圆圈内,并在同张图纸上列出房间名称表。

(6)平面较大的建筑物，可分区绘制平面图，但每张平面图均应绘制组合示意图。各区应分别用大写拉丁字母编号。在组合示意图中要提示的分区，应采用阴影线或填充的方式表示。

(7)顶棚平面图宜用镜像投影法绘制。

(8)为表示室内立面在平面图上的位置，应在平面图上用内视符号注明视点位置、方向及立面，内视符号的编号如图 9-14 所示。符号中的圆圈应用细实线绘制，根据图面比例圆圈直径可选择 8～12 mm。立面编号宜用拉丁字母或阿拉伯数字表示。内视符号的表示方法如图 9-15 所示。

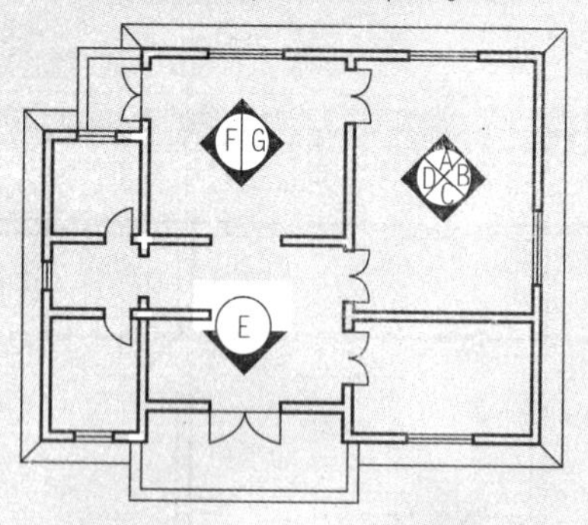

图 9-14 平面图上内视符号的应用

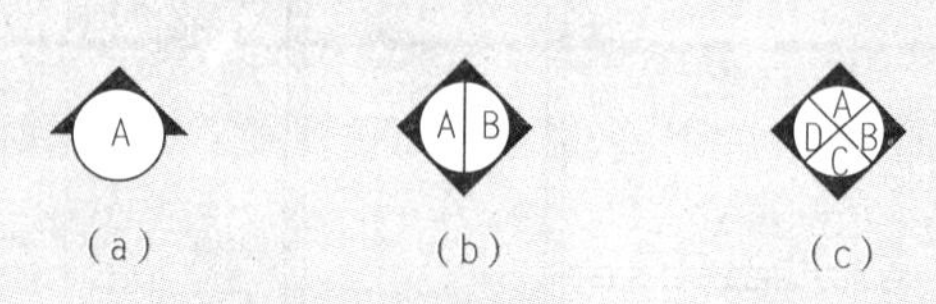

图 9-15 内视符号的表示方法

(a)单面内视符号；(b)双面内视符号；(c)四面内视符号

第三节 建筑立面图

一、建筑立面图的形成与用途

一般建筑物都有前、后、左、右四个面，在与房屋立面平行的铅直投影面上所作的投影图称为建筑立面图，简称立面图，如图 9-16 所示。其中，反映主要出入口或比较显著地反映房屋外貌特征的那一面的立面图，称为正立面图，其余的立面图相应地称为背立面图和侧立面图，但通常也按房屋的朝向来命名，如南立面图、北立面图、东立面图和西立面图等。对于有定位轴线的建筑物，立面图也可按轴线编号来命名。

一座建筑物是否美观、是否与周围环境协调，主要取决于立面的艺术处理，包括建筑造型与尺度、装饰材料的选用、色彩的选用等内容。

提示

一般不同立面都要绘制立面图。若房屋为左右对称时，正立面图和背立面图也可各画一半，单独布置或合并成一图时，应在图的中间用对称线作为分界线。若两个方向的立面图完全一样时，可只画一个立面图，图名可合并书写，如“东、西立面图”。

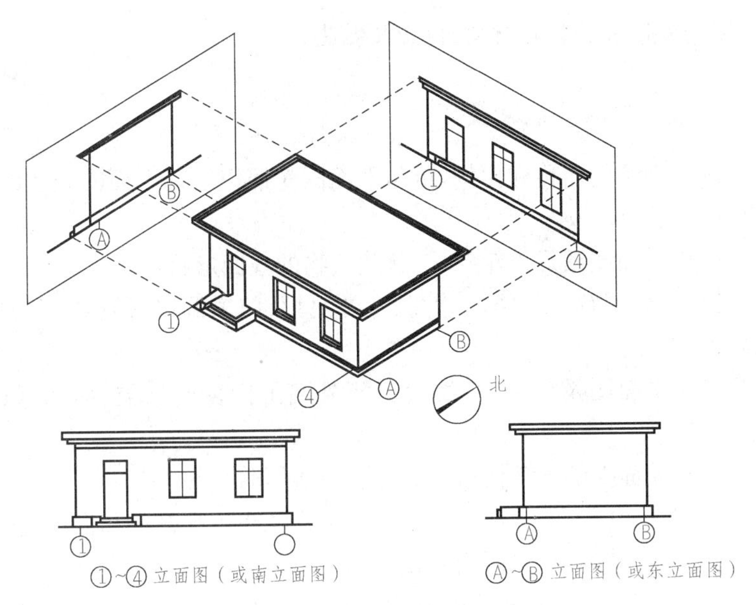

图 9-16　建筑立面图的形成

二、建筑立面图的图示内容

1. 比例、图线、图例

建筑立面图的比例一般与建筑平面图一致，常采用 1∶50、1∶100、1∶200 等。

建筑立面图中，最外轮廓线用粗实线画（宽为 b）；地坪线用加粗线画（宽为 $1.4b$）；门窗洞、阳台、台阶等轮廓线用中实线画（宽为 $0.5b$）；门窗分格线、墙面装饰线、尺寸线、标高符号用细实线画（宽为 $0.25b$）；定位轴线用细单点长画线画。

2. 定位轴线

建筑立面图中一般只绘制建筑两端的定位轴线及编号，以便于建筑平面图对照。

3. 尺寸与标高

建筑立面图上的尺寸主要标注标高尺寸，如室内外地面、台阶、窗台、门窗洞顶部、雨篷、阳台、檐口、屋顶等位置的标高。标高注写在立面图的左侧或右侧，符号应大小一致，排列整齐。

4. 外部形状和外墙面上的门窗及构造物

建筑立面图反映了建筑立面形式和外貌，以及屋顶、烟囱、水箱、檐口（挑檐）、门窗、台阶、雨篷、阳台（外走廊）、腰线（墙面风格线）、窗台、雨水斗、雨水管、空调板（架）等的位置、尺寸和外形构造情况。在建筑立面图中除了能反映出门窗的位置、高度、数量、立面形式外，还能反映出门窗的开启方向：细实线表示外开，细虚线表示内开。

5. 详图索引符号、装修做法

建筑立面图中要标出各部分构造、装饰节点详图的索引符号，并用文字或列表说明外墙面的装修材料、色彩及做法。

三、建筑立面图的识读要点

(1)读立面图的名称和比例,可与平面图对照以明确立面图表达的是房屋哪个方向的立面。

(2)分析立面图图形外轮廓,了解建筑物的立面形状。

(3)读标高,了解建筑物的总高、室外地坪、门窗洞口、挑檐等有关部位的标高。

(4)参照平面图及门窗表,综合分析外墙上门窗的种类、形式、数量和位置。

(5)了解立面上的细部构造,如台阶、雨篷、阳台等。

(6)识读立面图上的文字说明和符号,了解外装修材料和做法,了解索引符号的标注及其部位,以便于和相应的详图识读。

某别墅立面图识读实例如图 9-17～图 9-20 所示。

1. 南立面图

读完平面图,下面来看立面图:从南立面图可以看到:①从首尾两轴线的编号可知别墅建筑的总长;②门窗形式和具体位置;③全部外装修做法;④屋面的形状;⑤各个部位的标高;⑥高度方向的三道尺寸。

南立面图首先看到的是别墅入口处气派的门厅,连窗门需上三步台阶方可入,1＃、2＃、3＃平台尽收眼底,可以看到坡屋顶形状、凹进去的墙和窗、凸出的门厅、弧形的墙、弧形的窗以及东面的阳台和台阶、西面的坡道和雨篷等,还有隐约可见的雨水斗和雨水管。下面是仿石水泥砂浆勾缝的外墙,其标高尺寸及距离如图 9-17 所示。

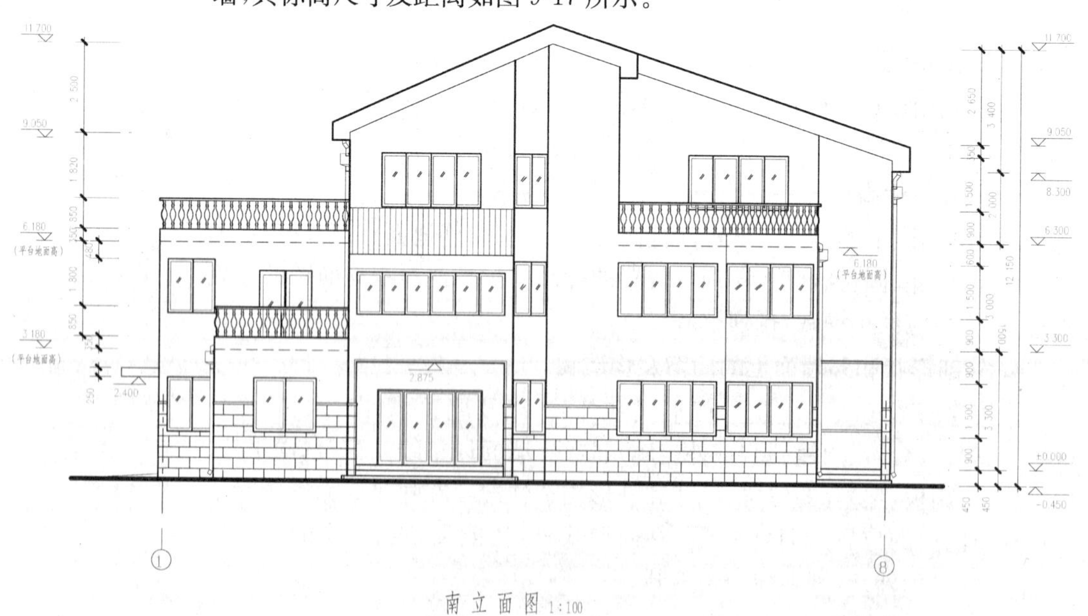

图 9-17 别墅南立面图

2. 北立面图

从北立面图中可以看到坡屋面的外形、北墙上的窗、部分阳台以及阳台南隐约可见的外墙线及雨水斗和雨水管，以及 2＃平台的栏杆，上三步台阶后可由别墅后小门进入别墅。其尺寸标高如图 9-18 所示。

图 9-18 别墅北立面图

3. 东立面图

从东立面图中可以看到小别墅屋面坡高，三层的 3＃平台，以及从平台通向室内的门，还有窗形状和位置，平台的栏杆；还可以看到 3＃平台和临近Ⓕ轴屋檐处的雨水斗和雨水管以及一层的阳台，由阳台通向室内的门，以及从Ⓐ轴延伸到⑩A轴的门厅，该部分只有两层，其檐口高5.700 m，是坡屋面，由Ⓐ轴坡出，坡出处檐板底高 6.750 m。外墙装修有两种形式，在变换处没有注明尺寸，这时就要看有没有外墙的大样图或是详图(本别墅的外墙详图如图 9-27 所示)。立面的标高距离如图 9-19 所示。

4. 西立面图

从西立面图中可以看到两扇车库的卷帘门，再向高处望，还有三层 2＃平台与 2 层 1＃平台的雨水口下的雨水斗和雨水管以及隐约可见凸出门厅的一角。具体的标高和距离如图 9-20 所示。

提示

识读建筑立面图，首先要与平面图核对立面图两端轴线间建筑物长度的总尺寸；其次，掌握正立面图的出入口大门、雨篷、台阶的形式，窗口的形式与种类，墙面装饰材料的做法与要求；最后看各立面图的标高尺寸，并记住室内外标高差、门口雨篷标高、各层窗口标高、窗高度、窗间墙高度、屋顶配件高度。

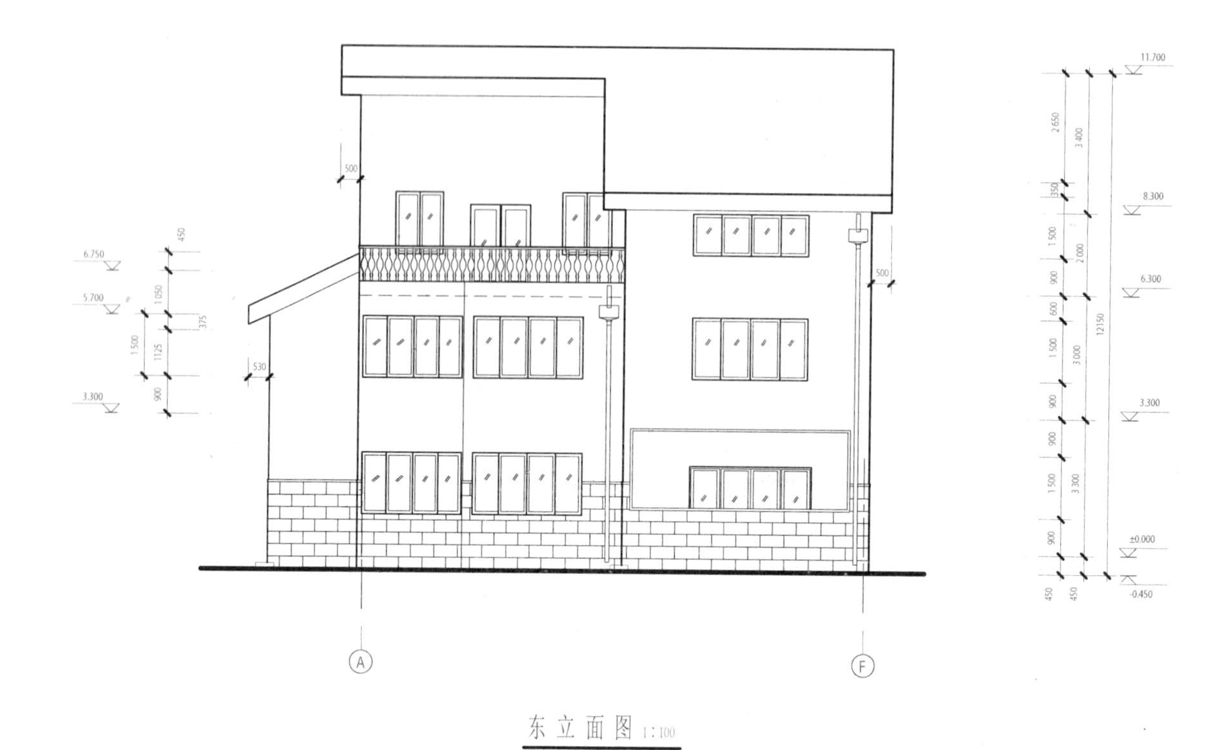

图 9-19　东立面图

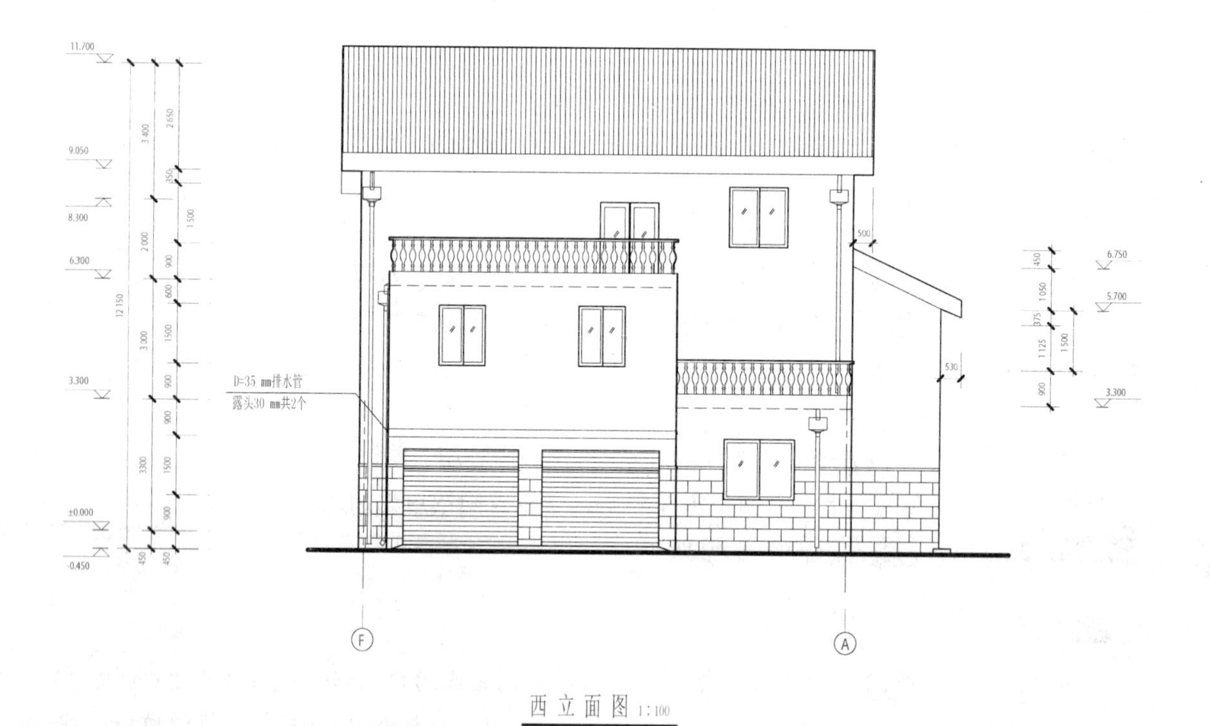

图 9-20　西立面图

四、建筑立面图的绘制

建筑立面图的绘图步骤如下：

(1)定室外地坪线、外墙轮廓线和屋顶线，如图 9-21(a)所示。

(2)画细部，如檐口、窗台、雨篷、阳台、落水管等，如图 9-21(b)所示。

(3)经检查无误后，擦去多余图线，按立面图的线型要求加深图线，并完成装饰细部现节，如图 9-21(c)所示。

(4)标注轴线、标高、图名、比例及有关文字说明等，如图 9-21(d)所示。

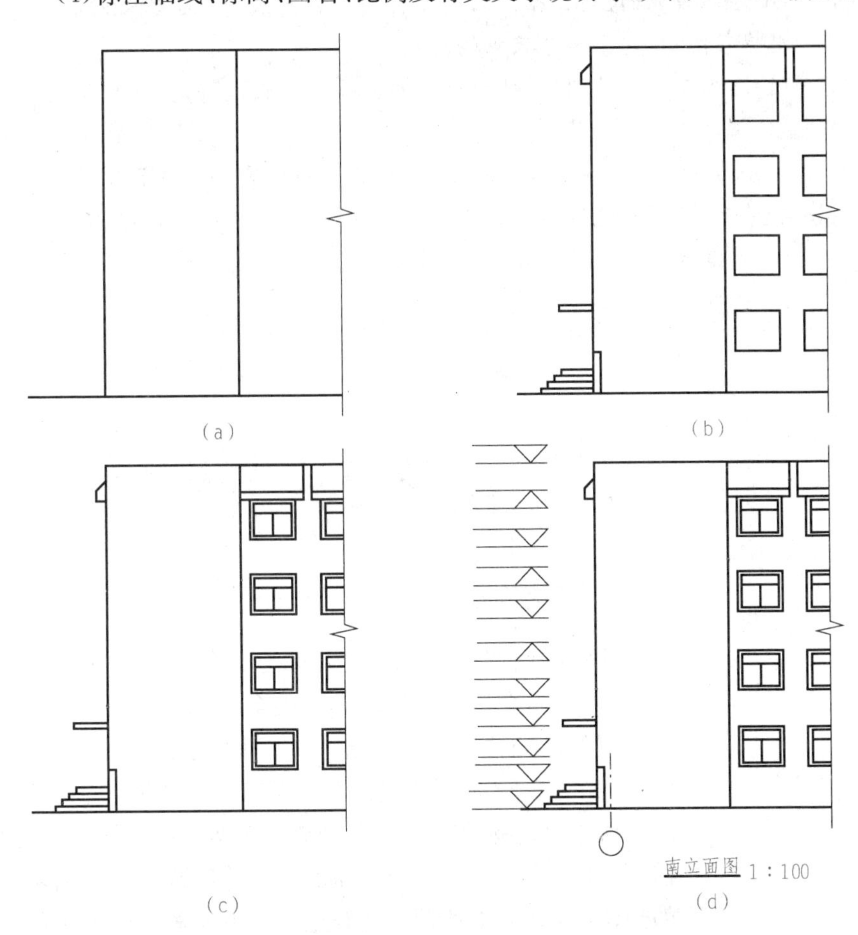

图 9-21　建筑立面图的绘图步骤

相关链接

建筑立面图的绘制要求

(1)建筑立面图应按正投影法绘制。

(2)建筑立面图应包括投影方向可见的建筑外轮廓线和墙面线脚、构配件、墙面做法及必要的尺寸和标高等。

(3)室内立面图应包括投影方向可见的室内轮廓线和装修构造、门窗、构配件、墙面做法、固定家具、灯具、必要的尺寸和标高及需要表达的非固定家具、灯具、装饰物件等(室内立面图的顶棚轮廓线,可根据具体情况只表达吊平顶或同时表达吊平顶及结构顶棚)。

(4)平面形状曲折的建筑物,可绘制展开立面图、展开室内立面图。圆形或多边形平面的建筑物,可分段展开绘制立面图、室内立面图,但均应在图名后加注“展开”二字。

(5)较简单的对称式建筑物或对称的构配件等,在不影响构造处理和施工的情况下,立面图可绘制一半,并在对称轴线处画对称符号。

(6)在建筑立面图上,相同的门窗、阳台、外檐装修、构造做法等可在局部重点表示,绘出其完整图形,其余部分只画轮廓线。

(7)在建筑物立面图上,外墙表面的分格线应表示清楚,用文字说明各部位所用面材及色彩。

(8)有定位轴线的建筑物,宜根据两端定位轴线号编注立面图名称(如①～⑩立面图、Ⓐ～Ⓕ立面图)。无定位轴线的建筑物可按平面图各面的朝向确定名称。

(9)建筑室内立面图的名称,应根据平面图中内视符号的编号或字母确定(如①立面图、Ⓐ立面图)。

第四节　建筑剖面图

一、建筑剖面图的形成与用途

建筑剖面图(简称剖面图)是一假想剖切平面,是指平行于房屋的某一墙面,将整个房屋从屋顶到基础全部剖切开,把剖切面和剖切面与观察人之间的部分移开,将剩下部分按垂直于剖切平面的方向投影而画成的图样,如图 9-22 所示。建筑剖面图实质上就是一个垂直的剖视图。

根据建筑物的实际情况和施工需要,剖面图有横剖面图和纵剖面图。横剖是指剖切平面平行于横轴线的剖切;纵剖是指剖切平面平行于纵轴线的剖切,如图 9-23 所示。建筑施工图中大多数是横剖面图。

剖面图的剖切位置应选择在建筑物的内部结构和构造比较复杂或有代表性的部位,其数量应根据建筑物的复杂程度和施工的实际需要而确定。

对于多层建筑,一般至少要有一个通过楼梯间剖切的剖面图。如果用一个剖切平面不能满足要求,可采用转折剖切的方法,但一般只转折一次。

建筑剖面图主要是表明建筑内部在过渡方面的情况;楼层分层、垂直方向的高度尺寸以及各部分的联系等情况的图样,如屋顶的坡度、楼房的分层、房间和门窗各部分的高度、楼板的厚度等;同时,也可以表示出建筑物所采用的结构形式。在施工中,建筑剖面图是进行分层、砌筑内墙、铺设楼梯和屋面板等工作的依据。

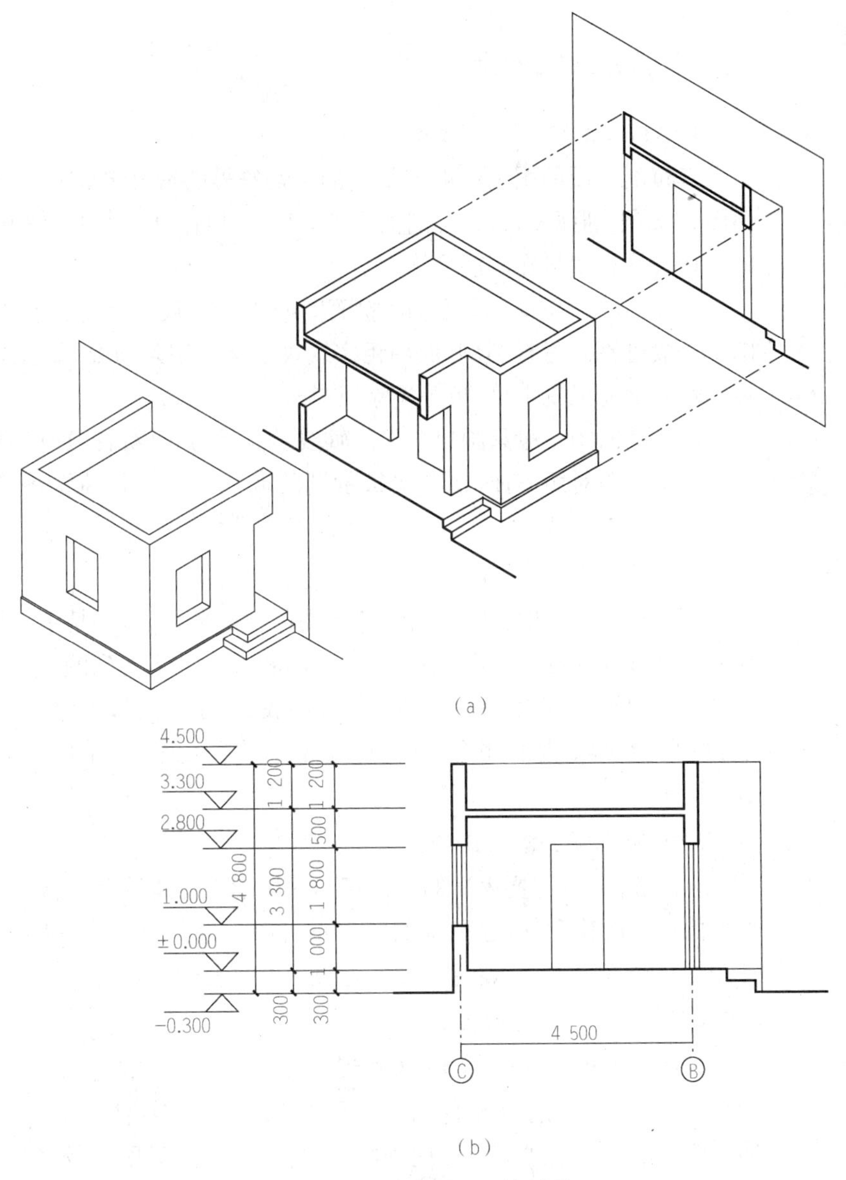

图 9-22　建筑剖面图的形成

(a)剖面图的形成；(b)剖面图

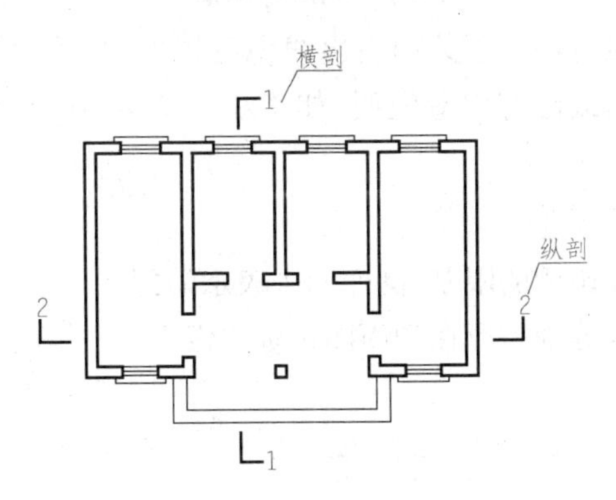

图 9-23　横剖和纵剖

二、建筑剖面图的图示内容

1. 图名、比例和定位轴线

建筑剖面图的图名一般与他们的剖切符号的编号名称相同，如1—1剖面图、Ⅰ—Ⅰ剖面图、A—A剖面图等，表示剖面图的剖切位置和投射方向的剖切符号和编号在底层平面图上。

剖面图的比例应与平面图、立面图的比例一致，因此在1∶100的剖面图中一般也不画材料图例，而用粗实线表示被剖切到的墙、梁、板等轮廓线，被剖断的钢筋混凝土梁、板等应涂黑表示。

建筑剖面图一般只画出两端的轴线及其编号，并标注其轴线间的距离，以便与平面图对照，有时也画出被剖到的墙或柱的定位轴线及其轴线间的距离。

2. 内部构造和结构形式

在建筑剖面图中反映了新建建筑物内部的分层、分隔情况，从地面到屋顶的结构形式和构造内容，如被剖切到的和没有被剖切到的，但投影时仍能看见的室内外地面、台阶、散水、明沟、楼板层、屋顶、吊顶、内外墙、门窗、过梁、圈梁、楼梯段、楼梯平台等的位置、构造和相互关系。地面以下的基础一般不画出。

3. 未被剖切到的可见的构配件

在剖面图中，主要表达的是剖切到的构配件的构造及其做法，对于未剖切到的可见的构配件，也是剖面图中不可缺少的部分，但不是表现的重点，常用细实线来表示，其表达方式与立面图中的表达方式基本一样。

4. 竖直方向的尺寸和标高

外墙一般标注三道尺寸(从外到内分别为建筑物的总高度、层高尺寸、门窗洞的尺寸)，以注明构件的形状和位置。标高应标注被剖切到的所有外墙门窗口的上下标高、室外地面标高，檐口、女儿墙顶以及各层楼地面的标高。

5. 表示楼地面、屋顶各层的构造

一般可用多层共用引出线说明楼地面、屋顶的构造层次和做法。如果另画详图或已有构造说明，如工程做法表，则在剖面图中用索引符号引出说明。

6. 详图索引符号

由于比例的限制，剖面图中表示的配构件都只是示意性的图样，具体的构造做法等则需要在剖面图中标出索引符号，在大比例详图中另外表示。

三、建筑剖面图的识读要点

(1)首先阅读图名和比例，并查阅底层平面图上的剖面图的剖切符号，

明确剖面图的剖切位置和投射方向。

(2)分析建筑物内部的空间组合与布局，了解建筑物的分层情况。

(3)了解建筑物的结构与构造形式，墙、柱等之间的相互关系以及建筑材料和做法。

(4)阅读标高和尺寸，了解建筑物的层高、楼地面的标高以及其他部位的标高和有关尺寸。

(5)了解屋面的排水方式。

(6)了解索引详图所在的位置及编号。

某别墅剖面图识图实例如图 9-24～图 9-26 所示。

1. 1—1 剖面图

如图 9-24 所示别墅 1—1 剖面图在垂直方向给出了各层的标高，并标注了三道垂直方向的尺寸。在水平方向给出了各轴的编号以及轴间距离。(1/0A)轴挑出的房檐，挑出尺寸 500 mm，坡高 1 000 mm，而且这部分只有二层。由(1/0A)轴处三步台阶走入门厅，进入大厅到楼梯间下三步台阶是卫生间，卫生间标高同室外标高，从门厅、大厅到楼梯间处室内标高均为±0.000。由于图的幅面有限，在Ⓐ、Ⓕ轴分别索引出两个墙身大样图，它们的编号分别为 5 和 6，它们的所在页分别是建施 40 和 38，在Ⓒ、Ⓕ轴间的台阶处也索引出详图(二)编号为 5 的细部详图，所在页为建施 42。

1-1 剖面图 1:50

图 9-24　别墅 1—1 剖面图

2. 2—2 剖面图

如图 9-25 所示，别墅 2—2 剖面图：①给出了各个部位的标高；②高度方向的尺寸，最外一条总高为 12 150 mm，总标高为 11.700 m，这里尺寸是否有误？我们用总高 12 150—标高 11 700＝450 mm，450 mm 正好是室内外高差，由此可知尺寸线的总长是从地面到屋顶，而标高的高度是从室内地坪±0.000 到屋顶，两室内外的高差是 450 mm；③屋面的形状；④构件：梁、板，门窗过梁，平台板下降 120 mm，雨篷等；⑤可看出室内地坪是不等高的，车库—0.300 m，厅±0.000，客厅—0.450 m 等。由于图的幅面有限，在①、②、②～③、⑦轴分别索引出细部详图编号为①、②、③、④号的墙身大样图，它们的所在页分别为建施 37、38、39、37。

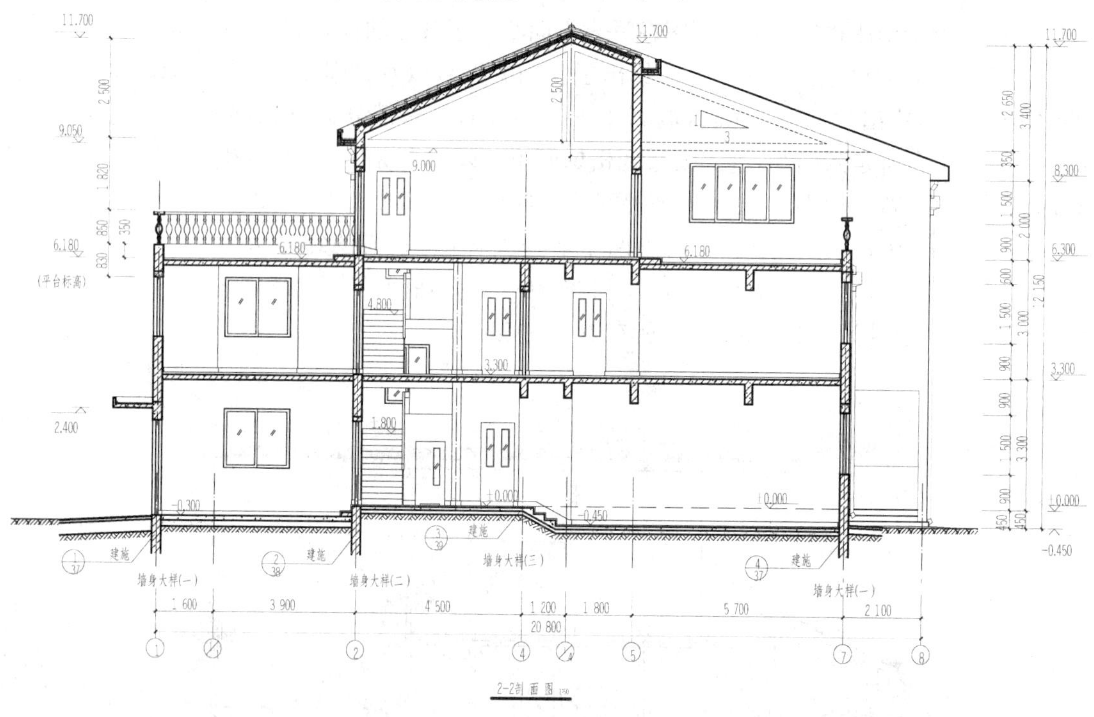

图 9-25　剖面图

提示

按照平面图中表明的剖切位置和剖视方向，校核剖面图所表明的轴线号、剖切的部位以及内容与平面图是否一致；校对尺寸、标高是否与平面图、立面图相一致；校对剖面图中内装修做法与材料做法表是否一致。在校对尺寸、标高和材料过程中，加深对房屋内部各处做法的整体概念。

四、建筑剖面图的绘制

在画剖面图之前，根据平面图中的剖切位置线和编号，分析所要画的剖面图哪些是剖到的，哪些是看到的，做到心中有数，有的放矢。

(1)先定最外两道轴线、室内外地坪线、楼面线和顶棚线。根据室内外高差定出室内外地坪线，若剖面与正立面布置在同一张图纸内的同高位置，则室外地坪线可由正立面图投影而来，如图 9-26(a)所示。

(2)定中间轴线、墙厚、地面和楼板厚，画出顶棚、屋面坡度和屋面厚度，如图 9-26(b)所示。

(3)定门窗、楼梯位置，画门窗、楼梯、阳台、檐口、台阶、栏杆扶手、梁板等细部，如图 9-27(c)所示。

(4)检查无误后，擦去多余的线条，按要求加深、加粗线型或上墨线。画尺寸线、标高符号并注写尺寸和文字，完成全图，如图 9-26(d)所示。

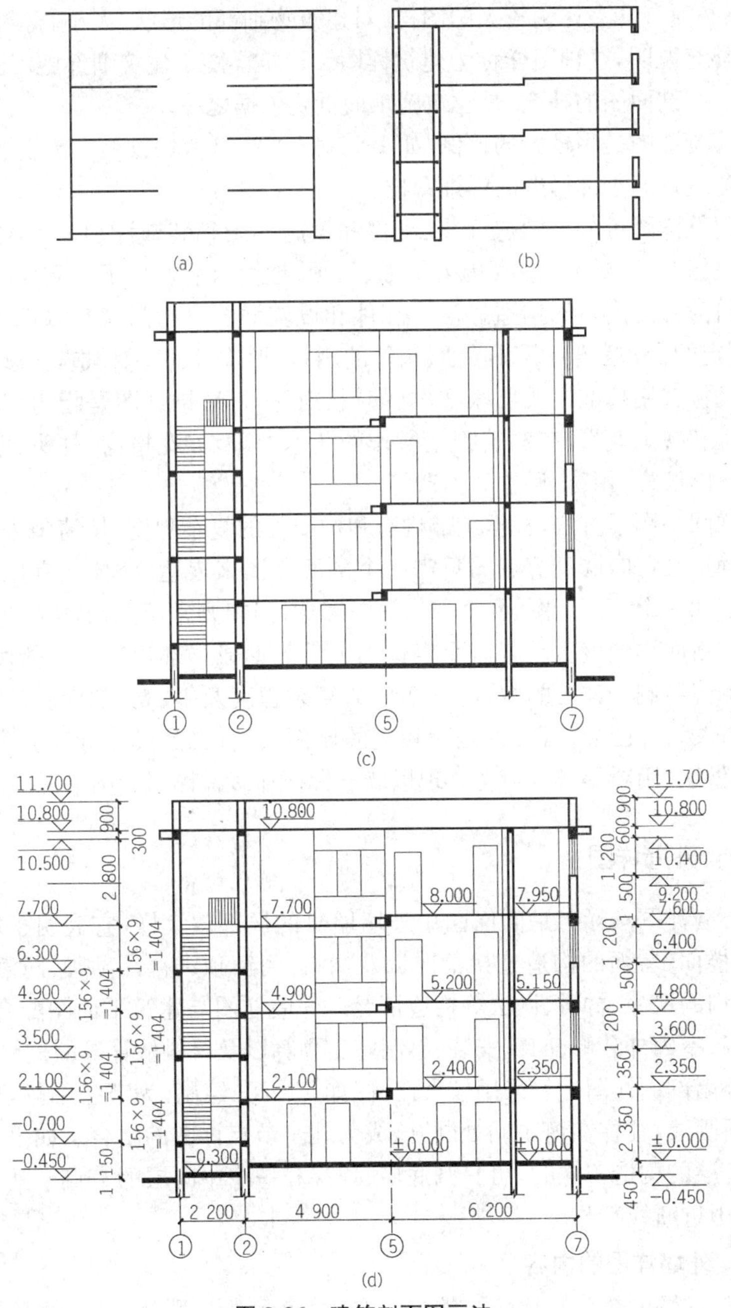

图 9-26 建筑剖面图画法

第五节　建筑详图

一个建筑物仅有建筑平、立、剖面图还不能满足施工要求，这是因为建筑物的平、立、剖面图样比例较小，建筑物的某些细部及构配件的详细构造和尺寸无法表示清楚。因此，在一套施工图中，除了有全局性的基本图样外，还必须有许多比例较大的图样，对建筑物细部的形状、大小、材料和做法加以补充说明，这种图样称为建筑详图。建筑详图是建筑细部施工图，是建筑平、立、剖面图的补充，是建筑施工的重要依据之一。

建筑详图是用较大的比例，如 1∶50、1∶20、1∶10、1∶5 等另外放大画出的建筑物的细部构造的详细图样。

建筑详图可分为构造详图、配件和设施详图和装饰详图三大类。构造详图是指屋面、墙身、墙身内外饰面、吊顶、地面、地沟、地下工程防水、楼梯等建筑部位的用料和构造做法。配件和设施详图是指门、窗、幕墙、浴厕设施、固定的台、柜、架、桌、椅、池、箱等的用料、形式、尺寸和构造，大多可以直接或间接选用标准图或厂家样本(如门、窗等)。装饰详图是指为美化室内外环境和视觉效果，在建筑物上所作的艺术处理，如花格窗、柱头、壁饰、地面图案的纹样、用材、尺寸和构造等。

详图的图示方法，根据细部构造和构配件的复杂程度，按清晰表达的要求来确定，例如，墙身节点图只需一个剖面详图来表达，楼梯间宜用几个平面详图和一个剖面详图、几个节点详图表达，门窗则常用立面详图和若干个剖面或断面详图表达。若需要表达构配件外形或局部构造的立体图时，宜按轴测图绘制。详图的数量，与房屋的复杂程度及平、立、剖面图的内容及比例有关。详图的特点：一是用较大的比例绘制；二是尺寸标注齐全；三是构造、做法、用料等详尽清楚。现以墙身大样和楼梯详图为例来说明。

一、外墙详图

外墙详图实际上是剖面图中外墙墙身的局部放大样，它表明了墙身与地面、楼面、屋面的构造连接情况以及檐口、门窗顶、窗台、勒脚、防潮层、散水、明沟的尺寸、材料、做法等构造情况。外墙详图与建筑平面图配合使用，是砌墙、室内外装修、门窗安装、编制施工预算以及材料估算等的重要依据。

外墙剖面详图一般采用较大比例(如 1∶20)绘制，为节省图幅，通常采用折断画法，往往在窗中间处断开，成为几个节点详图的组合。如果多层房屋中各层的构造一样时，可只画底层、顶层和一个中间层的节点。基础部分不画，用折断线断开。

1. 外墙详图的内容

(1)详图的图名和比例。编制图名时，表示的是哪部分的详图，就命名为××详图。墙身详图要和平面图中的剖切位置或立面图上的详图索引标志、朝向、轴线编号完全一致。它是用放大比例来绘制的。

(2)外墙详图要与基本图标志一致。外墙详图要与平面图中的剖切符号或立面图上的索引符号所在位置、剖切方向及轴线一致。

(3)表明墙身的定位轴线编号,外墙的厚度、材料及其与轴线的关系(如墙体是否为中轴线,还是轴线在墙中偏向一侧),墙上哪些地方有突出的变化,均应分别标注在相应的位置上。

(4)表明室内外地面处的节点构造。该节点包括基础墙厚度、室内外地面标高及室内地面、踢脚、散水(明沟)、防潮层(地圈梁)以及首层地面等的构造。

(5)表明楼层处的节点构造,各层梁、板等构件的位置及其与墙体的联系,构件表面抹灰、装饰等内容。

(6)表明檐口部位的做法。檐口部位包括封檐构造(如女儿墙或挑檐),圈梁、过梁、屋顶泛水构造,屋面保温、防水做法和屋面板等结构构件。

(7)尺寸与标高标注。外墙详图上的尺寸与标高标注除与立、剖面图的标注方法相同外,还应标注挑出构件挑出长度的细部尺寸和挑出构件的下皮标高。

(8)对不易表示的更为详细的细部做法,要注有文字或索引符号,表示另有详图。

2. 外墙详图的识读方法

(1)外墙底部节点,看基础墙、防潮层、室内地面与外墙脚各种配件构造做法技术要求。

(2)中间节点(或标准层节点),看墙厚及其轴线位于墙身的位置,内外窗台构造,变形截面的雨篷、圈梁、过梁标高与高度,楼板结构类型、与墙搭接方式与结构尺寸。

(3)檐口节点(或屋顶节点),看屋顶承重层结构组成与做法,屋面组成与坡度做法,也要注意各节点的引用标准图集代号与页码,以便与剖面图相核对和查找。

(4)除明确上面三点外,还应注意以下内容:

1)除了读懂图的全部内容外,还应仔细与平、立、剖面图和其他专业的图联系阅读,如勒脚下边的基础墙做法要与结构施工图的基础平面图和剖面图联系阅读;楼层与檐口、阳台等也应和结构施工图的各层楼板平面布置图和剖面节点图联系阅读。

2)要反复核对图内尺寸标高是否一致,并与本项目其他专业的图纸反复校核。

3)因每条可见轮廓线可能代表一种材料的做法,所以不能忽视每一条可见轮廓线,如图9-27所示。门厅是由室外三步台阶步入的,在第二台阶外有一条可见轮廓线,说明此处有一堵没有剖切到的墙,这堵墙直接连接到二层挑出的面梁处,在地面和楼地面上有一道可见轮廓线,即踢脚线。

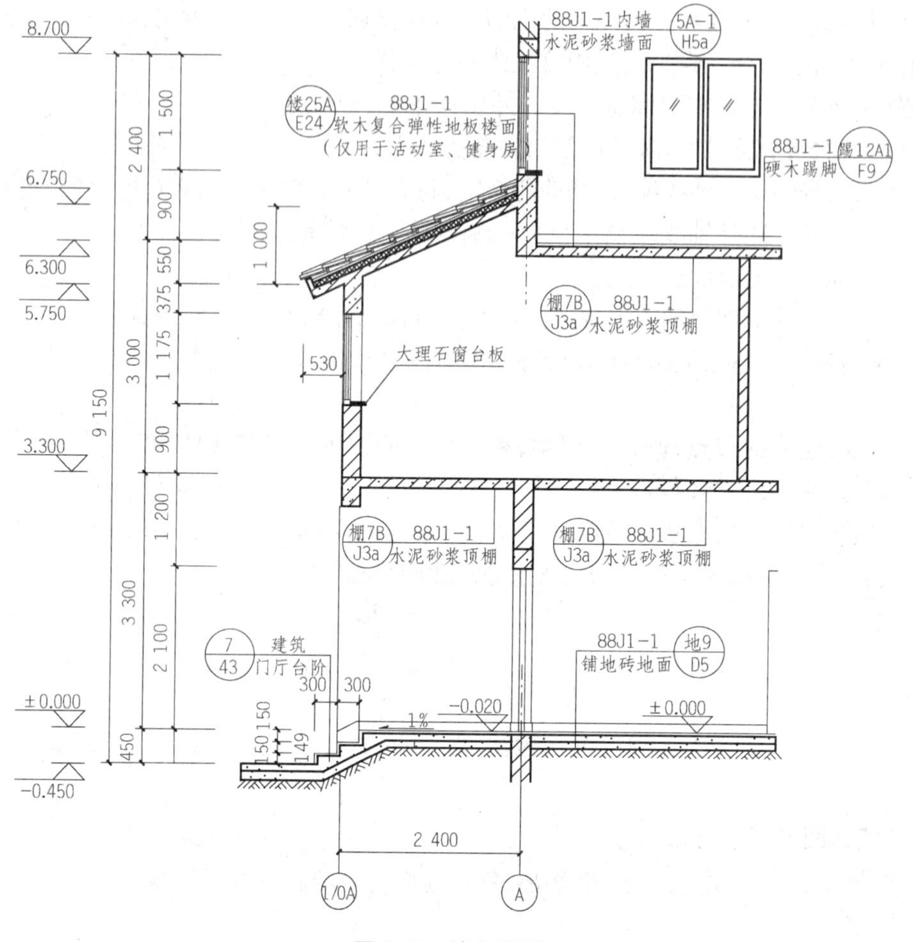

图 9-27　墙身详图

**提示**

外墙详图识读应反复校核各图中尺寸、标高是否一致，并应与本专业其他图纸或结构专业的图纸反复校核，仔细与其他图纸联系阅读，以从中发现各图纸相互间出现的问题，对图面表达的未剖切到的可见轮廓线不可忽视。

二、楼梯详图

楼梯是楼层建筑垂直交通的必要设施。

楼梯由梯段、楼层平台和栏杆（或栏板）扶手组成，如图 9-28 所示。

常见的楼梯平面形式有单跑楼梯（上下两层之间只有一个梯段）、双跑楼梯（上下两层之间有两个梯段、一个中间平台）、三跑楼梯（上下两层之间有三个梯段、两个中间平台）等，如图 9-29 所示。

楼梯间详图包括楼梯间平面图、剖面图、踏步栏杆等详图，主要表示楼梯的类型、结构形式、构造和装修等。楼梯间详图应尽量安排在同一张图纸上，以便阅读。

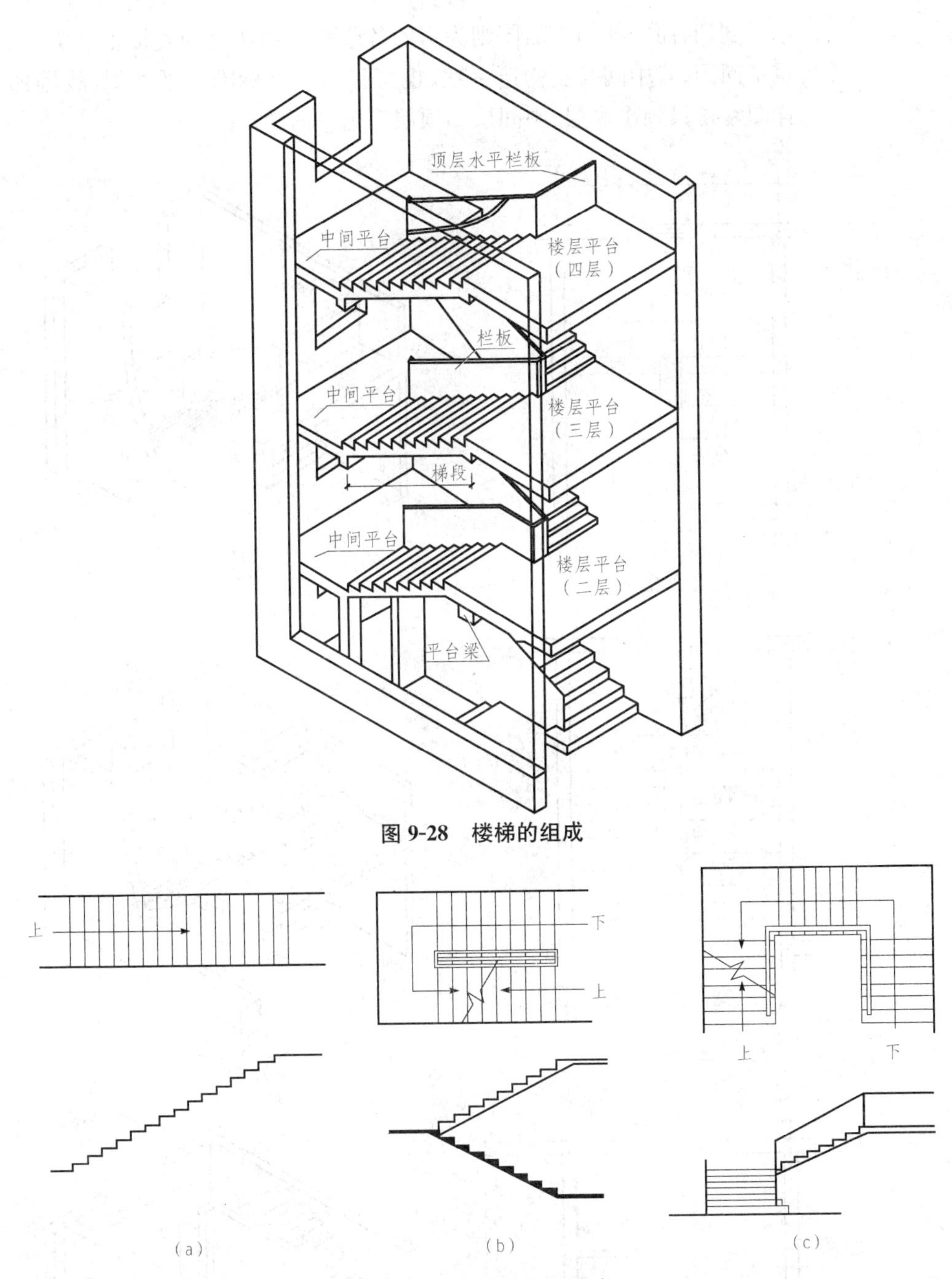

图 9-28　楼梯的组成

图 9-29　楼梯的平面形式

(a)单跑楼梯；(b)双跑平行楼梯；(c)三跑楼梯

1. 楼梯平面图识读

楼梯平面图常用 1∶50 的比例画出。

楼梯平面图的水平剖切位置，除顶层在安全栏板(或栏杆)之上外，其余各层均在上行第一跑中间，如图 9-30 所示。各层被剖切到的上行第一跑梯段，都在楼梯平面图中画一条与踢面线成 30°的折断线(构成梯段的踏步中与楼地面平行的面称为踏面，与楼地面垂直的面称为踢面)。各层下行梯段不予剖切，而楼梯间平面图则为房屋各层水平剖切后的直接正投影，如同建筑平面图，若中间几层构造一致，也可只画一个标准层平面图，故楼梯平面详图常常只画出底层、中间层和顶层三个平面图。

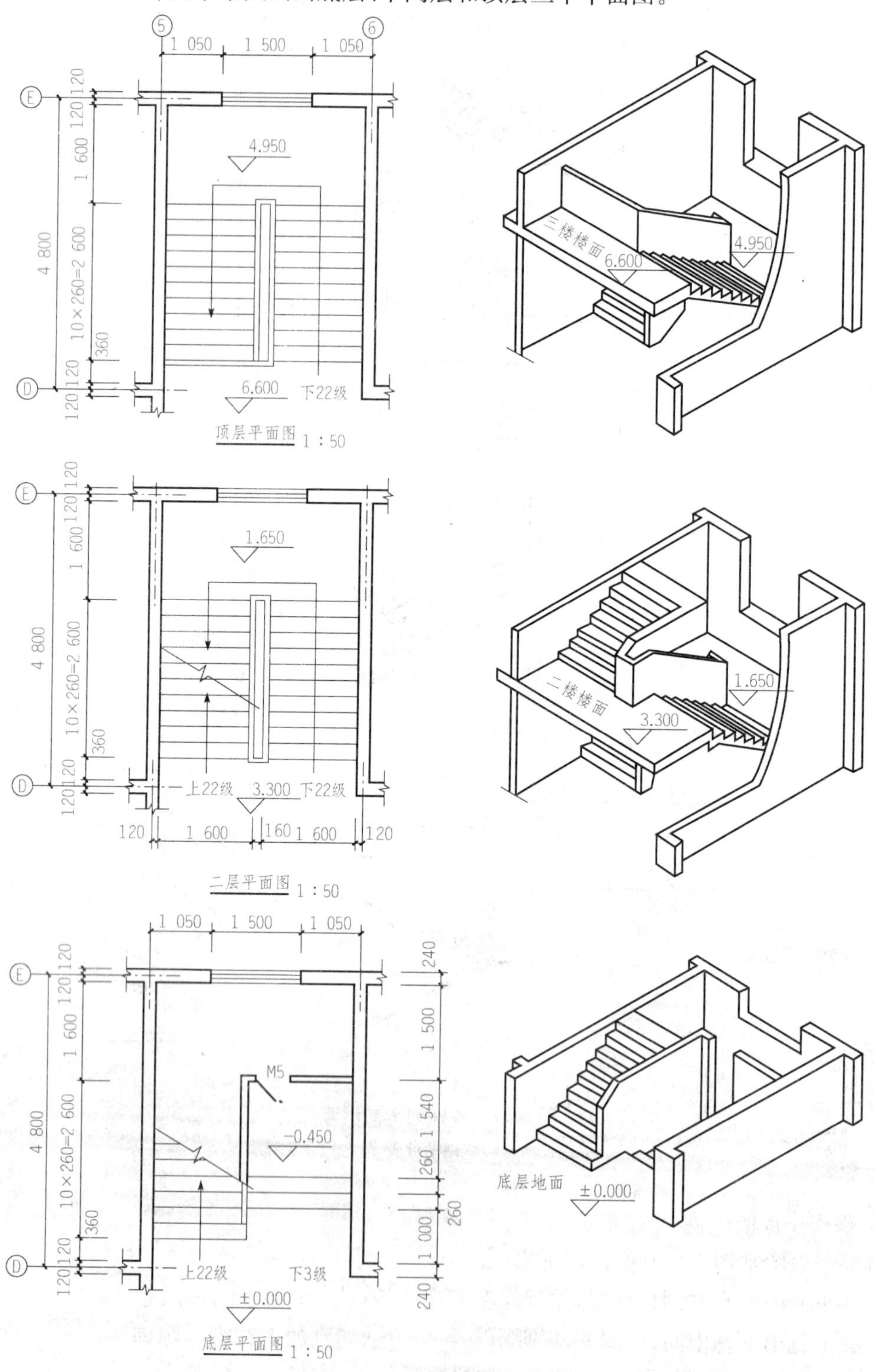

图 9-30 楼梯平面图的形成

各层楼梯平面图宜上下对齐(或左右对齐),这样既便于阅读又便于尺寸标注和省略重复尺寸。平面图上应标注该楼梯间的轴线编号、开间和进深尺寸,楼地面和中间平台的标高,以及梯段长、平台宽等细部尺寸。梯段长度尺寸为:踏面数×踏面宽=梯段长。

楼梯平面图的识读要求如下:

(1)核查楼梯间在建筑中的位置与定位轴线的关系,应与建筑平面图上的一致。

(2)了解楼梯段、休息平台的平面形式和尺寸,楼梯踏面的宽度和踏步级数,以及栏杆扶手的设置情况。

(3)看上下行方向,用细实箭头线表示,箭头表示“上下”方向,箭尾标注“上”或“下”字样和级数。

(4)了解楼梯间开间、进深情况,以及墙、窗的平面位置和尺寸。

(5)了解室内外地面、楼面、休息平台的标高。

(6)了解底层楼梯平面图还应标明剖切位置。

(7)了解最后看楼梯一层平面图中楼梯剖切符号。

现以某县技术质量监督局职工住宅的楼梯平面图为例,说明楼梯平面详图的识读方法,如图 9-31 所示。

图 9-31 所示一层平面图中只有一个被剖到的梯段。从⑨、⑪轴线墙上的入户门处到标高为±0.000 的一层楼层平台,再通过 6 级台阶下到楼梯间入口及门斗的标高为−0.900 的平台上,从连接室内外的门斗平台处下到室外。

标准层平面图中的上下两个梯段都是画成完整的;上行梯段的中间画有一条与踢面线成 30°的折断线。折断线两侧的上下指引线箭头是相对的,在箭尾处分别写有“上 20 级”和“下 20 级”,是指从二层到二层以上的各层及下到一层的踏步级数均为 20 级;说明各层的层高是一致的。由于只有二层平面图上才能看到一层门斗上方的雨篷的投影,故此处用“仅二层有”加以说明。

六层(顶层)平面图的踏面是完整的。只有下行,故梯段上没有折断线。楼面临空的一侧装有水平栏杆。

2. 楼梯剖面图识读

假想用一铅垂面,通过各层的一个梯段和门窗洞将楼梯剖开,向另一未剖到的梯段方向投影所作的剖面图,即为楼梯剖面图,如图 9-32 所示为按图 9-31 剖切位置绘制的剖面图。楼梯剖面图常用 1∶50 的比例画出,剖面图应能完整地、清晰地表示出各梯段、平台、栏杆等的构造及它们的相互关系。

在楼梯剖面图中,应注明各层楼地面、平台、楼梯间窗洞的标高;与建施平面图核查楼梯间墙身定位轴线编号和轴线间尺寸;每个梯段踢面的高度、踏步的数量以及栏杆的高度;查看楼梯竖向尺寸、进深方向尺寸和有关标高,并与建施图核实;查看踏步、栏杆、扶手等细部详图的索引符号等。

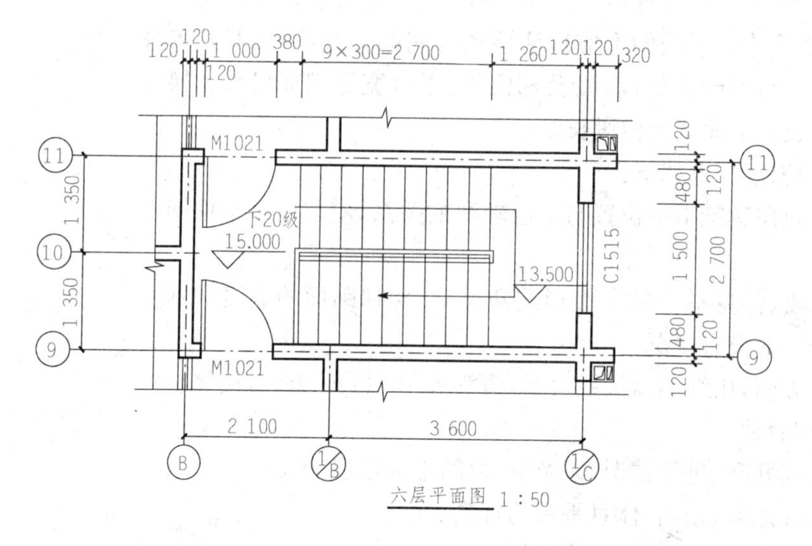

六层平面图 1∶50

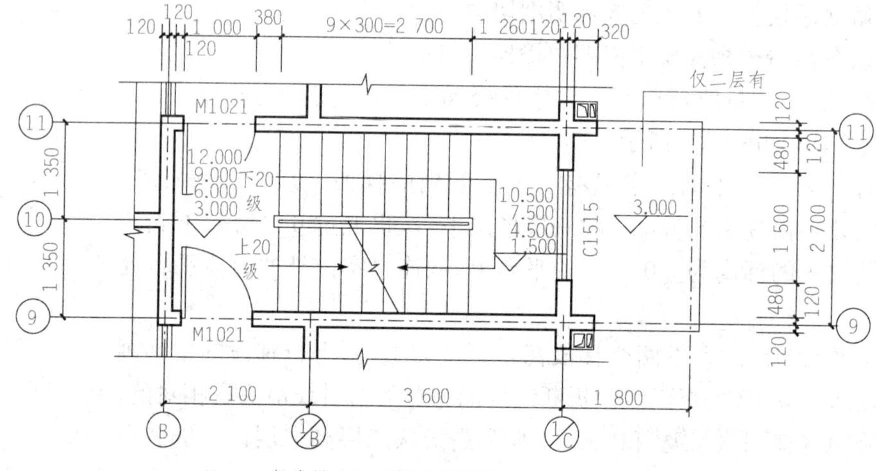

标准层（二~五层）平面图 1∶50

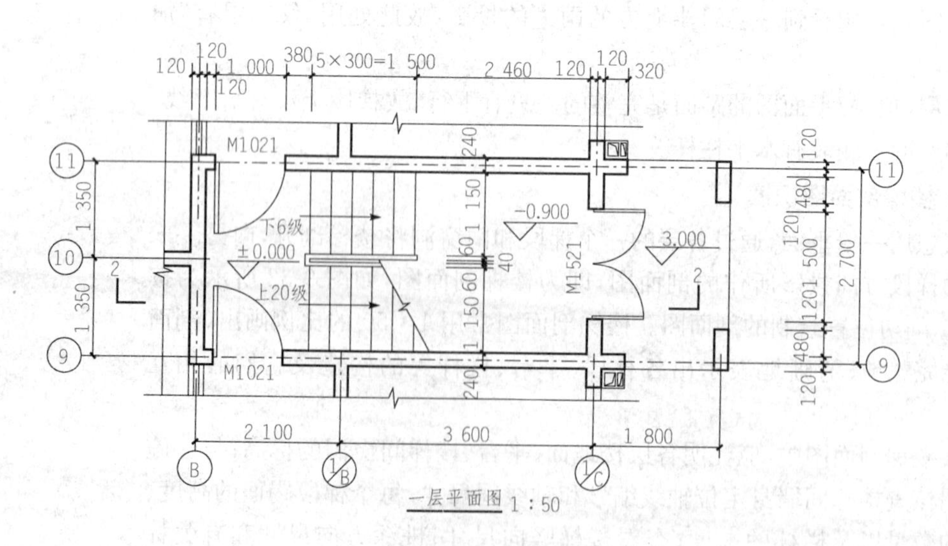

一层平面图 1∶50

图 9-31　楼梯平面图

从图 9-32 中可以看到：从图的右方标高为－1.000 的室外地坪上到标高为－0.900 的连接室内外的门斗内，再进入楼梯间，通过室内 5 级台阶上到标高为±0.000 的一层楼层平台。每层都有两个梯段，且每个梯段的级数都是 10 级。楼梯间的顶层楼梯栏杆以上部分以及竖直方向轴线以左客厅部分，由于与楼梯无关，故都用折断线折断不画。

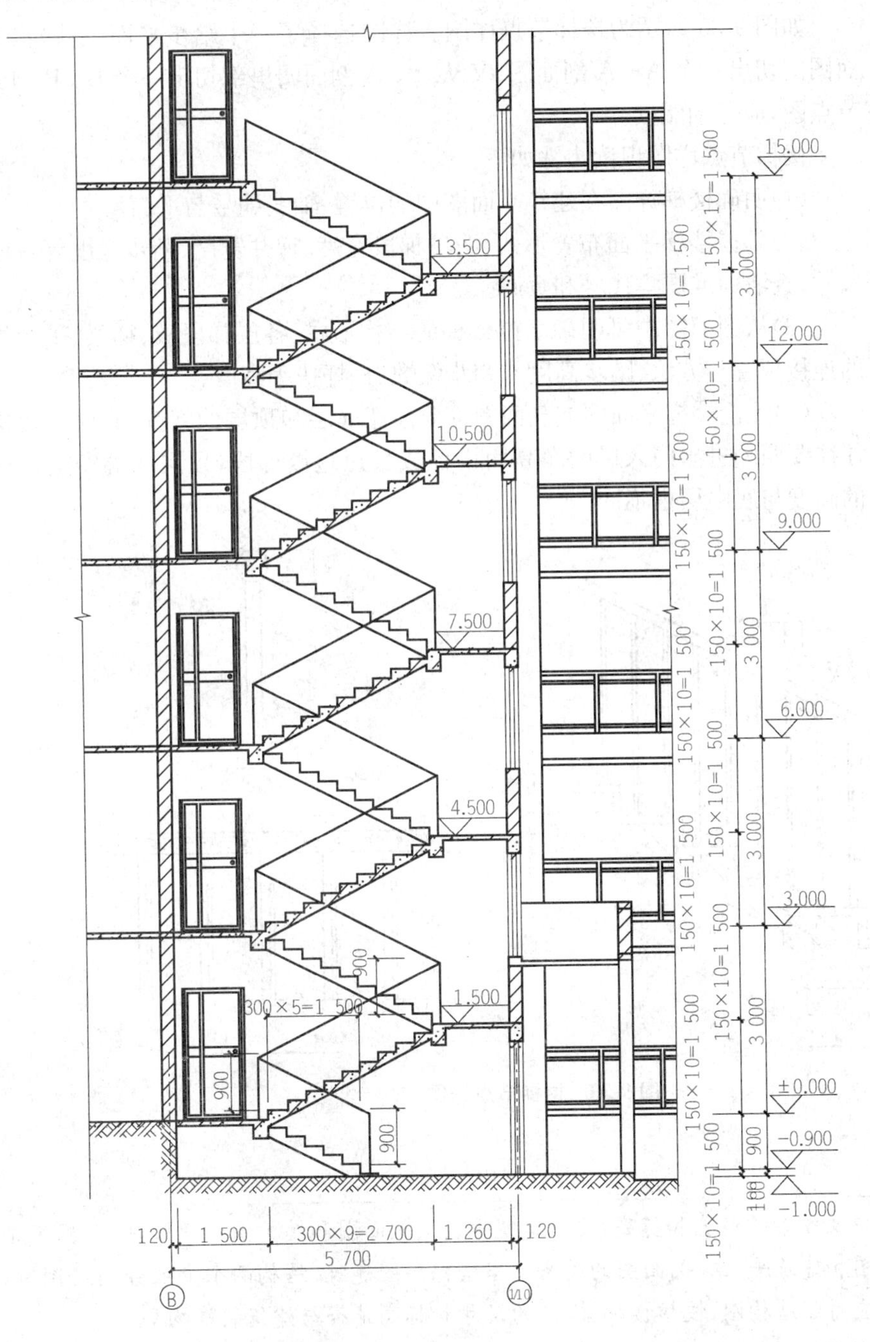

图 9-32　楼梯剖面图

提示

多层或高层建筑的楼梯间剖面图，如中间若干层构造一样，可用一层表示这些相同的若干层剖面，由此层的楼面和平台面的标高可以看出所代表的若干层情况，也可全部画完整。楼梯间的顶层楼梯栏杆以上部分，由于与楼梯无关，故可用折断线折断不画。

3. 楼梯节点详图识读

楼梯节点详图一般包括楼梯段的起步节点、转弯节点和止步结点的详图,以及楼梯踏步、栏杆或栏板、扶手等详图。楼梯节点详图一般均用较大的比例画出,以表明他们的断面形式、细部尺寸、材料的连接及面层装修做法等。

如图 9-33 所示为楼梯节点详图。详图选择了一个踏步平面,从踏步平面图剖切出一个 A—A 剖面图,又从 A—A 剖面图里剖切出一个 B—B 剖面节点图,应仔细阅读。

楼梯节点详图识读步骤如下:

(1)明确楼梯详图在建筑平面图中的位置、轴线编号与平面尺寸。

(2)掌握楼梯平面布置形式,明确梯段宽度、梯井宽度、踏步宽度等平面尺寸;查清标准图集代号和页码。

(3)从剖面图中可明确掌握楼梯的结构形式、各层梯段板、梯梁、平台板的连接位置与方法、踏步高度与踏步级数、栏杆扶手高度。

(4)无论楼梯平面图或剖面图都要注意底层和顶层的阅读,其底层楼梯往往要照顾进出门入口的净高而设计成长短跑楼梯段,顶层尽端安全栏杆的高度与底中层也不同。

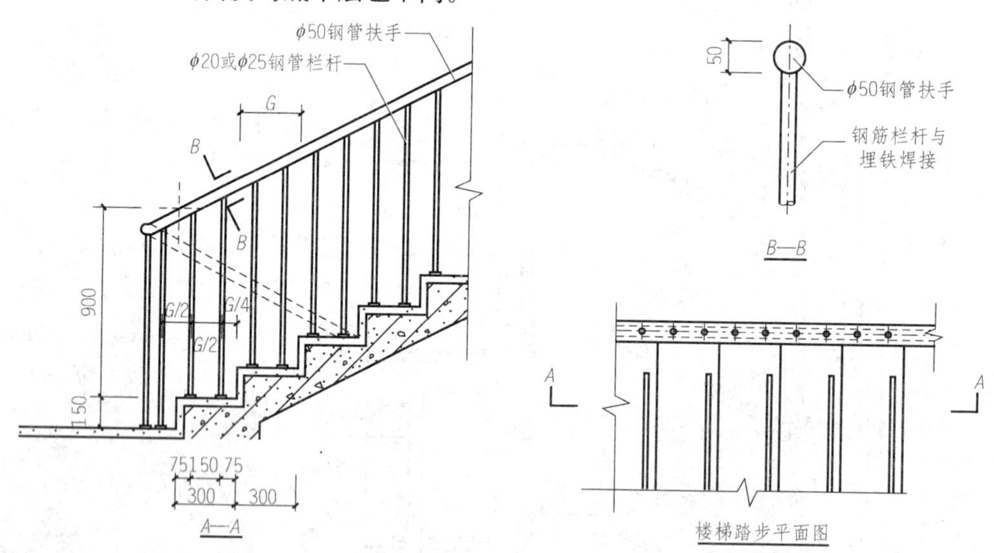

图 9-33 楼梯节点详图

注意

楼梯间门窗洞口及圈梁的位置和标高,要与建筑平、立、剖面图和结构图对照阅读,并根据轴线编号查清楼梯详图和建筑平、立、剖面图的关系。当楼梯详图建筑、结构两个专业分别绘制时,阅读楼梯建筑详图应对照结构图,校核楼梯梁、板的尺寸和标高是否与建筑装修吻合。

尤其值得注意的是,当楼梯间地面标高低于首层地面标高时,应注意楼梯间墙身防潮层的做法。

三、门窗详图

门在建筑中的主要功能是交通、分隔、防盗，兼作通风、采光。窗的主要作用是通风、采光。

木门窗由门(窗)框、门(窗)扇及五金件等组成，如图 9-34、图 9-35 所示。

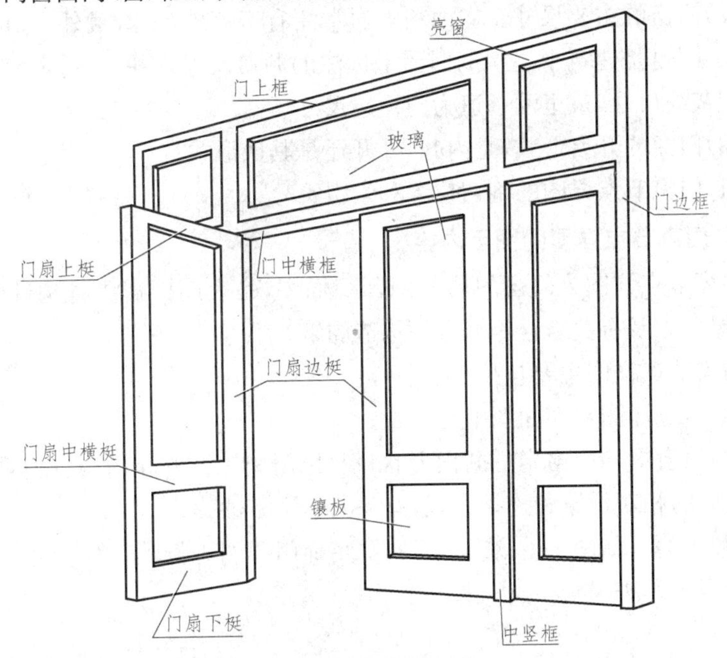

图 9-34　木门的组成

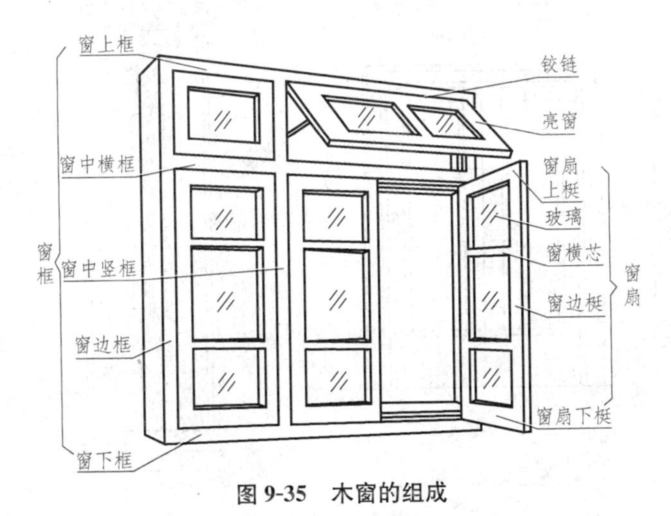

图 9-35　木窗的组成

门窗详图是表示门窗的外形、尺寸、开启方式和方向、构造、用料等情况的图纸。

门窗详图一般由立面图、节点详图、五金配件、文字说明等组成。

1. 门窗立面图的图示内容

门窗立面图是其外立面的投影图，它主要表明门窗的外形、尺寸、开启方式和方向，节点详图的索引标志等内容。立面图上的开启方向用相交细斜线表示，两斜线的交点即安装门窗扇铰链的一侧，斜线为实线表示外开，虚线表示内开。

门窗立面图主要包括以下内容：

（1）门窗的立面形状、骨架形式和材料。

（2）门窗的主要尺寸。立面图上通常注有三道外尺寸，最外一道为门窗洞口尺寸，也是建筑平、立、剖面图上标注的洞口尺寸，中间一道为门窗框的尺寸和灰缝尺寸，最里面一道为门窗扇尺寸。

（3）门窗的开启形式，是内开、外开还是其他形式。

（4）门窗节点详图的剖切位置和索引符号。

2. 门窗节点详图的图示内容

门窗节点详图为门窗的局部剖（断）面图，是表明门窗中各构件的断面形状、尺寸以及有关组合等节点的构造图纸。

门窗节点详图主要包括以下内容：

（1）节点详图在立面图中的位置。

（2）门窗框和门窗扇的断面形状、尺寸、材料以及互相的构造关系，门窗框与墙体的相对位置和连接方式，有关的五金零件等。

【例 9-2】 如图 9-36、图 9-37 所示装饰门详图为例，了解门详图的表达方法和识读方法。

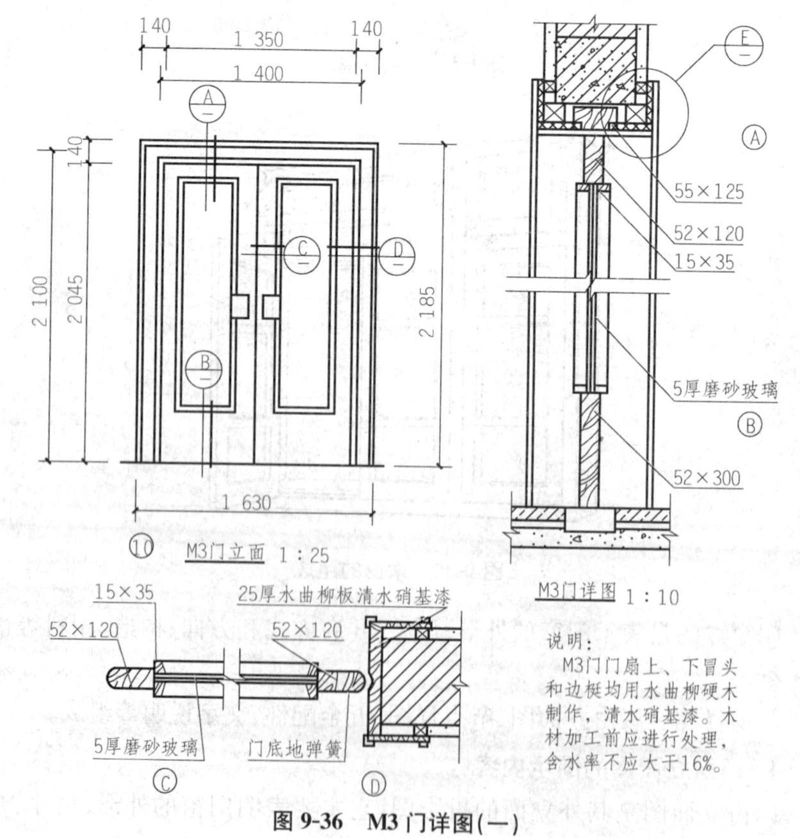

图 9-36　M3 门详图(一)

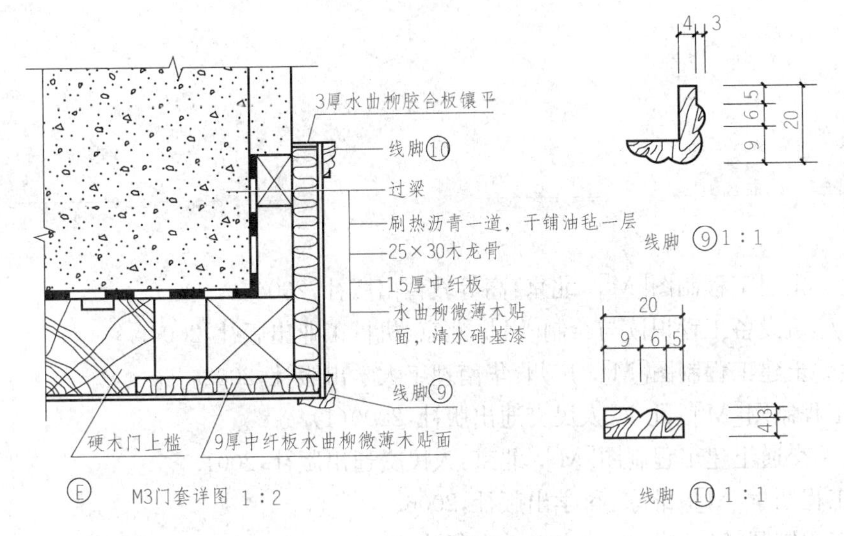

图 9-37 M3 门详图(二)

门详图都画有不同部位的局部剖面节点详图，以表示门框和门扇的断面形状、尺寸、材料及其相互间的构造关系，还表示门框和四周的构造关系。本例图竖向和横向都有两个剖面详图。其中，门上槛 55 mm×125 mm、斜面压条 15 mm×35 mm、边框 52 mm×120 mm，都表示它们的矩形断面外围尺寸。门芯是 5 mm 厚磨砂玻璃，门洞口两侧墙面和过梁底面用木龙骨和中纤板、胶合板等材料包钉。由Ⓐ剖面详图右上角的索引符号表明，还有比该详图比例更大的剖面图，表示门套装饰的详细做法。

参考文献

[1] 丁字明,黄水生．土建工程制图[M]. 北京:高等教育出版社,2004.
[2] 谭伟建,王芳．建筑设备工程识读与绘制[M]. 北京:机械工业出版社,2004.
[3] 李国生,黄水生．土建工程制图[M]. 广州:华南理工大学出版社,2002.
[4] 郑国权．道路工程制图[M]. 北京:人民交通出版社,2000(1).
[5] 和丕壮,王鲁宁．交通土建工程制图[M]. 北京:人民交通出版社,2001.
[6] 侯洪生．机械工程图学[M]. 北京:科学出版社,2006.
[7] 肖明和．建筑工程制图[M]. 北京:北京大学出版社,2008.
[8] 宋安平．画法几何及土建制图[M]. 哈尔滨:黑龙江科学技术出版社,2003.